应用型普通高等院校艺术及艺术设计类规划教材

装饰施工图

主　编　白　芳

副主编　曹春雷　魏玉香

北京理工大学出版社
BEIJING INSTITUTE OF TECHNOLOGY PRESS

内 容 提 要

本书是作者多年来实践经验的总结，书中涉及的标准、规范均采用近年来最新颁布的国家标准和行业规范。全书共分为五章，主要内容包括装饰施工图绘制基础知识、现场量房、室内设计施工图绘制及内容、室内设计施工图案例、附录（建筑制图标准，客户咨询登记表，建筑装饰设计院CAD图纸制图标准，室内空间、家具、陈设常用尺寸，AutoCAD快捷键）等。

本书可供从事环境设计、室内设计人员，施工、管理人员和高等院校相关专业的师生参考使用。

图书在版编目（CIP）数据

装饰施工图 / 白芳主编.—北京：北京理工大学出版社，2018.1
ISBN 978-7-5682-5212-6

Ⅰ.①装…　Ⅱ.①白…　Ⅲ.①建筑装饰—建筑制图—识图法　Ⅳ.①TU204

中国版本图书馆CIP数据核字（2018）第010442号

出版发行 / 北京理工大学出版社有限责任公司
社　　址 / 北京市海淀区中关村南大街5号
邮　　编 / 100081
电　　话 / （010）68914775（总编室）
　　　　　（010）82562903（教材售后服务热线）
　　　　　（010）68948351（其他图书服务热线）
网　　址 / http://www.bitpress.com.cn
经　　销 / 全国各地新华书店
印　　刷 / 北京紫瑞利印刷有限公司
开　　本 / 787毫米×1092毫米　1/8
印　　张 / 19.5
字　　数 / 471千字
版　　次 / 2018年1月第1版　2018年1月第1次印刷
定　　价 / 59.00元

责任编辑 / 高　芳
文案编辑 / 赵　轩
责任校对 / 周瑞红
责任印制 / 边心超

前　言

随着社会的进步，科学技术的发展，人们物质和精神生活水平的不断提高，更好地创造适于人类生存的空间环境有着极其重要的意义。同时，既促进了室内设计和建筑装饰行业的繁荣，也对从事室内设计的工作者们提出了更高的要求，设计工作者们必须提高室内设计水平和规范制图，为人们创造出优美的室内环境。

装饰施工图表达了室内空间中装饰装修的技术内容。在装饰装修施工过程中，要快速地读懂装饰装修施工图图纸，掌握装饰装修施工图的识读技巧，了解设计意图，使施工结果与设计方案达到完美的结合，从而使工程达到设计预期的目的。因此，我们组织编写了本书。

本书根据《房屋建筑制图统一标准》（GB/T 50001—2010）、《房屋建筑室内装饰装修制图标准》（JGJ/T 244—2011）等标准编写，全书共分为五章，主要内容包括装饰施工图绘制基础知识、现场量房、室内设计施工图绘制及内容、室内设计施工图案例、附录（建筑制图标准，客户咨询登记表，建筑装饰设计院CAD图纸制图标准，室内空间、家具、陈设常用尺寸，AutoCAD快捷键）等。

本书具有内容翔实、语言简洁、重点突出、内容简明实用、通俗易懂、图文并茂等特点，所引用相关实例表述准确，针对性强，可供从事环境设计、室内设计人员，施工、管理人员和高等院校相关专业的师生参考使用。

本书在编写过程中参阅和借鉴了许多优秀书籍、专著、企业真实案例和相关文献资料，并得到了有关领导和专家的帮助，在此一并致谢。

由于作者水平有限，书中的缺点和错误在所难免，恳请有关专家和读者予以批评指正，以便在修订版中加以改正。

编　者

目 录

第一章　装饰施工图绘制基础知识

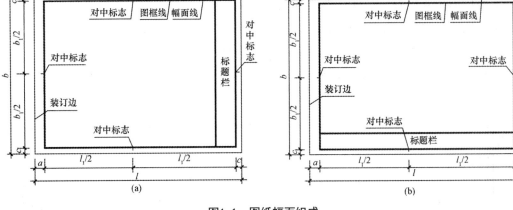

第一节　装饰施工图制图基础

装饰施工图是按照装饰设计方案确定的空间尺度、构造做法、材料选用、施工工艺等，并遵照建筑及装饰设计规范所规定的要求编制的用于指导装饰施工生产的技术文件。装饰施工图同时也是进行造价管理、工程监理等工作的主要技术文件。

装饰施工图按施工范围可分为室内装饰施工图和室外装饰施工图。

一、装饰施工图的特点

装饰施工图的图示原理与房屋建筑工程施工图的图示原理相同，是用正投影方法绘制的用于指导施工的图样，制图应遵守《房屋建筑制图统一标准》（GB/T 50001—2010）的要求。装饰施工图反映的内容多、形体尺度变化大，通常选用一定的比例，采用相应的图例符号和标注尺寸、标高等加以表达，必要时绘制透视图、轴测图等辅助表达，以利于识读。通常，装饰设计是在建筑设计的基础上进行的，由于设计深度的不同、构造做法的细化，以及为满足使用功能和视觉效果而选用材料的多样性等，装饰施工图在制图和识图上有其自身的规律。

装饰设计同样经过方案设计和施工图设计两个阶段。方案设计阶段是根据业主要求、现场情况，以及有关规范、设计标准等，以透视效果图、平面布置图、室内立面图、楼地面平面图、尺寸、文字说明等形式，将设计方案表达出来，经修改补充，取得合理方案后，报业主或有关主管部门审批，再进入施工图设计阶段。施工图设计阶段是装饰设计的主要阶段。

二、装饰施工图的组成

装饰施工图一般由装饰设计说明、平面布置图、楼地面平面图、顶棚平面图、室内立面图、墙（柱）面装饰剖面图、装饰详图等图样组成。其中，装饰设计说明、平面布置图、楼地面平面图、顶棚平面图、室内立面图为基本图样，表明装饰工程内容的基本要求和主要做法；墙（柱）面装饰剖面图、装饰详图为装饰施工的详细图样，表明细部尺寸、凹凸变化、工艺做法等。

三、装饰施工图的注意事项

在装饰施工图中，一般应将工程概况、设计风格、材料选用、施工工艺、做法及注意事项，以及施工图中不易表达或设计者认为重要的其他内容写成文字，编成设计说明。

第二节　装饰施工图的有关规定

一、图纸幅面规格

1. 图纸幅面

（1）图纸幅面是指图纸本身的规格尺寸，也就是我们常说的图幅。为了合理使用并便于图纸管理装订，室内设计制图的图纸幅面的规格尺寸沿用建筑制图的国家标准。详见表1-1的规定及图1-1的格式。

表1-1　图纸幅面及图框尺寸　　　　　　　　mm

尺寸代号	幅面代号				
	A0	A1	A2	A3	A4
$b \times l$	841×1 189	594×841	420×594	297×420	210×297
c	10			5	
a	25				

注：表中b为幅面短边尺寸，l为幅面长边尺寸，c为图框线与幅面线间宽度，a为图框线与装订边宽度。

图1-1　图纸幅面组成

（a）A0~A3横式幅图（一）；（b）A0~A3横式幅图（二）

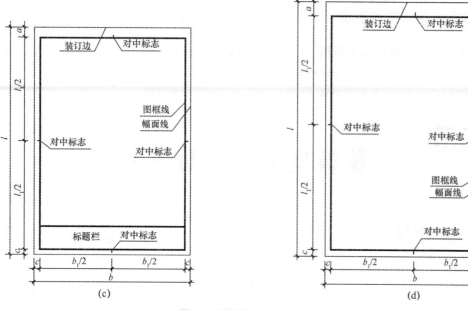

图1-1 图纸幅面组成（续）

（c）A0～A4立式幅图（三）； （d）A0～A4立式幅图（四）

（2）图纸短边不得加长，长边可加长，加长尺寸应符合表1-2的规定。

表1-2 图纸长边加长尺寸
mm

幅面尺寸	长边尺寸	长边加长后尺寸
A0	1 189	1 486、1 635、1 783、1 932、2 080、2 230、2 378
A1	841	1 051、1 261、1 471、1 682、1 892、2 102
A2	594	743、891、1 041、1 189、1338、1 486、1 635、1 783、1 932、2 080
A3	420	630、841、1 051、1 261、1 471、1 682、1 892

2. 标题栏与会签栏

（1）标题栏的主要内容包括设计单位名称、工程名称、图纸名称、图纸编号，以及项目负责人、设计人、绘图人、审核人等项目内容。如有备注说明或图例简表也可视其内容需要设置其中。标题栏的长、宽与具体内容可根据具体工程项目进行调整。

下面以A2图幅为例，常见的标题栏布局形式如图1-2所示。

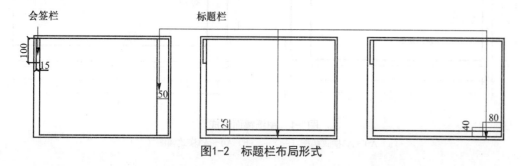

图1-2 标题栏布局形式

（2）室内设计中的设计图纸一般需要审定，水、电、消防等相关专业负责人会签，这时可在图纸装订一侧设置会签栏，不需要会签的图纸可不设置会签栏。其形式可参见图1-1。

二、图样比例的设置

图样的比例是指图形实际物体尺寸与相对应的线性尺寸之比，比例的大小是指其比值的大小。比例的符号为"："，比例应以阿拉伯数字表示，如1：1、1：2、1：10等。

绘图所用的比例应根据图样的用途及图样的繁简程度来确定，其选择应以能为施工提供清晰易辨的图面资料为准。

不同比例应用的图样范围如下：

建筑总图比例：1：1000、1：500；

总平面图比例：1：100、1：50、1：200、1：300；

分区平面图比例：1：50、1：100；

分区立面图比例：1：25、1：30、1：50；

详图大样比例：1：1、1：2、1：5、1：10。

三、图面构图的设置

图面绘制的图样无论其包含内容是否相同（如同一图面内可包含平面图、立面图或剖立面图、大样图等）或其比例有所不同（同一图面中可包含不同比例），其构图的形式都应遵循整齐、均布、和谐、美观的原则。

图面内的数字标注、文字标注、符号索引、图样名称、文字说明都应按以下规定执行：

（1）数字标注与文字索引、符号索引尽量不要交叉。

（2）图面的分割形式可因不同内容、数量及比例调整，但构图中图样名称分割线的高度可依图幅大小保持一致。

（3）所有图纸的绘制，均要求图面构图呈齐一性原则。

齐一性原则就是指为方便识图者而使图面的组织排列在构图上呈统一、整齐的视觉编排效果，并且使得图面内的排列在上下、左右都能形成相互对位的齐律性。

（4）立面的应用。

1）图与图之间的上下、左右相互对位，虚线为图面构图对位线。

2）图与图名等长。

3）图面各立面的组织呈四角方形编排构图。

（5）详图的应用。

1）六幅面构图，又称方阵构图原则。

2）六幅面构图（方阵构图）的原则是在详图编排中的一项基本组合架构，在各类不同的具体制图中可有无数变化形式，因此，六幅面构图并非指六个详图的排列。

（6）详图应用引出线的编排。在图纸上会有各类引出线，如尺寸线、索引线、材料标注线等。

各类引出线及符号需统一组织，形成排列的齐一性。

1）索引符号应统一排列，纵向、横向呈齐一性构图。

2）索引符号同尺寸标注及材料引出线有机组合，尽量避免各类线交错穿插。索引符号尺寸的标注如图1-3所示。

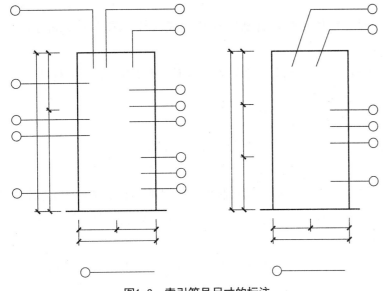

图1-3 索引符号尺寸的标注

四、图纸的布局原则、类型与顺序

1. 图纸的布局原则

（1）按照设计过程，图纸可分为方案设计图、初步设计图和施工图。

（2）一项完整工程的图纸编排顺序，应依次为：图纸目录、总图及说明、建筑、结构、给水排水、采暖通风、电气、动力等。在同一专业的一套完整图纸中，也包含多种内容，这些不同的图纸内容要按照一定的顺序编制，先总体、后局部，先主要、后次要；布置图在先，构造图在后，底层在先，上层在后；同一系列的构配件按类型、编号的顺序编排。

例如，一套完整的室内装饰施工图图纸的内容和顺序为：图纸封面、图纸目录、设计说明、设计材料表、灯光表等相关图表、总图、图施、图样、设备等。室内装饰施工图图纸内容见表1-3。

表1-3 室内装饰施工图图纸的内容

类别	序号	图纸名称
标准说明类	1	图纸封面
	2	图纸目录
	3	工程概况及设计说明
	4	材料做法表
	5	室内装饰效果图

续表

类别	序号	图纸名称
原始平面图	6	原始量房尺寸图
	7	原始机电（排水）位置示意图
	8	原始顶面拆（铲）除位置示意图
	9	原始地面拆（铲）除位置示意图
	10	原始墙面拆（铲）除位置示意图
设计平面类	11	拆除墙体位置图
	12	新建墙体位置图
	13	平面家具布置（索引）图
	14	顶面（天花）布置图
	15	地面装饰布置图
	16	墙面（身）装饰布置图
	17	强弱电插座平面布置图
	18	照明控制及位置布置图
	19	开关位置布置图
立面/剖面图	20	装饰立面图（立面图、剖面图）
大样/节点类	21	大样/节点图

2. 图线、线宽及线型

装饰施工图是由图线组成的，为了表达工程图样的不同内容，并能够分清主次，须使用不同的线型和线宽的图线。

（1）每个图样绘制前，应根据复杂程度与比例大小，先确定基本的线宽b，再选用表1-4中相应的线宽组。

1）线宽比和线宽组（表1-4）。

表1-4 线宽比和线宽组

线宽比	线宽组			
b	1.4	1.0	0.7	0.5
0.7b	1.0	0.7	0.5	0.35
0.5b	0.7	0.5	0.35	0.25
0.25b	0.35	0.25	0.25	0.13

2）需要微缩的图纸，不宜采用0.18 mm及更细的线宽。同一张图纸内，不同线宽中的细线，可统一采用较细的线宽组的细线。

（2）图纸的图框线和标题栏线的宽度，可采用表1-5规定的宽度。

表1-5　图框线和标题栏线的宽度　　　　　mm

幅画代号	图框线	标题栏外框线	标题栏分格线
A0、A1	b	$0.5b$	$0.25b$
A2、A3、A4	b	$0.7b$	$0.35b$

（3）制图应选用的图线。

1）相互平行的图线，其间隙不宜小于其中的粗线宽度，且不宜小于0.7 mm。

2）虚线、单点长画线或双点长画线的线段长度和间隔，宜各自相等。

3）单点长画线或双点长画线的两端不应是点，应是线段。

4）点画线与点画线交接或点画线与其他图线交接时，应是线段交接。

5）虚线与虚线交接或虚线与其他图线交接时，应是线段交接。虚线为实线的延长线时，不得与实线连接。

6）较小图形中绘制单点长画线或双点长画线有困难时，可用实线代替。

（4）图线不得与文字、数字或符号重叠、混淆，若不可避免时，应首先保证文字的清晰，断开相应图线。

3. 字体

在绘制设计图和设计草图时，除要选用各种线型来绘出物体外，还要用最直观的文字把它表达出来，表明其位置、大小，以及说明施工技术要求。文字与数字包括各种符号的注写，都是工程图的重要组成部分。

（1）文字的高度，应选用3.5、5、7、10、14、20（mm）。

（2）图样及说明中的汉字，宜采用长仿宋体，也可以采用其他字体，但要容易辨认。

（3）汉字的字高，应不小于3.5 mm，手写汉字的字高一般不小于5 mm。

（4）字母和数字的字高不应小于2.5 mm，与汉字并列书写时其字高可小一至二号。拉丁字母中的I、O、Z，为了避免同图纸上的1、0和2相混淆，不得用于轴线编号。

（5）分数、百分数和比例数的注写，应采用阿拉伯数字和数字符号，例如，四分之一、百分之二十五和一比二十应分别写成1/4、25%和1∶20。

4. 尺寸标注

（1）尺寸的组成要素。

1）尺寸线：应用细实线绘制，一般应与被注长度平行。图样本身的任何图线不得用作尺寸线。

2）尺寸界限：用细实线绘制，与被注长度垂直，其一端应离开图样轮廓线不小于2 mm，另一端宜超出尺寸线2～3 mm。必要时图样轮廓线可用作尺寸界限。

3）尺寸起止符号：一般用中粗斜短线绘制，其倾斜方向应与尺寸界限成顺时针45°角，长度宜为2～3 mm。

4）尺寸数字：图样上的尺寸应以数字为准，不得从图上直接量取。

（2）尺寸数字的注写方向。尺寸数字宜注写在尺寸线读数上方的中部，如果相邻的尺寸数字注写位置不够，可错开或引出注写。竖直方向的尺寸数字，注意应由下往上注写在尺寸线的左方中部。

（3）尺寸排列与布置的基本规定。

1）尺寸宜标注在图样轮廓线以外，不宜与图线、文字及符号等相交，有时图样轮廓线也可用作尺寸界限。

2）互相平行的尺寸线的排列，宜从图样轮廓线向外，先小尺寸和分尺寸，后大尺寸和总尺寸。

3）第一层尺寸线与图样最外轮廓线之间的距离不宜小于10 mm，平行排列的尺寸线的间距宜为8～10 mm，并应保持一致。

4）各层的尺寸线总长度应一致。

5）尺寸线应与被注长度平行，两端不宜超出尺寸界限。

（4）半径、直径、球的尺寸标注。

1）半径：应一端从圆心开始，另一端画箭头指向圆弧。半径数字前应加注半径符号"R"。

2）直径：直径数字前应加注符号"ϕ"，在圆内标注的直径尺寸线应通过圆心，直径较小圆的直径可以标注在圆外。

3）球：标注球的半径时，应在尺寸数字前加注符号"SR"。标注球的直径尺寸时，应在尺寸数字前加注符号"$S\phi$"

（5）角度、弧长、弦长的尺寸标注。

1）角度：角度的尺寸线应以圆弧表示。该圆弧的圆心应是该角的顶点，角的两条边为尺寸界线。起止符号应以箭头表示，如没有足够位置画箭头，可用圆点代替，角度数字应沿尺寸线方向注写。

2）弧长：标注圆弧的弧长时，尺寸线应以与该圆弧同心的圆弧线表示，尺寸界线应指向圆心，起止符号用箭头表示，弧长数字上方应加注圆弧符号"⌒"。

3）弦长：标注圆弧的弦长时，尺寸线应以平行于该弦的直线表示，尺寸界线应垂直于该弦，起止符号用中粗斜短线表示。

（6）薄板厚度、正方形、坡度、非圆曲线等尺寸标注。

1）薄板厚度：在薄板板面标注板厚尺寸时，应在厚度数字前加注厚度符号"t"。

2）正方形：标注正方形的尺寸，可用"边长×边长"的形式，也可在边长数字前加注正方形符号"□"。

3）坡度：标注坡度时，应加注坡度符号"⌐"，该符号为单面箭头，箭头应指向下坡方向。坡度也可用直角三角形形式标注。

4）非圆曲线：外形为非圆曲线的构件，可用坐标形式标注尺寸。

（7）尺寸标注的深度设置。工程图样的设计制图应在不同阶段和不同比例绘制时，对尺寸标注的详细程度作出不同的要求。这里主要包括外墙门窗洞口尺寸、轴线间尺寸、建筑外包总尺寸。

五、图纸的命名、绘制及相关标准

（1）确定绘制图样的数量。根据房屋的外形、层数、平面布置和构造内容的复杂程度，以及施工的具体要求，确定图样的数量，做到表达内容既不重复也不遗漏。

（2）选择适当的比例。

（3）进行合理的图面布置。图面布置要主次分明，排列均匀紧凑，表达清楚，尽可能保持各图之间的投影关系。同类型的、内容关系密切的图样，集中在一张或图号连续的几张图纸上，以便对照查阅。

（4）用施工图的绘制方法绘制建筑施工图，一般是按平面图→立面图→剖面图→详图的顺序来进行的。

1. 平面图

（1）平面图的概念及功能。平面图就是假想用一水平剖切平面沿门窗洞的位置将房屋剖开成剖切面，从上向下作投射在水平投影面上所得到的图样。剖切面从下向上作投射在水平投影面上所得到的图样即为顶棚平面图，通常为了方便起见，都将顶棚平面图在水平方向的投影与平面图的方向与外轮廓保持一致。

室内平面图主要表示空间的平面形状、内部分隔尺度、地面铺装、家具布置、天花灯位等。

（2）平面图的分类。平面图作为室内设计的基础条件，就其功能而言可分为建筑原况、总平面、分平面三大类。为方便施工过程中各施工阶段、各施工内容，以及各专业供应方阅图的需求，可将平面图细分为各项平面图。

其中总平面图包括总平面布置图和总隔墙布置图，各项分平面图包括平面布置图、平面隔墙图、平面装修尺寸图、平面装修立面索引图、地坪装修施工图、平面门扇布置图、平面家具布置图、平面陈设品布置图、平面灯具编号图和平面开关插座布置图。

注：上述各项平面内容仅指设计所需表示的范围，当设计对象较为简易时，视具体情况可将上述某几项内容合并在同一张平面图上来表达，或是省略某项内容。此掌握分寸由项目负责人确定。PART.□表示分平面区域，如PART.A表示在总平面中的A区域平面图。

1）建筑原况平面图。

①表达出原建筑的平面结构内容，绘出隔墙位置与空间关系和竖向构件及管井位置等，绘制深度到建施为止。

②表达出建筑轴号及轴线间的尺寸。

③表达出建筑标高。

2）总平面布置图。

①表达出完整的平面布置内容全貌，以及各区域之间的相互连接关系。

②表达建筑轴号及轴号之间的建筑尺寸。

③表达各功能的区域位置及说明。说明用阿拉伯数字分区编号，并在图中将每一个编号的具体功能以文字注明。

④表达出装修标高关系。

⑤总图中除轴线尺寸外，无其他尺寸表达，无家具灯具编号和材料编号。

3）总隔墙布置图。

①按室内设计要求重新布置的隔墙位置，以及被保留的原建筑隔墙位置，表达出承重墙与非承重墙的位置。

②原墙拆除以虚线表示。

③表达出门洞、窗洞的位置及尺寸。

④表达出隔墙的定位尺寸。

⑤表达出各地坪装修标高的关系。

4）平面布置图。平面布置图是装饰施工图中的主要图样，它是根据装饰设计原理、人体工学以及用户的要求画出的用于反映建筑布局、装饰空间及功能区域的划分、家具设备的布置、绿化及陈设的布局等内容的图样，是确定装饰空间平面尺度及装饰形体定位的主要依据。

平面布置图中剖切到的墙、柱轮廓线等用粗实线表示；未剖切到但能看到的内容用细实线表示，如家具、地面分格、楼梯台阶等。在平面布置图中门扇的开启线宜用细实线表示。

①详细表达出该部分剖切线以下的平面空间布置内容及关系。

②表达出隔墙、隔断、固定家具、固定构件、活动家具、窗帘。

③表达出该部分详细的功能内容、编号及文字注释。

④表达出活动家具及陈设品图例。

⑤表达出电脑、电话、灯光灯饰的图例。

⑥注明装修地坪的标高。

⑦注明本部分的建筑轴号及轴线尺寸。

⑧以虚线表达出在剖切位置线之上的、需强调的立面内容。

一层平面布置图如图1-4所示。

5）平面隔墙图。

①表达出该部分按室内设计要求重新布置的隔墙位置，以及被保留的原建筑隔墙位置。表达出承重墙与非承重墙的位置。

②原墙拆除以虚线表示。

③表达出隔墙材质图例及龙骨排列。

④表达出门洞、窗洞的位置及尺寸。

⑤表达出隔墙的详细定位尺寸。

⑥表达出建筑轴号及轴线尺寸。

⑦表达出各地坪装修标高的关系。

墙体拆除平面图如图1-5所示。新建墙体平面图如图1-6所示。

6）平面装修尺寸图。

①详细表达出该部分剖切线以下的平面空间布置内容及关系。

②表达出隔墙、隔断、固定构件、固定家具、窗帘等。

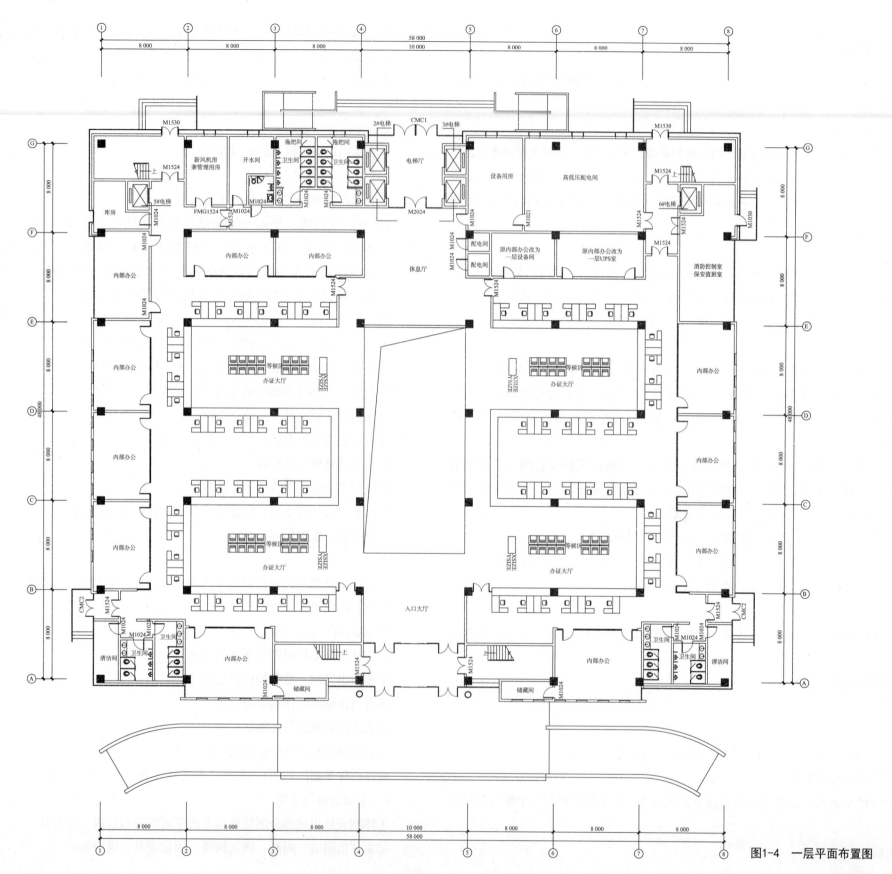

图1-4 一层平面布置图

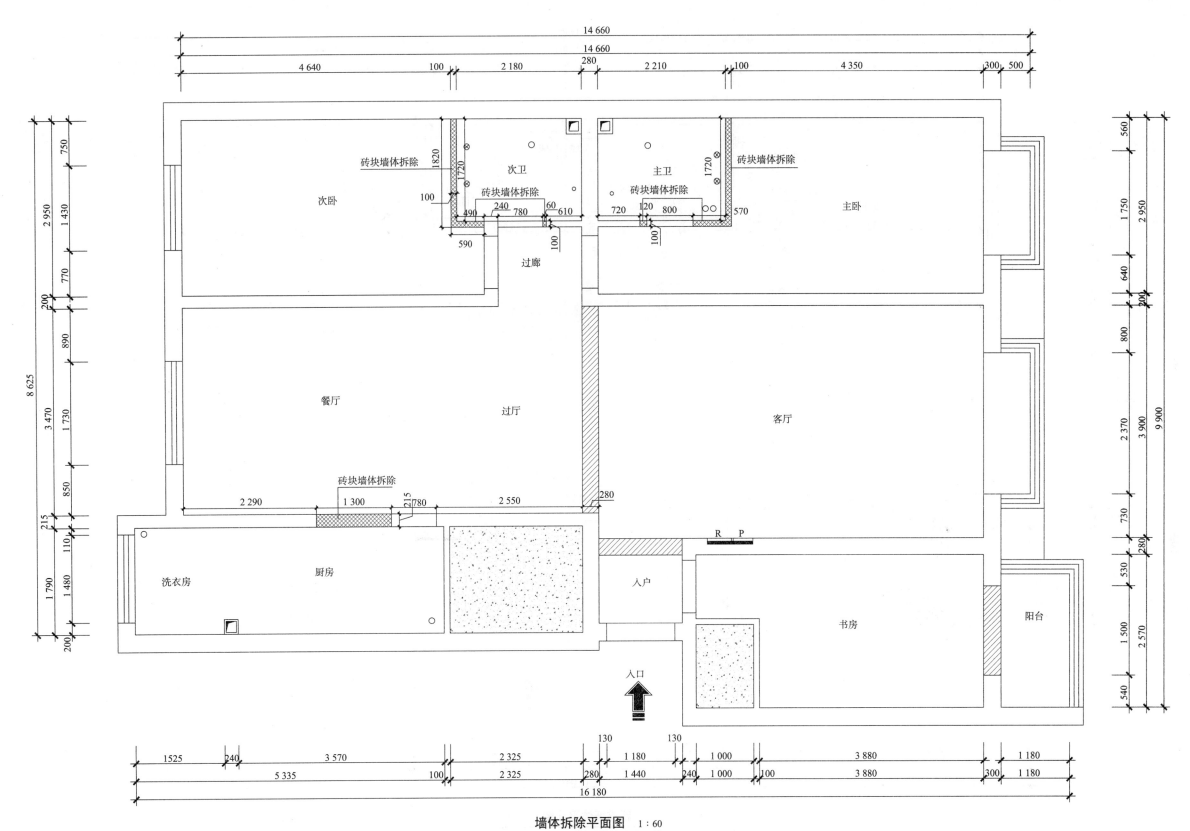

14 660

14 660

4 640　　100　　2 180　　280　　2 210　　100　　4 350　　300　500

560

750

2 950

1 430

砖块墙体拆除

1820

1720

次卫

主卫

1720

砖块墙体拆除

1750

2 950

640

200

770

100

砖块墙体拆除

砖块墙体拆除

主卧

次卧

490　240　780　60　610

720　120　800　570

200

890

590

100

100

800

过廊

8 625

3 470

1 730

餐厅

过厅

客厅

2 370

3 900

9 900

砖块墙体拆除

850

215

730

2 290　　1 300　　215　780　　2 550　　280

280

215

110

R　P

530

280

1 790

1 480

洗衣房

厨房

入户

书房

阳台

1 500

2 570

入口

540

1525　240　　3 570　　2 325　130　1 180　130　1 000　　3 880　　1 180

5 335　　100　2 325　280　1 440　240　1 000　100　3 880　　300　1 180

16 180

墙体拆除平面图　1∶60

图1-5　墙体拆除平面图

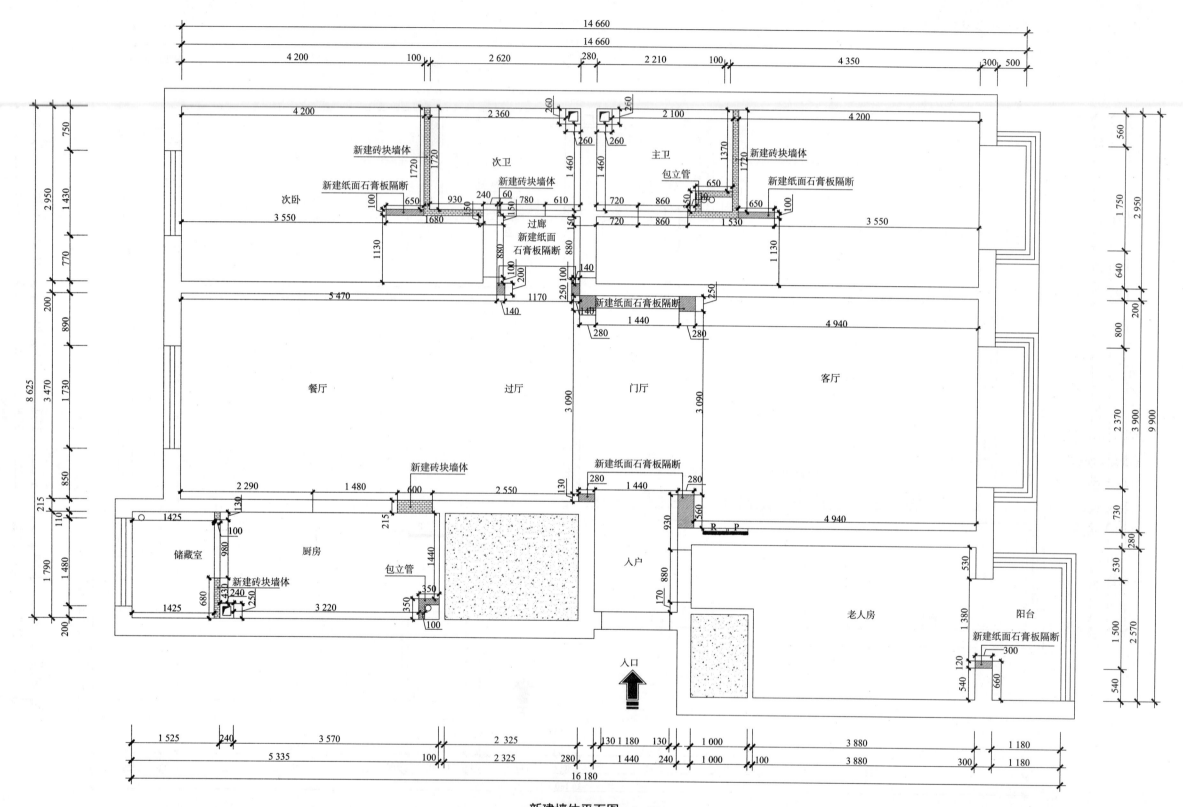

新建墙体平面图 1:60

图1-6 新建墙体平面图

③详细表达出平面上各装修内容的详细尺寸。

④表达出地坪的标高关系。

⑤注明轴号及轴线尺寸。

⑥不表示任何活动家具、灯具、陈设品等。

⑦以虚线表达出在剖切位置线之上的、需强调的立面内容。

7）平面装修立面索引图。

①详细表达出该部分剖切线以下的平面空间布置内容及关系。

②表达出隔墙、隔断、固定构件、固定家具、窗帘等。

③详细表达出各立面、剖立面的索引号和剖切号，表达出平面中需被索引的详图号。

④表达出地坪的标高关系。

⑤注明轴号及轴线尺寸。

⑥不表示任何活动家具、灯具、陈设品等。

⑦以虚线表达出在剖切位置线之上的、需强调的立面内容。

平面家具布置（索引）图如图1-7所示。

8）地坪装修施工图。

①表达出该部分地坪界面的空间内容及关系。

②表达出地面材料的规格、材料编号及施工排板图。

③表达出埋地式内容（如埋地灯、暗藏光源、地插座等）。

④表达出地面相接材料的装修节点剖切索引号和地坪落差的节点剖切索引号。

⑤表达出地面拼花或大样索引号。

⑥表达出地面装修所需的构造节点索引。

⑦注明地坪标高关系。

⑧注明轴号及轴线尺寸。

地面铺装图如图1-8所示。

9）平面门扇布置图。

①表达出该部分剖切线以下的平面空间内容及关系。

②表达出各类门扇的位置和分类编号，FM后缀数字为防火门编号，M后缀数字为普通门编号，同一类型的标注相同编号。

③表达出各类门扇的详图索引编号。

④表达出各类门扇的长×宽尺寸。

⑤表达出门扇的开启方式和方向。

⑥注明地坪标高关系。

⑦注明轴号及轴线尺寸。

10）平面家具布置图。

①表达出该部分剖切线以下的平面空间布置内容及关系。

②表达出家具的陈设立面索引号和剖立面索引号。

③表达出每款家具的索引号。

④表达出每款家具实际的平面形状。

⑤表达出各功能区域的编号及文字注释。

⑥注明地坪标高关系。

⑦注明轴号及轴线尺寸。

平面家具灯位布置图如图1-9所示。

11）平面陈设品布置图。

①表达出该部分剖切线以下的平面空间布置内容及关系。

②详细表达出陈设品的位置、平面造型及图例。

③表达出陈设品的陈设立面索引号和剖立面索引号。

④详细表达出各陈设品的编号及尺寸。

⑤表达出地坪上的陈设品（如工艺毯）的位置、尺寸及编号。

⑥注明地坪标高关系。

⑦注明轴号及轴线尺寸。

注：陈设品包括画框、雕塑、摆件、工艺品、绿化、工艺毯、插花等。

12）平面灯具编号图。

①表达出该部分剖切线以下的平面空间布置内容及关系。

②表达出在平面中的每一款灯光和灯饰的位置及图形。

③表达出立面中各类壁灯、画灯、镜前灯的平面投影位置及图形。

④表达出地坪上的地埋灯及踏步灯带。

⑤表达出暗藏于平面、地面、家具及装修中的光源。

⑥表达出各类灯光、灯饰的编号。

⑦表达出各类灯光、灯饰在本图纸中的图表。

⑧图表中应包括图例、编号、型号、调光与否及光源的各项参数。

⑨注明地坪标高关系。

⑩注明轴号及轴线尺寸。

13）平面开关、插座布置图。

①表达出该部分剖切线以下的平面空间布置内容及关系。

②表达出各墙、地面的开关、强弱电插座的位置及图例。

③不表示地坪材料的排板和活动的家具、陈设品。

④注明地坪标高关系。

⑤注明轴号及轴线尺寸。

⑥表达出开关、插座在本图纸中的图表注释。

强弱电插座平面布置图如图1-10所示。照明线路及开关控件布置图如图1-11所示。

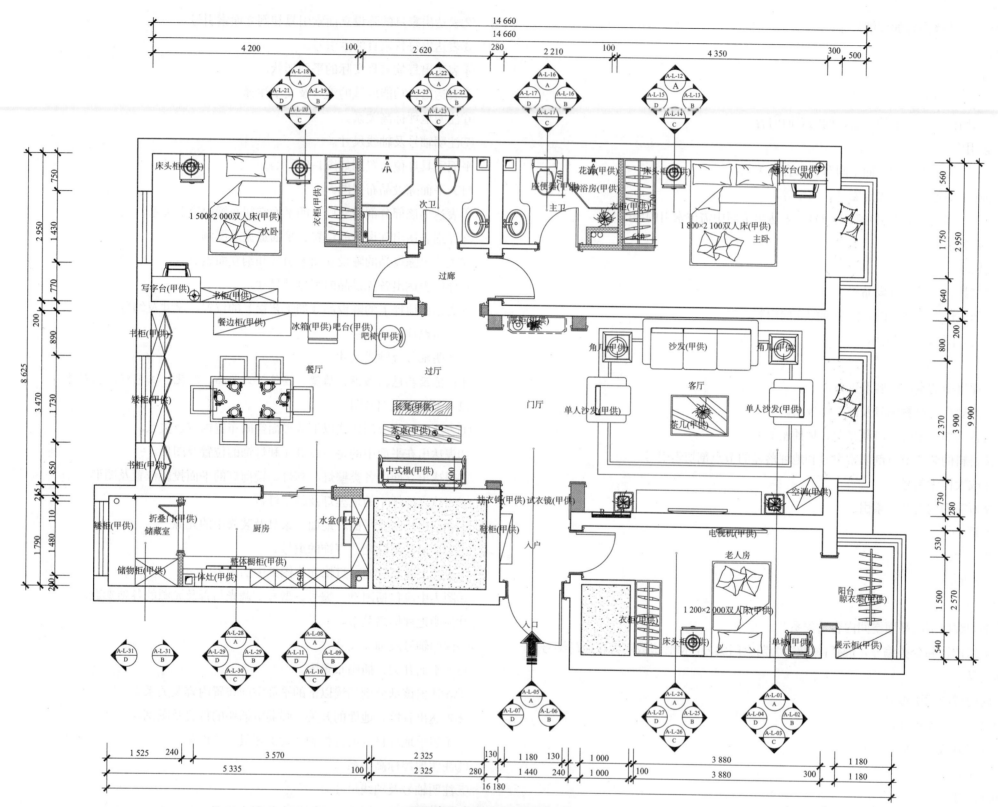

平面家具布置（索引）图　1:60

图1-7　平面家具布置（索引）图

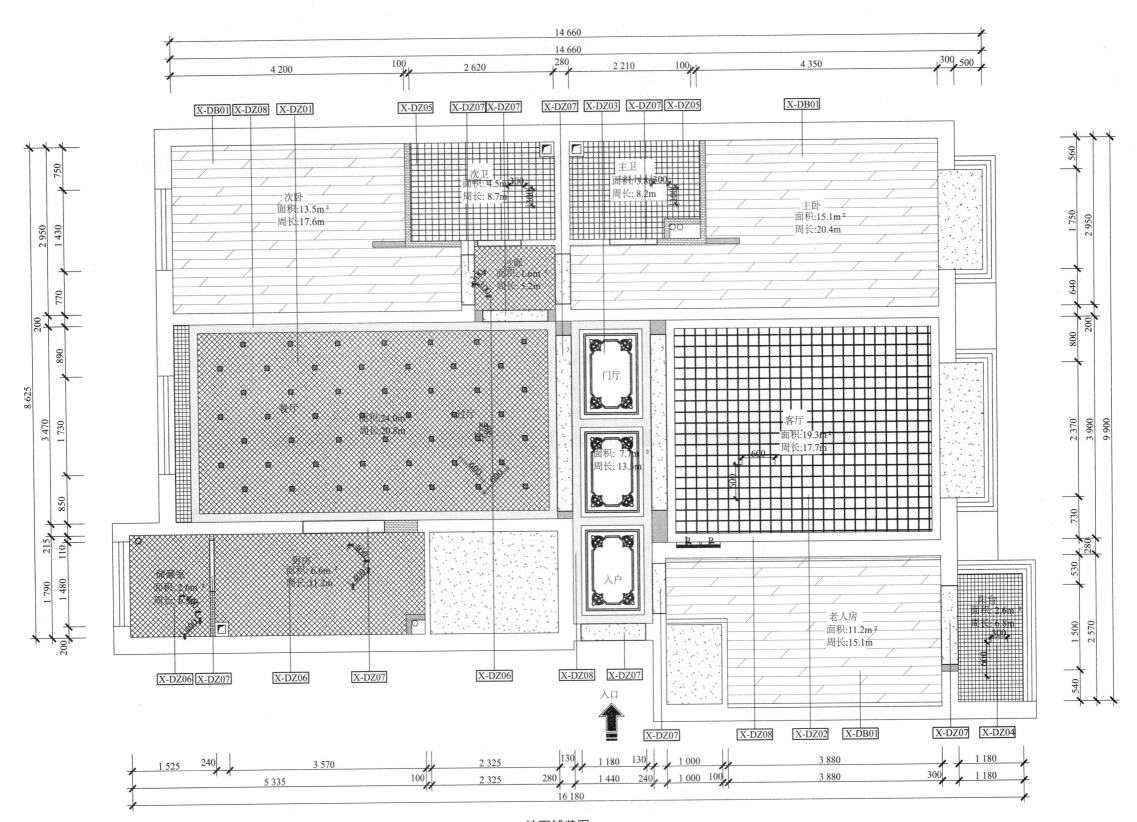

14 660

14 660

4 200　100　2 620　280　2 210　100　4 350　300　500

X-DB01　X-DZ08　X-DZ01　　X-DZ05　X-DZ07　X-DZ07　　X-DZ07　X-DZ03　X-DZ07　X-DZ05　　　X-DB01

次卫
面积:4.5m²　300
周长: 8.7m

主卫
面积:3.8m²　300
周长: 8.2m

次卧
面积:13.5m²
周长:17.6m

主卧
面积:15.1m²
周长:20.4m

厨房
面积:4.0m²
周长:13.2m

餐厅
面积:24.0m²
周长:20.9m

门厅
面积: 7.7m²
周长: 13.3m

客厅
面积:19.3m²
周长:17.7m

600

500

入户

洗衣房
面积:3.2m²
周长: 8.8m

厨房
面积:3.6m²
周长:11.2m

R P

老人房
面积:11.2m²
周长:15.1m

阳台
面积:2.6m²
周长: 6.8m

X-DZ06　X-DZ07　　X-DZ06　　X-DZ07　　　X-DZ06　　　X-DZ08　X-DZ07

入口

X-DZ07　　　X-DZ08　X-DZ02　X-DB01　　　　X-DZ07　X-DZ04

1 525　240　　3 570　　　2 325　　130　1 180　130　1 000　　3 880　　300　1 180

5 335　100　　2 325　280　1 440　240　1 000　100　3 880　　1 180

16 180

750　1 430　2 950
770　200　890　3 470　1 730　850　8 625　215　110　1 480　1 790　200

560　1 750　2 950　640　800　200　730　2 370　3 900　9 900　530　280　1 500　540　2 570

地面铺装图　1 : 60

图1-8　地面铺装图

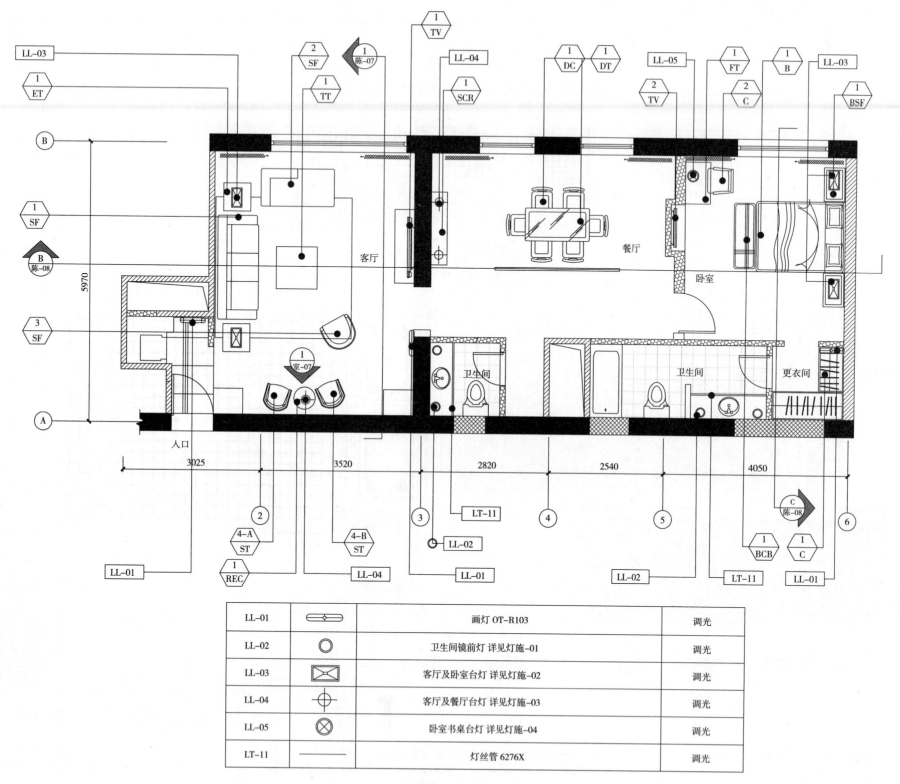

LL-01	⊖	画灯 OT-R103	调光
LL-02	○	卫生间镜前灯 详见灯施-01	调光
LL-03	⊠	客厅及卧室台灯 详见灯施-02	调光
LL-04	⊕	客厅及餐厅台灯 详见灯施-03	调光
LL-05	⊗	卧室书桌台灯 详见灯施-04	调光
LT-11	——	灯丝管 6276X	调光

平面家具灯位布置图 S=1：50

*本图与平面灯位编号图合并

图1-9 平面家具灯位布置图

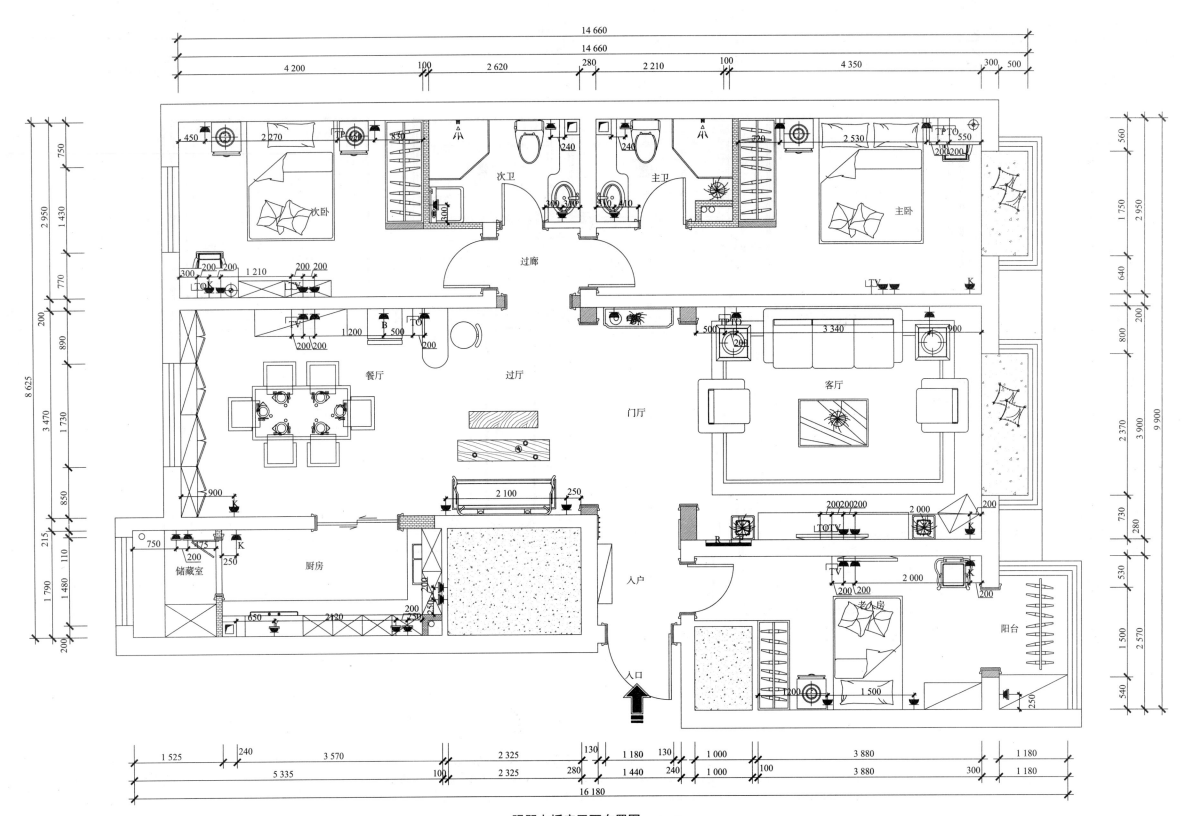

强弱电插座平面布置图　1：60

图1-10　强弱电插座平面布置图

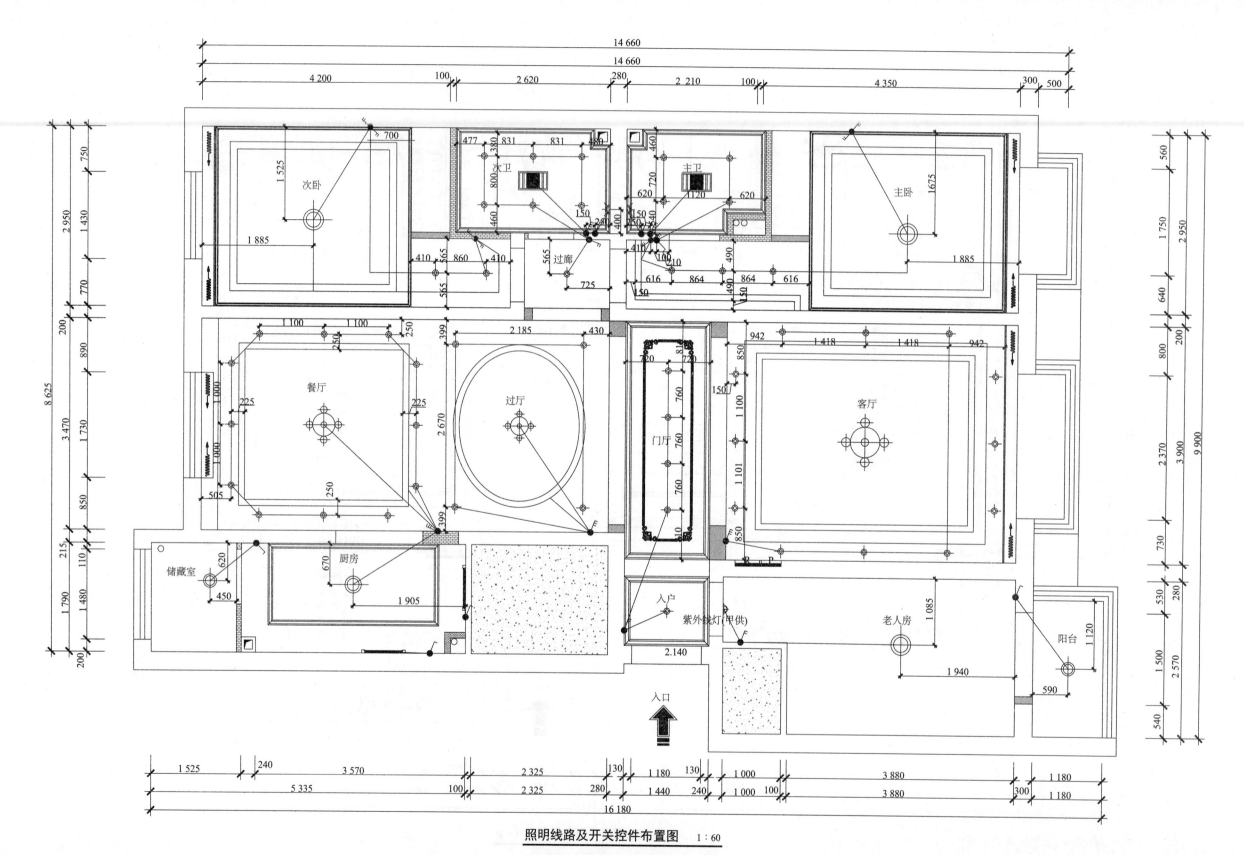

照明线路及开关控件布置图 1：60

图1-11 照明线路及开关控件布置图

（3）剖切线处的断面画法。

1）依据不同的比例和设计深度，确定平面中剖切线处的断面表示法。

2）绘制出结构承重墙与非承重墙的区别，可以斜线填充的不同密度来形成深浅不一的灰面，以此来区别出承重结构与非承重结构。

2. 顶棚图

（1）概念。室内顶棚图是指向上仰视的正投影平面图，具体可分为两种情况：其一，顶面基本处于一个标高时，顶棚图就是顶界面的平面影像图，即（顶）界面图；其二，顶面处于不同标高时，即采用水平剖切后，去掉下半部分，自下而上仰视可得到正投影图，剖切高度以充分展现顶面设计全貌的最恰当处为宜。

（2）顶棚图需由（最外侧）立面墙体与顶界面的交接线开始绘制，即A点至A′点的剖切位置线。

（3）顶棚图的内容范围。顶棚图分为总顶棚布置图和各项分顶棚图，其中各项分顶棚图包括顶棚装修布置图、顶棚装修尺寸图、顶棚装修索引图、顶棚灯位编号图、顶棚消防布置图、顶棚陈设布置图。

注：上述各项顶棚图内容仅指设计所需表示的范围，当设计对象较为简易时，视具体情况可将上述某几项内容合并在同一张顶棚图上来表达，或是省略某项内容。掌握分寸由项目负责人确定。

1）总顶棚布置图。

①表达出剖切线以上的总体建筑与室内空间的造型及其关系。

②表达顶棚上总的灯位、装饰及其他（不注尺寸）。

③表达出风口、烟感、温感、喷淋、广播等设备安装内容（视具体情况而定）。

④表达各顶棚的标高关系。

⑤表达出门、窗洞口的位置。

⑥表达出轴号及轴线尺寸。

某住宅顶棚布置图如图1-12所示。

2）顶棚装修布置图。

①详细表达出该部分剖切线以上的建筑与室内空间的造型及其关系。

②表达出顶棚上该部分的灯位图例及其他装饰物（不注尺寸）。

③表达出窗帘及窗帘盒。

④表达出门、窗洞口的位置（无门扇表达）。

⑤表达出风口、烟感、温感、喷淋、广播、修口等设备安装（不注尺寸）。

⑥表达出顶棚的装修材料索引编号及排板。

⑦表达出顶棚的标高关系。

⑧表达出轴号及轴线关系。

3）顶棚装修尺寸图。

①表达出该部分剖切线以上的建筑与室内空间的造型及关系。

②表达出详细的装修、安装尺寸。

③表达出顶棚的灯位图例及其他装饰物并注明尺寸。

④表达出窗帘、窗帘盒及窗帘轨道。

⑤表达出门、窗洞口的位置。

⑥表达出风口、烟感、温感、喷淋、广播、检修口等设备安装（需标注尺寸）。

⑦表达出顶棚的装修材料及排版。

⑧表达出顶棚的标高关系。

⑨表达出轴号及轴线关系。

4）顶棚装修索引图。

①表达出该部分剖切线以上的建筑与室内空间的造型及关系。

②表达出顶棚装修的节点剖切索引号及大样索引号。

③表达出顶棚的灯位图例及其他装饰物（不注尺寸）。

④表达出窗帘及窗帘盒。

⑤表达出门、窗洞口的位置。

⑥表达出风口、烟感、温感、喷淋、广播、检修口等设备安装（不注尺寸）。

⑦表达出顶棚的装修材料索引编号及排板。

⑧表达出顶棚的标高关系。

⑨表达出轴号及轴线关系。

5）顶棚灯位编号图。

①表达出该部分剖切线以上的建筑与室内空间的造型及关系。

②表达出每一光源的位置及图例（不注尺寸）。

③注明顶棚上每一灯光及灯饰的编号。

④表达出各类灯光、灯饰在本图纸中的图表。

⑤图表中应包括图例、编号、型号、是否调光及光源的各项参数。

⑥表达出窗帘及窗帘盒。

⑦表达出门窗洞口的位置。

⑧表达出顶棚的标高关系。

⑨表达出轴号及轴线尺寸。

⑩表达出需连成一体的光源设置，以弧形细虚线绘制。

6）顶棚消防布置图。

①表达出该部分剖切线以上的建筑与室内空间的造型及关系。

②表达出灯位图例及其他。

③表达出窗帘及窗帘盒。

④表达出门窗洞口的位置。

⑤表达出消防烟感、喷淋、温感、风口、防排烟口、应急灯、指示灯、防火卷帘、挡烟垂壁等位置及图例。

⑥表达出各消防图例在本图纸上的文字注释及图例说明。

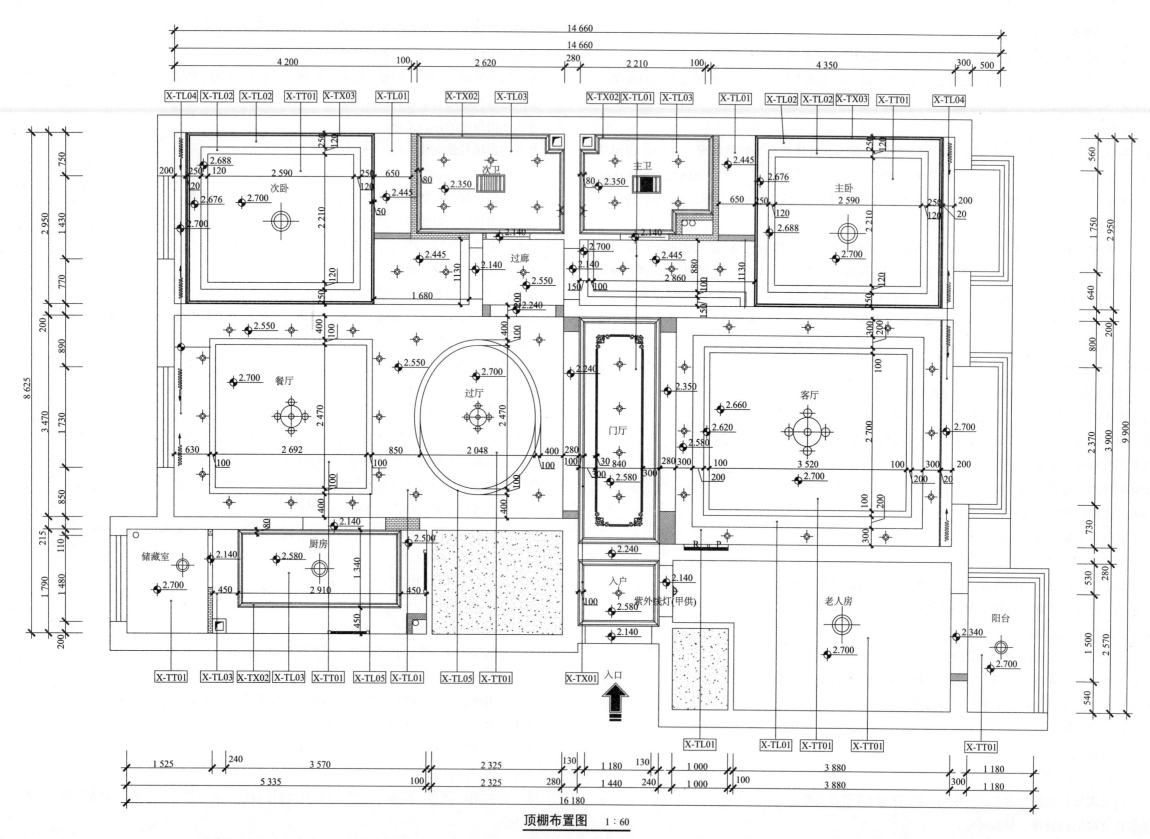

顶棚布置图 1:60

图1-12 顶棚布置图

⑦表达出各消防内容的定位尺寸关系。

⑧表达出顶棚的标高关系。

⑨表达出轴号及轴线尺寸。

7）顶棚陈设布置图。

①表达出该部分剖切线以上的建筑与室内空间的造型及关系。

②表达出灯位图例及其他。

③表达出顶棚中陈设品的造型、位置及具体尺寸。

④表达出顶棚中陈设品的编号及材料。

⑤表达出窗帘及窗帘盒。

⑥表达出门窗洞口的位置。

⑦表达出顶棚的标高关系。

⑧表达出轴号及轴线尺寸。

3. 剖立面图

（1）概念。在室内设计中，平行于某室内空间立面方向，假设有一个竖直平面从顶至地将该室内空间剖切后所得到的正投影图即为剖立面图。位于剖切线上的物体均表达出被剖切的断面图形式，位于剖切线后的物体以界立面形式表示。室内设计的剖立面图即断面加立面。

剖立面图可将室内吊顶、立面、地面装修材料完成面的外轮廓线明确表示出来，为下一步节点详图的绘制提供基础条件。

（2）剖立面图的剖切位置线，应选择在内部空间较为复杂或有起伏变化的，并且最能反映空间组合特征的位置。

（3）剖立面图的内容范围。

1）装修剖立面图。

①表达出被剖切后的建筑及装修的断面形式（墙体、门洞、窗洞、抬高地坪、装修内包空间、吊顶背后的内包空间等），断面的绘制深度由所绘的比例大小而定。

②表达出在投视方向未被剖切到的可见装修内容和固定家具、灯具造型及其他。

③表达出施工尺寸及标高。

④表达出节点剖切索引号、大样索引号。

⑤表达出装修材料索引编号及说明。

⑥表达出该剖立面的轴号、轴线尺寸。

⑦若没有单独的陈设剖立面，则在本图上表示出活动家具、灯具和各陈设品的立面造型（以虚线绘制主要可见轮廓线），并表示出家具、灯具、艺术品等编号。

⑧表达出该剖立面图号及标题。

装修剖立面图如图1-13所示。

2）陈设剖立面图。

①表达出需要绘制陈设内容的建筑装修断面形式（墙体、门洞、窗洞、抬高地坪、装修内包空

间、吊顶背后的内包空间等），断面的绘制深度由所绘的比例大小而定。

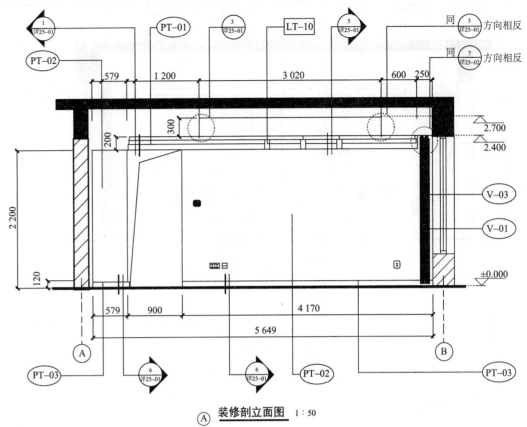

A <u>装修剖立面图</u> 1：50

图1-13 装修剖立面图

②表达出未被剖切到的可见立面及其他。

③表达出该剖立面的轴号。

④表达出家具、灯具、画框、摆件等陈设物具体的立面形状。

⑤表达出家具、灯具及其他陈设品的索引编号。

⑥表达出各家具、灯具及其他陈设品的摆放位置和定位关系或定位尺寸。

⑦表达出该剖立面的剖立面图号及标题。

陈设剖立面图如图1-14所示。

（4）比例：1：30、1：50。

4. 立面图

（1）概念。平行于某一立面的正投影图即为立面图。立面图中不考虑因剖视所形成的空间距离叠合和围合断面体内容的表达。

将室内空间立面向与之平行的投影面上作投影，所得到的正投影图即为室内立面图。该图主要表达室内空间的内部形状、空间的高度、门窗的形状与高度、墙面的装修做法及所用材料等。

室内空间内立面图应根据其空间名称、所处楼层等确定其名称。

（2）空间中的每一段立面及转折都需要绘制。

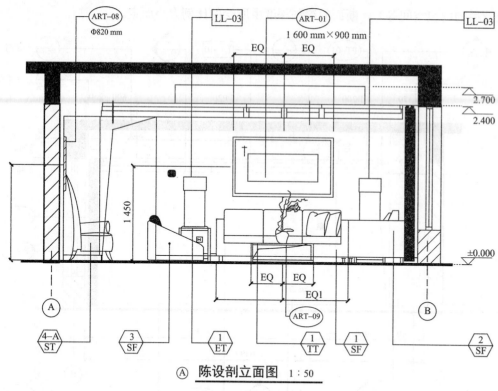

Ⓐ 陈设剖立面图 1:50

图1-14 陈设剖立面图

（3）立面图的内容范围。

1）装修立面图。

①表达出某立面的可见装修内容和固定家具、灯具造型及其他。

②表达出施工所需的尺寸及标高。

③表达出节点剖切索引号、大样索引号。

④表达出装修材料的编号及说明。

⑤表达出该立面的轴号、轴线尺寸。

⑥若没有单独的陈设立面图，则在本图上表示出活动家具、灯具和各饰品的立面造型（以虚线绘制主要可见轮廓线），并表示出这些内容的索引编号。

⑦表达出该立面的立面图号及图名。

装修立面图如图1-15所示。

2）陈设立面图。

①表达出某立面的装修内容及其他。

②表达出标高。

③表达出该立面的轴号。

④表达出家具、灯具、画框、摆件等陈设品的具体立面形状。

⑤表达出家具、灯具及其陈设品的索引编号。

⑥表达出各家具、灯具及其陈设品摆放的位置和定位尺寸。

⑦表达出该立面的立面图号及图名。

陈设立面图如图1-16所示。

（4）比例：1:30、1:50。

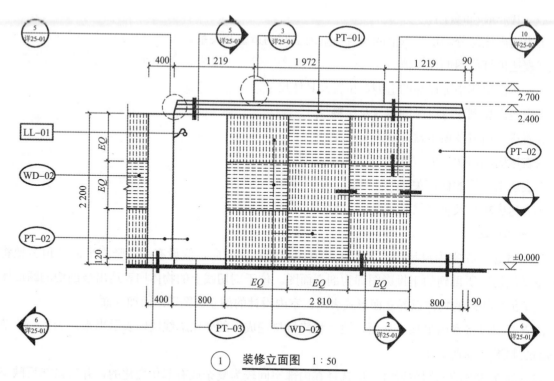

① 装修立面图 1:50

图1-15 装修立面图

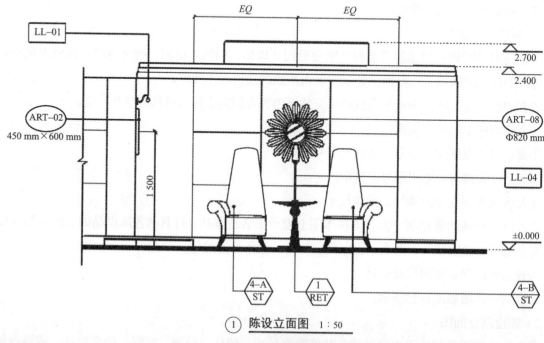

① 陈设立面图 1:50

图1-16 陈设立面图

5. 详图

（1）概念。详图是指局部详细图样，它由大样、节点和断面三部分组成。相对于平、立、剖面图的绘制，详图具有比例大、图示清楚、尺寸标注详尽、文字说明全面等特点。

（2）详图的内容范围。

1）大样图。

①局部详细的大比例放样图。

②注明详细尺寸。

③注明所需的节点剖切索引号。

④注明具体的材料编号及说明。

⑤注明详图号及比例。

比例：1：1、1：2、1：4、1：5、1：10。

2）节点图。

①详细表达出被切截面从结构体至面饰层的施工构造连接方法及相互关系。

②表达出紧固件、连接件的具体图形与实际比例尺寸（如膨胀螺栓等）。

③表达出详细的饰面层造型与材料编号及说明。

④表示出各断面构造内的材料图例、编号、说明及工艺要求。

⑤表达出详细的施工尺寸。

⑥注明有关施工的要求。

⑦表达出墙体粉刷线及墙体材质图例。

⑧注明节点详图号及比例。

比例：1：1、1：2、1：4、1：5。

3）断面图。

①表达出由顶至地连贯的被剖截面造型。

②表达出由结构体至表饰层的施工构造方法及连接关系（如断面龙骨）。

③从断面图中引出需进一步放大表达的节点详图，并有索引编号。

④表达出结构体、断面构造层及饰面层的材料图例、编号及说明。

⑤表达出断面图的尺寸深度。

⑥注明有关施工的要求。

⑦注明断面图号及比例。

比例：1：10。

剖面节点图如图1-17所示；石膏板暗藏灯槽剖面节点图如图1-18所示；详图和剖面节点图如图1-19所示。

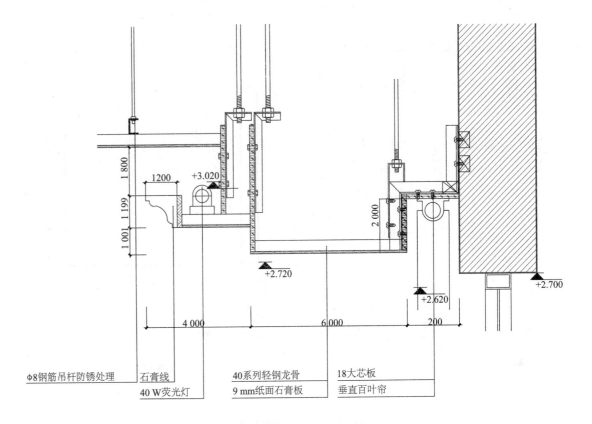

Φ8钢筋吊杆防锈处理　石膏线　　　40系列轻钢龙骨　18大芯板
40 W荧光灯　　　　　　　　　9 mm纸面石膏板　垂直百叶帘

Ⓒ　剖面节点图　1：10

图1-17　剖面节点图

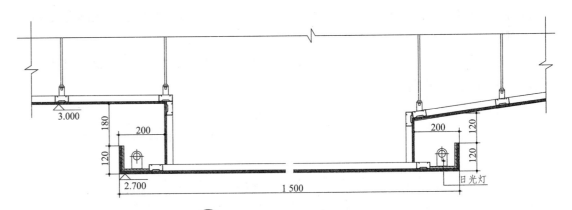

① 石膏板暗藏灯槽剖面节点图　1：10

图1-18　石膏板暗藏灯槽剖面节点图

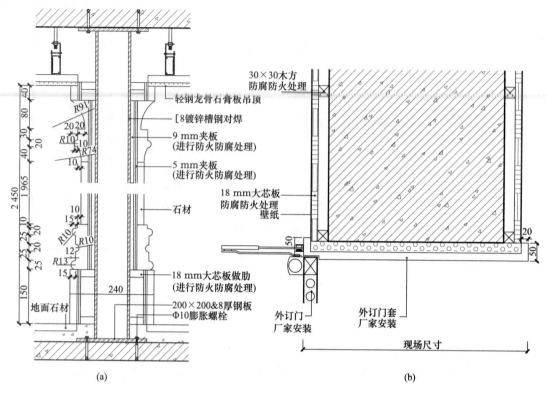

| 30×30木方 防腐防火处理 |
| 轻钢龙骨石膏板吊顶 |
| [8镀锌槽钢对焊 |
| 9 mm夹板 (进行防火防腐处理) |
| 5 mm夹板 (进行防火防腐处理) |
| 石材 |
| 18 mm大芯板 防腐防火处理 壁纸 |
| 18 mm大芯板做肋 (进行防火防腐处理) |
| 200×200&8厚钢板 Φ10膨胀螺栓 |

图1-19　详图和剖面节点图
（a）详图；（b）剖面节点图

6. 楼梯的详细画法步骤

（1）楼梯平面图。

1）首先，画出楼梯间的开间、进深轴线和墙厚、门窗洞口位置，确定平台宽度、楼梯宽度和长度。

2）采用两平行线间距任意等分的方法划分踏步宽度。

3）画栏杆（或栏板）、上下行箭头等细部，检查无误后加深图线，注写标高、尺寸、剖切符号、图名、比例及文字说明等。

（2）楼梯剖面图。

1）画轴线，定室内外地面与楼面线、平台位置及墙身，量取楼梯段的水平长度、竖直高度及起步点的位置。

2）用等分两平行线间距的方法划分踏步的宽度、步数和高度、级数。

3）先画出楼板和平台板厚，再画楼梯段、门窗、平台梁及栏杆、扶手等细部。

4）检查无误后加深图线，在剖切到的轮廓范围内画上材料图例，注写标高和尺寸；最后，在图下方写上图名及比例等。

六、补充

（1）平面图的方向宜与总图方向一致。平面图的长边宜与横式幅面图纸的长边一致。

（2）在同一张图纸上绘制多于一层的平面图时，各层平面图宜按层数由低向高的顺序从左至右或从下至上布置。

（3）除顶棚平面图外，各种平面图应按正投影法绘制。

（4）建筑物平面图应在建筑物的门窗洞口处水平剖切俯视（屋顶平面图应在屋面以上俯视），图内应包括剖切面及投影方向可见的建筑构造以及必要的尺寸、标高等，如需表示高窗、洞口、通气孔、槽、地沟及起重机等不可见部分，则应以虚线绘制。

（5）建筑物平面图应注写房间的名称或编号。编号注写在直径为6 mm细实线绘制的圆圈内，并在同张图纸上列出房间名称表。

（6）平面较大的建筑物可分区绘制平面图，但每张平面图均应绘制组合示意图。各区应分别用大写拉丁字母编号。在组合示意图中要提示的分区，应采用阴影线或填充的方式表示。

（7）顶棚平面图宜用镜像投影法绘制。

（8）为表示室内立面在平面图上的位置，应在平面图上用内视符号注明视点位置、方向及立面编号。符号中的圆圈应用细实线绘制，根据图面比例，圆圈直径可选择8～12 mm。立面编号宜用拉丁字母或阿拉伯数字。

第三节　装饰施工图绘制流程及技巧

室内设计的程序、方法和步骤

1. 施工图绘制阶段

在施工图绘制阶段采用的表现方式主要包括：徒手画（速写、拷贝描图）、正投影图（平面图、立面图、剖面图、细部节点详图）、透视图（一点透视、两点透视、三点透视）、轴测图。徒手画主要用于平面功能布局和空间形象构思的草图作业；正投影图主要用于方案与施工图作业；透视图则是室内空间视觉形象设计方案的最佳表现形式。对设计图的表现方式现在多采用徒手绘制和计算机绘制两种方式，但它们都是为了说明空间和表达设计意图的载体。

对于室内设计的图面作业程序基本上是按照设计思维的过程来设置的。它一般要经过概念设计、方案设计和施工图设计三个阶段。其中，平面功能布局和空间形象构思草图是概念设计阶段图面作业的主题；透视图和平面图是方案设计阶段图面作业的主题；剖面图和细部节点详图则是施工图设计阶段图面作业的主题。每一阶段图面在具体的实施中没有严格的控制，图解语言的穿插是图面作业常用的一种方式。

图解是指图形思维的方法，是对各种不同类型的形象图形进行设计分析的思维过程。在室内设计中，图形不仅是最好的专业交流语言，而且利用图解方式具有以下优点：

（1）有利于人际交流。交流是设计过程中一个必不可少的环节，设计师与业主交流确定设计意向、达成共识，通过与自己的交流发现问题、完善方案。

（2）有利于设计分析。在设计创意阶段，需要对各种信息资料进行分析处理，从中挑选出设计所需要的内容。利用各种表格、框架、草图等图形方法可以帮助我们快速、有效地对各种内容的脉络、形式和要求等进行分析推理，明确方案。

（3）有利于寻找机会。

2. 室内设计的项目实施程序

室内设计的项目实施程序是由设计任务书的制定、项目设计内容的社会调研、项目概念设计与专业协调、确定方案与施工图设计、材料选择与施工监理等步骤组成的。其中，项目概念设计确定方案和施工图设计与我们现行的设计教育紧密结合。

它的目的很明确，即在各种条件的限制内协调人与之相适应的空间的合理性，以使其设计结果能够影响和改变人的生活状态。

达到这种目的的根本是设计的概念来源，即原始的创作动力是什么，它是否适应设计方案的要求并能够解决问题，而取得这种概念的途径则应该是依靠科学和理性的分析，已发现问题，进而提出解决问题的方案。整个过程是一个循序渐进和自然而然的孵化过程，设计师的设计概念应在他占有相当可观的已知资料的基础上，合理地像流水一样自然流淌出来，并不会像纯艺术活动的突发性个人意识的宣泄。当然在设计中，功能的理性分析与在艺术形式上的完美结合要依靠设计师内在的品质修养与实际经验来实现，这要求设计师广泛涉猎不同种类的知识，对任何事物都抱有积极的态度和敏锐的观察。纷繁复杂的分析研究过程是艰苦的坚持过程，一个人的努力是不能完美地完成的，人员的协助与团队协作是关键，单独的设计师或单独的图文工程师或材料师虽然都能独当一面，但却不可避免会顾此失彼，只有一个配合默契的设计小组才能完成。室内设计的项目实施程序归纳起来有以下几个阶段：

（1）设计规划阶段。设计的根本首先是资料的占有率，是否有完善的调查和横向的比较，大量地收集资料，归纳整理，寻找欠缺，发现问题，进而加以分析和补充，这样反复的过程会让你的设计在模糊和无从下手中渐渐清晰起来。例如，某一电脑专营店的设计，首先应了解其经营的层次，从其属于哪一级别的经销商而确定设计规模，确定设计范围；取得公司的人员分配比例、管理模式、经营理念、品牌优势，来确定设计的模糊方向；横向的比较和调查其他相似空间的设计方式，取得已知的存在问题和经验，其位置的优劣状况、交通情况，如何利用公共设施和如何解决不利矛盾；根据顾客的大致范围而确定设计的软件设施、人员的流动和内部工作、线路的合理规划。这些在资料收集与分析阶段都应详细地分析与解决。这一阶段还要提出一个合理的初步设计概念，也就是艺术的表现方向。

（2）概要分析阶段。这一切结束后应提出一个完善的和理想化的空间机能分析图，也就是抛弃实际平面而完全绝对合理的功能规划。不参考实际平面是避免因先入为主的观念而框架了设计师的感性思维。虽然有时会感觉不到限制的存在，但原有的平面必然渗透着某种程度的设计思想，在无形中会让人先入为主。

当基础完善时，便进入了实质的设计阶段，实地的考察和详细测量是极其必要的，图纸的空间想象和实际的空间感受差别很悬殊，对实际管线和光线的了解有助于缩小设计与实际效果的差距。这时，如何将理想设计结合到实际的空间当中是这个阶段所要做的。室内设计的一个重要特征就是只有最合适的设计而没有最完美的设计，一切设计都存在着缺憾，因为任何设计都是有限制的，设计的目的就是在限制的条件下通过设计缩小不利条件对使用者的影响。将理想设计规划按从大到小逐步落实到实际图纸当中，并且不可避免地要牺牲一些因冲突而产生的次要空间，全部以整体的合理和以人为主，是平面规划的原则。空间的规划完成，首先是完善家具设备布局。有了一个良好的开端，向下便极其迅速而自然地进行了。

（3）设计发展阶段。从平面向三维的空间转换，其间要将初期的设计概念完善和实现在三维效果中，其实现也就是材料、色彩、采光、照明。

材料的选择首要的是屈从于设计预算，这是现实的问题，单一或复杂的材料因设计概念而确定。虽然低廉但合理的材料的应用要远远强于高档材料的堆砌，当然优秀的材料可以更加完美地体现理想设计效果，但这并不等于低预算不能创造合理的设计，其关键是如何选择。色彩是体现设计理念不可缺少的因素，它与材料是相辅相成的。采光与照明是营造氛围的，室内设计的艺术即是光线的艺术，这样说虽然有些夸大其词，但也不无道理。艺术的形式最终是通过视觉表达而传达与人的，这些设计的实现最终是依靠三维表现图向业主体现。同时，设计师也是通过三维表现图来完善自己的设计。其实，也就是表现图的优劣可以影响方案的成功，但并不会是决定的因素，它只是辅助设计的一种手段和方法，千万不能本末倒置，过分地突出表现的效用，起决定作用的还应是设计本身。

（4）细部设计阶段。细部设计包括家具设计、装饰设计、灯具设计、门窗、墙面和顶棚连接，这些是依附于发展阶段的。而完善设计阶段，大部分的问题已经在发展阶段完成，这里只是更加深入地与施工和预算结合。

施工图设计是设计的最后一项工作，纯技术地表现即可。

3. 室内设计的方法

室内设计的方法，这里着重从设计者的思考方法来分析，主要有以下几点：

（1）大处着眼、细处着手，总体与细部深入推敲。大处着眼，在设计时思考问题和着手设计的起点要高，有一个全局的设计观念。细处着手是指具体进行设计时，必须根据室内的使用性质，深入调查，收集信息，掌握必要的资料和数据，从最基本的人体尺度、人流动线、活动范围和特点、家具与设备等的尺寸和使用它们必需的空间等着手。

（2）从里到外、从外到里，局部与整体协调统一。建筑师A·依可尼可夫曾说："任何建筑创作，都应是内部构成因素和外部联系之间相互作用的结果，也就是'从里到外''从外到里'。"室内环境的"里"，以及和这一室内环境连接的其他室内环境，以至建筑室外环境的"外"，它们之间有着相互依存的密切关系，设计时需要从里到外、从外到里多次反复协调，使其更趋完善、合理。室内环境需要与建筑整体的性质、标准、风格，与室外环境相协调统一。

（3）意在笔先或笔意同步，立意与表达并重。意在笔先原指创作绘画时必须先有立意，即深思熟虑，有了"想法"后再动笔，也就是说设计的构思、立意至关重要。可以说，一项设计，没有立意就等于没有"灵魂"，设计的难度也往往在于要有一个好的构思。具体设计时意在笔先固然好，但是一个较为成熟的构思，往往需要足够的信息量，有商讨和思考的时间，因此也可以边动笔边构思，即所谓笔意同步，在设计前期和出方案过程中使立意、构思逐步明确，但关键仍然是要有一个好的构思。

对于室内设计来说，正确、完整又有表现力地表达出室内环境设计的构思和意图，使建设者和评审人员能够通过图纸、模型、说明等，全面地了解设计意图，也是非常重要的。在设计投标竞争中，图纸质量的完整、精确、优美是第一关，因为在设计中，形象毕竟是很重要的一个方面；而图纸表达则是设计者的语言，一个优秀的室内设计作品的内涵和表达也应该是统一的。

4. 室内设计的步骤

室内设计根据设计的进程，通常可以分为五个阶段，即设计准备阶段、现场分析阶段、方案设计阶段、施工图设计阶段和设计实施阶段。

（1）设计准备阶段。设计准备阶段主要是接受委托任务书，签订合同，或者根据标书要求参加投标；明确设计期限并制定设计计划进度安排，考虑各有关工种的配合与协调；明确设计任务和要求，如室内设计任务的使用性质、功能特点、设计规模、等级标准、总造价，根据任务的使用性质所需创造的室内环境氛围、文化内涵或艺术风格等，熟悉设计有关的规范和定额标准，收集分析必要的资料和信息，包括对现场的调查踏勘以及对同类型实例的参观等。

在签订合同或制定投标文件时，还包括设计进度安排、设计费率标准，即室内设计收取业主设计费占室内装饰总投入资金的百分比。

（2）现场分析阶段。现场分析阶段主要包括资料分析与场地实测两方面的内容。资料分析是对建筑图纸资料进行分析，认识、了解自己的工作和基本条件，以及项目的特点、难点，需要多方面分析，对建筑质量、空间布局、基础设施以及配套设施和设计等做到充分的了解。

（3）方案设计阶段。方案设计阶段是在设计准备阶段的基础上，进一步收集、分析、运用与设计任务有关的资料与信息，构思立意，进行初步方案设计、深入设计，进行方案的分析与比较。

这一阶段的主要工作就是确定初步设计方案，提供设计文件。室内方案设计的文件通常包括：

1）平面图，常用比例1：50、1：100。

2）室内立面展开图，常用比例1：20、1：50。

3）平顶图或仰视图，常用比例1：50、1：100。

4）室内透视图。

5）室内装饰材料实样板面。

6）设计意图说明和造价概算。

初步设计方案需经审定后，方可进行施工图设计。

（4）施工图设计阶段。设计师在施工图设计阶段的工作是在业主所批准的扩大初步设计的基础上，根据业主对任务书内容的最后确定。在施工图设计这一阶段，设计师不但要完成全部施工图，还要写出详细的说明与业主商讨并准备施工文件。施工图设计阶段需要补充施工所必要的有关平面布置、室内立面和平顶等图纸，还需包括构造节点详细、细部大样图以及设备管线图，编制施工说明和造价预算。

（5）设计实施阶段。设计实施阶段即是工程的施工阶段。室内工程在施工前，设计人员应向施工单位进行设计意图说明及图纸的技术交底；工程施工期间需按图纸要求核对施工实况，有时还需根据现场实况提出对图纸的局部修改或补充；施工结束时，会同质检部门和建设单位进行工程验收。

为了使设计取得预期效果，室内设计人员必须抓好设计各阶段的环节，充分重视设计、施工、材料、设备等各个方面，并熟悉、重视与原建筑物的建筑设计、设施设计的衔接；同时，还需协调好与建设单位和施工单位之间的相互关系，在设计意图和构思方面取得沟通与共识，以期取得理想的设计成果。

5. 施工图中常用的符号

为了保证制图质量、提高效率、表达统一和便于识读，我国制定了国家标准《房屋建筑制图统一标准》（GB/T 50001—2010）（简称《标准》），其中几项主要的规定和常用的表示方法如下：

（1）定位轴线。在施工图中通常将房屋的基础、墙、柱和梁等承重构件的轴线画出，并进行编号，以便于施工时定位放线和查阅图纸，这些轴线称为定位轴线。

定位轴线应用细单点长画线表示。轴线编号的圆圈用细实线表示，在圆圈内写上编号。在平面图上水平方向的编号采用阿拉伯数字，从左向右依次编写。垂直方向的编号，用大写英文字母自下而上顺次编写。英文字母中I、O及Z三个字母不得作轴线编号，以免与数字1、0及2混淆。

对于一些与主要承重构件相联系的次要构件，它的定位轴线一般作为附加轴线，编号可用分数表示。分母表示前一轴线的编号，分子表示附加轴线的编号。

（2）标高。在总平面图、平面图、立面图和剖面图上，经常用标高符号表示某一部位的高度。各种图上所用标高符号，以细实线绘制。标高数值以米为单位（不标单位），一般标注至小数点后三位数（总平面图中为两位数）。

标高有绝对标高和相对标高两种。

1）绝对标高：我国把青岛黄海的平均海平面定为绝对标高的零点，其他各地标高都以它作为基准，在总平面图中的室外地面标高中常采用绝对标高。

2）相对标高：除总平面图外，一般都采用相对标高，即将首层室内主要地面标高定为相对标高的零点，并在建筑工程的总说明中说明相对标高和绝对标高的关系。如室外地面标高为-0.410，表示室外地面比室内首层地面低0.410 m。

AutoCAD软件的应用

（一）图层的设置

在团队电脑制图中，为方便各成员对电脑文件的相互调用、修改，节约因图层设置不当而占用的电脑空间，需规范统一电脑文件的图层设置。

注：括号内为电脑中的图层名。

（1）轴层。

轴线层（轴线）：绘制建筑定位轴线。

轴号层（轴号）：绘制建筑轴线编号的阿拉伯数字和英文字母。

轴号圈层（轴圈）：绘制轴线编号外的圆圈。

轴线尺寸层（轴尺）：绘制建筑轴线间的定位尺寸。

（2）符号引出层。

立面索引层（索引立）：绘制平面剖切索引符号或立面剖切索引符号及其文字说明。

材料索引层（索引材）：绘制材料索引符号及其文字说明。

家具索引层（索引家）：绘制家具索引符号及其文字说明。

灯光、灯饰索引层（索引灯）：绘制灯光、灯饰索引符号及其文字说明。

大样索引层（索引样）：绘制大样索引符号及其文字说明。

节点索引层（索引节）：绘制节点索引符号及其文字说明。

标高索引层（标高）：绘制标高符号及其文字说明。

（3）尺寸层。

原有建筑尺寸层（dim）：绘制建筑原有尺寸。

隔墙尺寸层（dim隔）：绘制建筑室内新建隔墙的定位尺寸。

装修尺寸层（dim装）：绘制建筑室内装修内容的定位尺寸。

陈设尺寸层（dim陈）：绘制建筑室内各类陈设品及活动家具。

灯光、灯饰尺寸层（dim光）：绘制灯光、灯饰的定位尺寸。

地坪尺寸层（dim地）：绘制地坪材料分割定位及其规格尺寸。

消防尺寸层（dim消）：绘制各类消防设施的定位尺寸。

（4）墙柱结构外框线层。

土建承重墙、柱层（承重墙柱）：绘制土建承重墙、柱的断面轮廓线。

土建非承重墙层（非承重墙）：绘制土建非承重墙的断面轮廓线。

烧结普通砖墙层（烧结普通砖墙）：绘制烧结普通砖墙的断面轮廓线。

轻质砖墙层（轻质砖墙）：绘制轻质砖墙的断面轮廓线。

轻钢龙骨层（轻钢龙骨）：绘制轻钢龙骨石膏板的断面轮廓线。

（5）填充层。

土建承重墙、柱层（H承）：绘制土建承重墙、柱的材质填充。

土建非承重墙层（H非承）：绘制非承重墙的材质填充。

烧结普通砖墙层（H黏土）：绘制烧结普通砖墙的材质填充。

轻质砖墙层（H轻质）：绘制轻质砖墙的材质填充。

轻钢龙骨层（H轻钢）：绘制轻钢龙骨的材质填充。

材质图例层（H）：除上述5种情况外的其他材质填充。

（6）文字层。

图面文字层：除符号内、图签内、图表内所有图面说明文字。

图签文字层：图签内所有说明文字。

（7）图表图例层（表）：绘制图表及表内图例、说明文字。

（8）陈设家具层。

活动家具层（家具）：绘制所有活动家具。

装修家具层（家修）：绘制所有固定家具。

陈设品（家陈）：绘制所有陈设品。

（9）灯光、灯饰层。

地坪相关光源层（地光源）：绘制与地坪相关的光源。

光源层（光源）：绘制除地坪外的其他光源。

灯饰层（灯饰）：绘制各类灯饰。

（10）装修饰面层（饰面）：绘制装修饰面的断面外轮廓线。

（11）门层：绘制门扇、开启线及门套。

（12）窗层：绘制窗间墙及窗扇（限制在平面，平顶）。

（13）窗帘层：绘制所有窗帘的外轮廓线。

（14）地坪装修层：地坪材料分割线层、地坪材料填充层。

（15）开关、插座层。

开关层：绘制各类开关图例。

插座层：绘制各类插座图例。

（16）消防图例层。

喷淋层（喷淋）：绘制喷淋图例。

烟感层（烟感）：绘制烟感图例。

温感层（温感）：绘制温感图例。

风管层（风管）：绘制风管图例。

音响层（音响）：绘制音响图例。

其余层：绘制其余各类消防图例。

（17）其他层：未归入以上16大类者均按线宽规定放入电脑自带层（即Layer1～9）。

（18）灰面层：绘制家具、灯具时，为区别材质的颜色，会对明显的深色进行灰面填充，并且灰面应放于线框的底部，灰面名则为灰面颜色号。

电脑图层的设定可提高制图效率，方便图纸文件的相互交流，甚至对于深化图纸设计也有很大的帮助。另外，线型与线宽的设定也可随图层的属性一同调整，在布局空间或模型空间内开关图层可便于图纸内容的修改核对。

在电脑绘图的过程中经常会插入其他设计公司的图纸、图块，为了避免其他图层、图块与本公司的图层掺杂在一起不方便查找，本公司的图层可均以阿拉伯数字如"0-"或"1-"开头，排在电脑图层的最前面；同时，可保障公司内部的图层名称连在一起，方便查找编辑。

（二）AutoCAD的相关内容

1. 如何给AutoCAD工具条添加命令及相应图标

在AutoCAD的工具条中没有显示所有可用命令，如需要时可自行添加。

例如，在绘图工具条内添加多线命令（mline）时，方法如下：视图工具栏命令选项卡（op），选中绘图右侧窗口显示相应命令，找到"多线"，单击左键把它拖出。这时刚拖出的"多线"命令没有图标，要为其添加图标，做法如下：把命令拖出后，不要关闭自定义窗口，单击"多线"命令，在弹出的面板的右下角，选择相应的图标。要删除命令，重复以上操作，把要删除命令拖回，然后在确认要求中选"是"。

2. AutoCAD中如何计算二维图形的面积

简单图形，如矩形、三角形，只需执行命令AREA（可以是命令行输入或单击对应命令图标），打开捕捉依次选取矩形或三角形各交点后按回车键，AutoCAD将自动计算面积（Area）、周长（Perimeter），并将结果列于命令行。

3. 十字光标尺寸改变

工程图绘制时，要按投影规律绘图。为了便于"长对正，高平齐，宽相等"，绘图时，可调整十字光标尺寸。即用Options命令或选择下拉菜单Tools（工具）/Options（系统配置），打开Options对话框，找到Display（显示）选项卡，通过修改Crosshair Size（十字光标大小）区中的光标与屏幕大小的百分比或拖动滑块，可改变缺省值5%，使绘图窗口十字光标尺寸变大。

4. 画粗实线

用AutoCAD画粗实线有多种办法，最简便的办法是使用lweight命令。此命令可在命令行直接输入，或选择下拉菜单Format（格式）/Lineweight（线宽），在出现的对话框中，设置所需线宽，缺省线宽为0.25 mm，并可用滑块调整屏幕上线宽显示比例，该命令为透明命令。也可单击对象属性工具栏工具图标layers，在图层特性管理对话框中如同设置颜色、线型一样来设置线宽。

5. ［Tab］键在AutoCAD捕捉功能中的巧妙利用

当需要捕捉一个物体上的点时，只要将鼠标靠近某个或某物体，不断地按Tab键，这个或这些物体的某些特殊点（如直线的端点、中间点、垂直点、与物体的交点、圆的四分圆点、中心点、切点、垂直点、交点）就会轮换显示出来，选择需要的点左键单击即可捕捉这些点。

需要注意的是，当鼠标靠近两个物体的交点附近时，这两个物体的特殊点将先后轮换显示出来（其所属物体会变为虚线），这对于在图形局部较为复杂时捕捉点很有用。

6. AutoCAD打开旧图的处理方法

用AutoCAD打开一张旧图，有时会遇到异常错误而中断退出，这时首先使用前面所介绍的方法，如果问题仍然存在，则可以新建一个图形文件，而把旧图用图块形式插入，也许可以解决问题。

7. 为图形设置密码的功能

具体的设置方法如下：

步骤一：执行保存命令后，在弹出的save drawing as（图形另存为）对话框中，选择对话框右上方tools（工具）下拉菜单中的security options（安全选项），AutoCAD会弹出security options（安全选项）对话框。

步骤二：单击password（口令）选项卡，在password or phrase to open this drawing（用于打开此图形的口令或短语）文本框中输入密码。另外，利用digital signature（数字签名）选项卡还可以设置数字签名。

8. AutoCAD中的比例设置和应用

在图纸上绘图时，应在开始之前先确定比例。此比例是绘制对象的尺寸与图形所表示的对象的实际尺寸之比值。例如，在建筑图形中每1 mm可能表示房间平面布置图的100 mm。所选比例必须使对象的图形布满图纸。

而在AutoCAD中将反转此过程，可以用指定单位类型（建筑单位制、十进制等）或默认单位类型（十进制）绘图。屏幕上每个单位都可表示所需的单位制：英寸、毫米、千米。因此，如果绘制发动机部件，一个单位可能相当于1 mm。如果绘制地图，一个单位可能相当于1 000 m。

也就是说，刚开始绘图时无须考虑绘图比例的问题，就按1：1绘图，这是CAD绘图的一个显著的特点。到打印出图时再考虑出图的比例，打印时可以为图形的不同部分设置不同比例。

尽管打印前无须指定图形比例，但还是可以提前输入下面几项的缩放尺寸：

（1）文字（如果在模型空间中绘制）。

（2）标注（如果在模型空间中绘制）。

（3）非连续线型。

（4）填充图案。

（5）视图（仅在布局视图中）。

（三）线型、线宽的设置

（1）室内建筑制图线宽设置。

1）平面图、顶棚图线宽设置规范见表1-6和表1-7。

表1-6　平面图线宽设置

名称	线型	主要用途
粗实线	——	1. 平、剖面图中被剖切的主要建筑构造（包括构配件）的轮廓线。 2. 室内立面图的外轮廓线。 3. 建筑装饰构造详图中被剖切的主要部分的轮廓线
中实线	——	1. 平、剖面图中被剖切的次要建筑构造（包括构配件）的轮廓线。 2. 室内平顶、立、剖面图中建筑配件的轮廓线。 3. 建筑装饰构造详图及构配件详图中一般轮廓线
细实线	——	小于粗实线一半线宽的图形线、尺寸线、尺寸界限、图例线、索引符号、标高符号等
中虚线	－ － － －	1. 建筑构造及建筑装饰配件不可见的轮廓线。 2. 室内平面图中的上层夹层投影轮廓线。 3. 拟扩建的建筑轮廓线。 4. 室内平面、平顶图中未剖切到的主要轮廓线
细虚线	– – – –	图例线，小于粗实线一半线宽的不可见轮廓线
点画线	—·—·—	中心线、对称线、定位轴线
折断线	—／—	不需画全的断开界线
波浪线	～～～	1. 不需画全的断开界线。 2. 构造层次的断开界线
双点画线	—··—··—	假想轮廓线、成型前原始轮廓线

表1-7　顶棚图线宽设置

图别	比例	内容	层号	层色	线宽
平面平顶图	1∶200	土建墙、柱的断面轮廓线	Layer5	灰	0.45
		较突出的面饰层断面轮廓线，门扇，图表外框线，平面、平顶主要可见线	Layer4	绿	0.35
	1∶150	家具、洁具、设备外轮廓线，楼梯，电梯轿厢，地台线，窗间轴线（点线）	Layer3	黄	0.25

续表

图别	比例	内容	层号	层色	线宽
平面平顶图	1∶100	窗帘、各类索引号、引出圈轴线（点画线）、尺寸线、引出线、折断线、标高符号	Layer2	紫	0.2
	1∶80	各类图案填充，线脚折面线，绿化陈设，各类玻璃隔断及玻璃门，门窗开启线，拼缝线，灯具灯源，风口、喷漆、烟感、扬声器	Layer1	红	0.15
	1∶60	土建墙、柱的断面轮廓线	Layer7	白	0.7
		较突出的面饰层断面轮廓线、门窗	Layer5	灰	0.45
		主要区域可见线，地台线，设备、桌子、柜台、隔断，图表外框线	Layer4	绿	0.35
	1∶50	轴线（点线），虚线（不可见线），楼梯，扶手栏杆，电梯轿厢，窗间墙，顶拥门洞线，次要可见线，洁具、家具、较大灯具外轮廓线	Layer3	黄	0.25
		地坪围边线、窗帘及轨道、花饰线、线脚、玻璃断、玻璃门、线形光源、各类索引号、引出圈	Layer2	紫	0.2
	1∶30	轴线（点画线）、尺寸线、引出线、折断线、标高符号、门扇开启线、拼缝线、线脚折面线、各类图案填充、窗玻璃、绿化、类具、烟感、喷淋、音响、风口	Layer1	红	0.15

2）有关平面图、顶棚图线宽设置规范的其他规定。

①当绘制1∶70、1∶80、1∶100、1∶150、1∶200的比例时，应简化家具、灯具、设备等线型较丰富的图块。

②当被绘制图样为两条平行线，且图样实际间距≤15 mm时，可只绘制一条线（位于两条平行线的中间），图线采用红线。

③在绘制图纸时，文字说明均使用黄色。

3）剖立面、立面图线宽设置规范见表1-8。

表1-8　剖立面、立面图线宽设置

图别	比例	内容	层号	层色	线宽
（剖）立面图	1：20	土建墙、柱，结构楼板的断面剖切外轮廓线	Layer6	蓝	0.6
		外饰面断面线、立面外轮廓线	Layer5	灰	0.45
		（剖）立面内主要构图可见线（如门洞、墙、柱子转折边线等），被剖切到的设备、家具外轮廓线，图表外框线	Layer4	绿	0.35
		（剖）立面内未剖切到的次要构图可见线（如楼梯踏步、较大的线脚外轮廓线等），未剖切到的家具、灯具、设备外轮廓线，（剖）立面图号	Layer3	黄	0.25
	1：30	各类索引号、引出线、图表分格线、陈设艺术品、小型设施、五金配件（如门把手、玻璃门夹、钢绳索、五金架子、闭门器、各类螺栓等）	Layer2	紫	0.2
		窗帘线、勾缝线、小型装饰线脚、线脚内的折面线等，填充图案线、花饰线、材质纹理线等，轴线、尺寸线、引出线、折断线、门扇开启线等	Layer1	红	0.15

4）有关剖立面、立面图线宽设置规范的其他规定。

①当按1：50、1：60的比例绘图时，应简化家具、灯具、设备等线型较丰富的图块。

②当被绘制图样为两条平行线且图样实际间距较近时，应改变其线型或数量。例如，a.两条线实际间距≤5 mm时，只绘制一条线（位于原来两条线的中间），并采用红线；b.两条线实际间距≤10 mm时，两条均用红线；c.两条线实际间距≤15 mm时，两条均用紫线。

③在绘制图纸时，文字说明均使用黄色。

5）节点、大样、断面图线宽设置规范见表1-9。

表1-9　节点、大样、断面图线宽设置

图别	比例	内容	层号	层色	线宽
断面图	1：10	土建结构墙、柱，结构楼板的断面线	Layer7	白	0.7
		面饰层断面外轮廓线，大样平面、立面外轮廓线	Layer5	灰	0.45
		材质分层断面线（除外轮廓线），龙骨断面线，物体内部及大样构件可见线（如门把手、五金吊杆、玻璃门夹、钢绳索、五金架子、闭门器、各类螺栓……），窗帘、水泥砂浆填充线	Layer3	黄	0.25
		各类索引号、引出圈	Layer2	紫	0.2
		材质纹理线，勾缝线，未剖切到的可见线（如龙骨、角铁架、木筋），线脚折面线，粉刷线，各类辅助线，除水泥砂浆外的填充图案线，尺寸线，引出线，断开线，标高符号等	Layer1	红	0.15

图别	比例	内容	层号	层色	线宽
节点图	1：5	土建结构墙、柱，结构楼板的断面线	Layer7	白	0.7
	1：4	面饰层断面外轮廓线，大样平面、立面外轮廓线	Layer5	灰	0.45
		材质分层断面线（除外轮廓线）、龙骨断面线	Layer4	绿	0.35
大样图	1：2	水泥砂浆填充线，大面积填充线，材质纹理线，勾缝线，物体内部及大样构件主要可见线（如螺钉、灯具……），各类索引号，引出圈	Layer2	紫	0.2
	1：1	尺寸线、引出线、断开线、标高符号等，线脚折面线，小面积填充线，粉刷线	Layer1	红	0.15

在绘制图纸时，文字说明均使用黄色。

（2）室内建筑制图线宽设置与层号见表1-10。

表1-10　室内建筑制图线宽设置与层号

层号	层色	颜色号	线宽
Layer7	白色	7号	0.7
Layer6	蓝色	4号	0.6
Layer5	灰色	9号	0.45
Layer4	绿色	3号	0.35
Layer3	黄色	2号	0.25
Layer2	紫色	6号	0.2
Layer1	红色	1号	0.15

（3）室内建筑制图地坪特粗线设置见表1-11。

表1-11　室内建筑制图地坪特粗线设置

名称	颜色号	线宽
（剖）立面图地坪特粗线　红色	1号	1.5

三、家具、灯具施工图笔宽设置

（1）家具、灯具施工图线宽设置见表1-12。

表1-12　家具、灯具施工图线宽设置

图别	图幅	内容	层号	层色	线宽
家具、灯具施工图	A4	家具、灯具平、立面外轮廓线，面饰层、断面外轮廓线	Layer5	灰	0.25
		家具、灯具内部主要分割线，材质分层断面线，龙骨断面线	Layer4	绿	0.15
		符号、门扇开启线，填充图案线等各类辅助线	Layer1	红	0.1
		家具、灯具面饰层、断面外轮廓线	Layer8	深蓝	0.3
	A3	家具、灯具平、立面外轮廓线	Layer5	灰	0.25
		家具、灯具内部主要分割线，材质分层断面线，龙骨断面线	Layer4	绿	0.15
		符号、尺寸线、引出线，门扇开启线，填充图案线等各类辅助线	Layer1	红	0.1

提示：家具、灯具图例粘贴在室内建筑的平、立面中时，需将家具、灯具图例中的图层设置转换成建筑平面、立面中的相应图层，不能直接复制粘贴。

（2）家具、灯具施工图线宽设置与层号见表1-13。

表1-13　家具、灯具施工图线宽设置与层号

层号	层色	颜色号	线宽
Layer8	深蓝色	5号	0.3
Layer5	灰色	9号	0.25
Layer4	绿色	3号	0.15
Layer1	红色	1号	0.1

（3）家具、灯具施工图地坪特粗线设置见表1-14。

表1-14　家具、灯具施工图地坪特粗线设置

名称	颜色号	线宽
（剖）立面图地坪、顶棚特粗线　红色	1号	1

DWG文件制图规范见表1-15。

表1-15　DWG文件制图规范速查表

图层设定		
图层名称	颜色	内容
2	黄	建筑结构线
3	绿	虚线、较为密集的线
4	湖蓝	轮廓线
7	白	其余各种线
DIM	绿	尺寸标注
BH	绿	填充
TEXT	绿	文字、材料标注线

打印线宽设定		
颜色	线宽	适用范围
品红 MAGENTA（6）	0.40	图名下的水平线
红 RED（1）	0.45	剖切断面线、不打印轴网、立面水平线
黄 YELLOW（2）	0.35	建筑结构线
湖蓝 CYAN（4）	0.30	轮廓线
白 WHITE（7）	0.18	其余各种线、文字、数字
绿 GREEN（3）	0.12	尺寸线、填充线、虚线、剖断线及较为密集的线

文字标注高度设定（S=当前比例　H=高度　R=半径）	
材料标注文字、数字、字母	$H=S×1.7$
尺寸标注	$H=S×1.5$
图名	$H=S×2$
索引标志	$R=S×3$

第二章　现场量房

量房是房屋装修之前不可缺少的一个环节，标准量房包含了对房屋结构、尺寸、设备、设施等全面进行勘察，精准的量房结果不仅能使设计师详细地了解房屋的结构及各项状况，还对之后的装修提供准确的依据。量房过程也是设计师与客户进行现场沟通的过程，设计师可根据实地情况提出一些合理化建议，与客户进行沟通，为以后方案的设计做好前期准备。

量房准备阶段

（1）与客户确定量房的准确时间。

（2）准备好量房的相关资料和工具。

1）卷尺1把。

质量：以尺截面厚度稍厚为宜，长度可选5 m或5 m以上的。

2）准备A4白纸若干张、黑色碳素笔1支。

3）A4规格的速写板1个。

4）照相或录像设备。

卷尺和A4规格速写板如图2-1所示。

图2-1　卷尺和A4规格速写板

二、人员安排

根据客户情况安排一名设计师、一名以上设计助理陪同辅助量房。

三、现场量房的内容

（1）定量测量。主要测量室内的长度和宽度。

（2）定位测量。主要标明门、窗、暖气的位置（窗要标明数量）。

（3）高度测量。各房间的高度。

（4）梁柱测量。梁柱的高度和宽度。

（5）平整度测量。房屋的平整度和高差。

（6）细节测量。电箱、煤气、水管、排水位、量房间四个点找水平差的尺寸。

四、量房的步骤

先绘制房屋原始平面图测量尺寸，再绘制局部立面图测量尺寸。

（1）巡视所有的房间，了解基本的房型结构，对于特别之处要予以关注。

（2）在纸上画出房屋的原始结构图（不讲求尺寸准确度或比例，这个平面只适用于记录具体的尺寸，但要体现出房间与房间之间的前后、左右连接方式）。

（3）从进户门开始，一个一个房间地测量，并把测量的每一个数据记录到图纸的相应位置。

（4）在全部测量完毕后，再全面检查一遍，以确保测量的准确和精细。

绘制房屋原始平面图如图2-2所示。

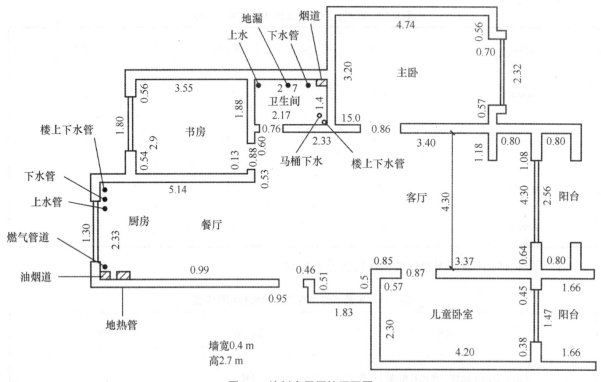

图2-2　绘制房屋原始平面图

五、量房的方法

量房的方法：从左到右，从上到下，先大后小，如图2-3所示。

图2-3 量房示意图

六、量房的要求

（1）量出房屋的详细尺寸。

（2）观察室内户型布局及朝向。

（3）施工现场要注意安全。

（4）到现场不要破坏室内物品，不能随意扔垃圾，量完后要检查门、窗是否关好。

七、现场量房的注意事项

（1）绘制量房详细图时应图面清晰、标准详细、用线横平竖直、明确细节。

（2）时间观念要强，应提前20 min到现场，不能迟到。

（3）量房纸上要标清量房日期、客户姓名、小区名称、楼号、单元、楼层等。

（4）注意房屋结构，分清承重墙与非承重墙，对客户提出的拆改意见予以科学、合理的解释。

（5）结合客户的基本想法为客户提出可行性建议，确定装修风格。

（6）测量完毕后，请客户签字确认所量房属实并确定客户来公司看设计方案的时间。

（7）不要漏量、落尺。

阳台、地漏、柱角、水电设施、信息设施、过梁、水平差等看起来不重要的部位都是容易疏忽的地方。解决方法：

1）现场测量要细心，并要有责任心。

2）测量完成后注意核对一遍，发现疏漏及时补量。

3）量完后，用照相或录像设备对整个房屋拍片。

4）重复训练，熟能生巧。

（8）量尺时同一墙面出现不同的尺寸。

解决方法：要求在量尺时，尺一定要水平，量到棚面时把尺折过来量，记好尺寸，一定要细心，记录的人一定要准确。多量几遍，找问题、找差距。

八、量房后阶段

（1）量房后当天对所量房的草图进行AutoCAD放图。

（2）确定出图时间及客户来访时间。

第三章　室内设计施工图绘制及内容

本章学习的目的是根据岗位方向进行施工图绘制。本章任务共分为两大部分：第一部分是施工图临摹；第二部分是家装项目施工图绘制。层层递进，最后完成综合设计，要求施工图纸做到规范化和标准化，也是针对施工图绘制岗位方向，培养施工图绘制人员。

施工图设计要求、项目任务、验收指标

针对"施工图绘图员"岗位的需求，引入行业标准与绘图规范，使学生了解行业基本知识，提高施工图绘制的规范度。室内设计施工图绘制可分为施工图临摹和家装项目施工图绘制两部分。临摹部分使学生熟悉制图规范，强化绘图速度及绘图能力；家装项目施工图绘制部分，使学生进入实战状态，结合工程实例，迅速掌握AutoCAD软件应用及操作技巧，着重培养学生按照行业规范利用计算机及应用软件来绘制平面图、立面图、节点图、大样图全套施工图。项目实施过程中可以锻炼学生的自学能力，为了更好地完成项目，提升学生岗位能力，培养"规范严谨、精益求精"的工作态度，实训后期强化绘图能力，提高综合施工图绘制素质，达到独立制图的能力。

（一）项目内容

（1）施工图临摹类。

（2）家装项目施工图绘制类。

（二）项目任务书

1. 绘制平面图

（1）按照已知平面图图片运用AutoCAD软件进行制图。

（2）根据绘制好的原始结构图，按照人体工程学知识和建筑制图标准进行平面图布置，并标注出尺寸、房间面积及周长。

（3）完成后上交*.dwg格式文件。

2. 绘制立面图

（1）根据已经完成的平面图运用AutoCAD软件进行制图。

（2）按照人体工程学知识和建筑制图原理进行立面图绘制，并标注出相应尺寸。

（3）完成后上交*.dwg格式文件。

3. 绘制剖面图与详图

（1）根据已经完成的平面图、立面图运用AutoCAD软件进行制图。

（2）按照建筑制图原理进行剖面图与详图绘制，并标注出相应尺寸。

（3）完成后上交*.dwg格式文件。

（三）设计具体要求

1. 施工图临摹类

（1）共有12套施工图，每人选择其中的一套案例进行临摹。

（2）选定案例后每位同学都必须按照原始施工图图片，运用AutoCAD软件进行规范制图。

（3）确定方案后，每人写出个人的工作计划并认真填写周总结表，由教师定期检查。

（4）施工图均应自己完成，不能导入。

（5）定期和客户（教师）沟通。

（6）案例以*.dwg形式文件提供，每个人按照上面的尺寸来绘制AutoCAD图。

2. 家装项目施工图绘制类

（1）量房任务。

（2）以小组为单位进行项目设计。室内设计专业项目为室内设计方案，环境艺术设计（建筑表现设计）专业项目为建筑设计方案。

（3）选定项目后，每位同学都必须出一套设计方案的图纸（包括原始结构图、平面布置图、立面图、剖面图与详图），由同学或教师担当客户的角色，进行方案的沟通，并最终敲定一个执行方案。

（4）确定方案后，每人针对个人负责的相应内容，实施并定期检查，定期验收。

3. 平面布置

通过所给图片运用AutoCAD软件完成原始结构图、平面布置图、立面图、剖面图与详图的绘制，其中包括标注、文字、图框和标签栏。

整套施工图的内容

（1）设计总说明。

（2）总平面图（大的公寓、别墅要有分区域或各居室平面图）。

（3）各部位立面图及剖面图。

（4）节点大样图。

（5）固定家具制作图。

（6）电气平面图。

（7）电气系统图。

（8）给水排水平面图（涉及改造部分）。

（9）顶视图。

（10）建筑立面图（别墅）。

（11）装修材料表。

（一）室内设计平面图的内容

（1）表达墙体和墙面装修的形状、厚度、尺寸和位置。

（2）表达门窗的位置、大小及开启方向。

（3）家具、设备及装饰物的位置及名称标注。

（4）地面的形状、材料及高度。

案例：包房09平面布置图如图3-1所示。

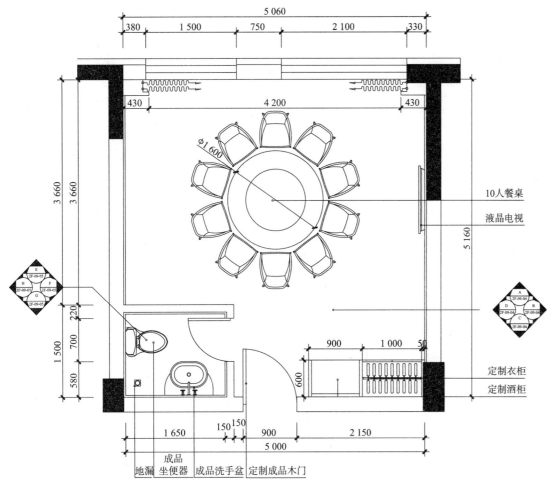

包房09平面布置图 1∶50

图3-1　包房09平面布置图

案例：包房09地面铺装及下水点位图如图3-2所示。

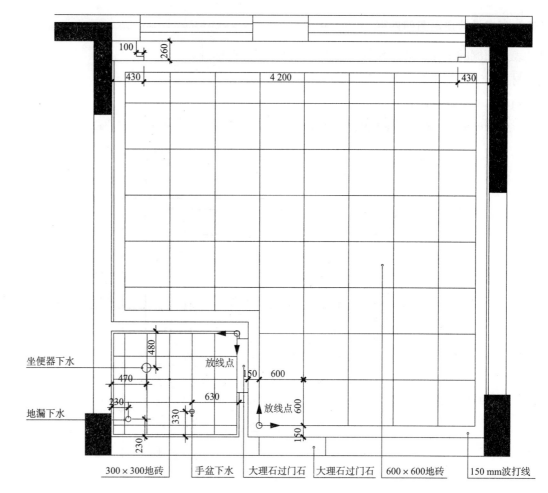

包房09地面铺装及下水点位图 1∶50

图3-2　包房09地面铺装及下水点位图

案例：包房09平面效果图如图3-3所示。

图3-3　包房09平面效果图

（二）室内设计顶棚图的内容

（1）表达顶棚的结构、造型形状、位置、高度、尺寸的标注。

（2）材质、工艺标注。

（3）照明灯具、设备的标注。

案例：509间综合顶棚布置图如图3-4所示。

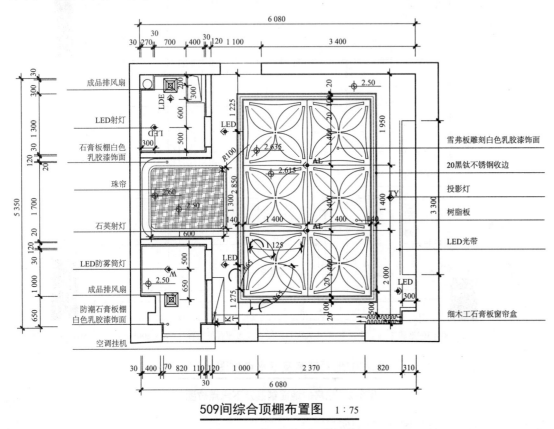

509间综合顶棚布置图 1：75

图3-4 509间综合顶棚布置图

案例：509间效果图如图3-5所示。

图3-5 509间效果图

常用设备在顶棚图中的表示方法见表3-1。

表3-1 常用设备在顶棚图中的表示方法

设备类型		图示方法
顶棚设备	排风口/换气扇	
	空调风口	
	烟感器	
	消防自动喷洒	DN25
	淋浴喷头	
	防火卷帘	
	扬声器	
	摄像头	
顶棚灯具	日光灯	
	吸顶灯	
	筒灯	
	内藏日光灯	
	花灯	

（三）顶棚图的表达方式

1. 平面式

所谓平面式即顶棚的整体关系基本上是平面的，表面上无明显的凹入和凸起关系。其装饰效果主要用分格线、装饰线、质感和色彩等手法来实现。这种顶棚构造简单，一般不用在重要场景和面积过大的空间中。常用的做法有轻钢龙骨石膏板大白平顶、方块石膏板、矿棉板、金属烤漆、扣板和格板顶棚、金属隔栅顶棚和木质平顶的装饰方法，如图3-6所示。

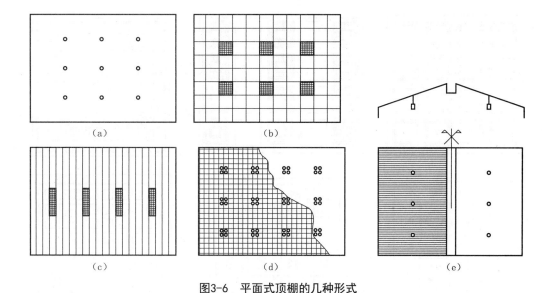

图3-6 平面式顶棚的几种形式

（a）石膏板平顶；（b）方块石膏板和矿棉板顶棚；（c）金属烤漆扣板顶棚；（d）金属隔栅顶棚；（e）木质平顶

平面式顶棚的常见样式如图3-7所示。

图3-7 平面式顶棚的常见样式

2. 凹凸式

凹凸式顶棚是通过主、次龙骨的高低变化将顶棚做成高低不平的立体造型，高差一般控制在50～500 mm，也称为分层顶棚或复式顶棚。这种顶棚应用非常普遍，特别是当建筑空间有梁或设备管道时选用分层顶棚的数量可多可少，选用的材料也多种多样，根据平面的构图和空间整体造型来设计。凹凸式顶棚的几种画法如图3-8所示。

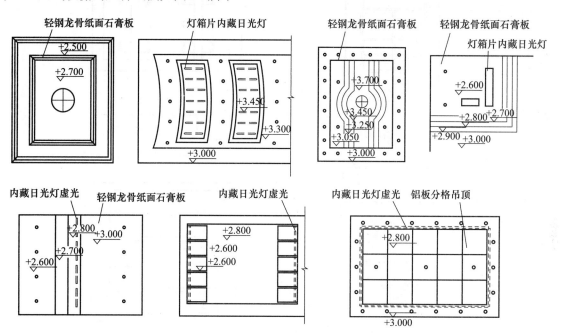

图3-8 凹凸式顶棚的几种画法

凹凸式顶棚的常见样式如图3-9所示。

图3-9 凹凸式顶棚的常见样式

3. 悬浮式

悬浮式顶棚是将多种形状的平板、折板、曲面板或其他装饰构件、织物等悬吊在顶棚上，施工中可将悬浮构件预先加工完成，然后悬挂在顶棚上。悬浮式顶棚造型比较灵活，为顶棚上的管线和设备维修提供了方便。悬浮式顶棚的几种画法如图3-10所示。

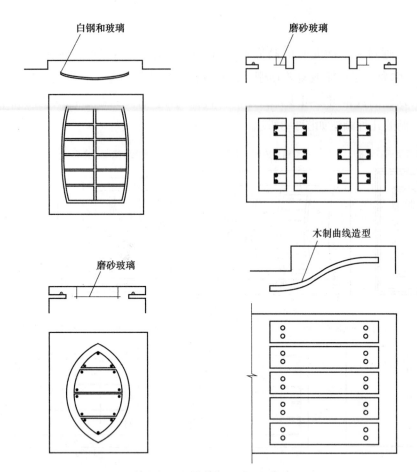

图3-10 悬浮式顶棚的几种画法

悬浮式顶棚的常见样式如图3-11所示。

图3-11 悬浮式顶棚的常见样式

4. 井格式

井格式顶棚多半利用建筑井字梁的原有空间关系，在井格的中心和节点处设置灯具，与我国传统的藻井顶棚极为相似，这种样式多用在大厅和比较正式的场合。井格式顶棚的几种画法如图3-12所示。

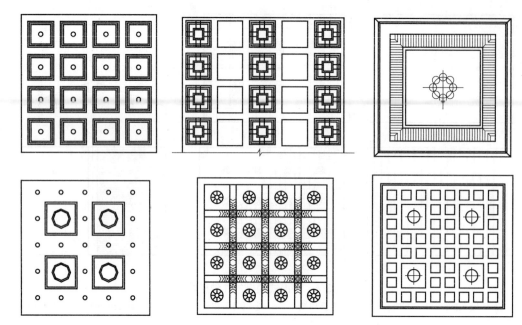

图3-12 井格式顶棚的几种画法

井格式顶棚的常见样式如图3-13所示。

图3-13 井格式顶棚的常见样式

5. 构架式

模仿传统木结构民居的屋顶檩条、横梁，追求原始、朴实的乡土气息，与之相匹配的灯具可选择纸灯、木制灯和仿制油灯等。构架式顶棚造型不一定照搬原始民居的构造材料和尺寸，应结合现代材料和工艺进行设计。构架式顶棚的画法如图3-14所示。

图3-14 构架式顶棚的画法

构架式顶棚的常见样式如图3-15所示。

图3-15　构架式顶棚的常见样式

6. 自由式

自由式顶棚是指形式上具有多变性和不定性的顶棚。曲面、曲线和弧面是较常用的手法，错落、扭曲和断裂也是常见的造型，当有不规则造型和图案出现时，应在图样中补充轴测图或透视图，加以说明和示意。自由式顶棚的常见样式如图3-16所示。

图3-16　自由式顶棚的常见样式

7. 穹顶式

穹顶式顶棚以球面或弧面造型为主，在文艺复兴时期的欧洲教堂建筑中最为常见，这种形式可以使天花板看起来更具有高度感（造型空间必须有足够的尺寸）。穹顶式天花板的常见样式如图3-17所示。

图3-17　穹顶式顶棚的常见样式

（四）室内设计立面图的表达方法

（1）图3-18所示为某客厅电视背景装饰立面图。从图中可以了解以下内容：

1）该图反映了从左到右客厅电视背景墙、隐形门、厨房门及进户墙面的表达，并反映了各部分的装饰造型、装饰形式、材料名称及尺寸。

2）客厅电视背景墙以墙面墙纸为主材料，四周以装饰线条进行装饰设计，两侧墙面（其中有一侧是门，但也以对称设计的手法进行了同样的设计）以木饰面白色混油，并以3 mm的工艺缝进行拼接设计、造型以装饰线条进行封边；图上表示棚角线以成品石膏阴角线进行装饰。

3）该图中反映了厨房的门是成品移动门，在同一墙面右侧表达了角柜的尺寸和门铃的位置及尺寸，墙面以墙纸为主要装饰材料。

4）该图中反映了踢脚线是成品脚线、空调出风口的位置及尺寸。

5）该图中反映了棚面及窗帘盒造型剖面表达方式。

（2）图3-19所示为某厨房、餐厅、过道立面图。从图中可以了解以下内容：

1）该图反映了从左到右厨房空间中的橱柜墙面、进户门位置墙面、餐厅位置墙面、卧室门位置的墙面的表达，并反映了各部分的装饰造型、装饰形式、材料名称及尺寸。

2）进户门位置墙面、餐厅位置墙面、卧室门位置的墙面以墙面墙纸为主材料，进户门及卧室门主要是成品套装门。

3）图上表示棚角线以成品石膏阴角线进行的装饰。

4）图上表达了厨房棚面是集成吊顶，反映了各功能橱柜的功能表达。

5）该图中反映了踢脚线是成品脚线。

（3）图3-20所示为某沙发背景墙立面图。从图中可以了解以下内容：

1）该图反映了从左到右餐桌后装饰柜、沙发、装饰画的位置，并反映了各部分的装饰造型、

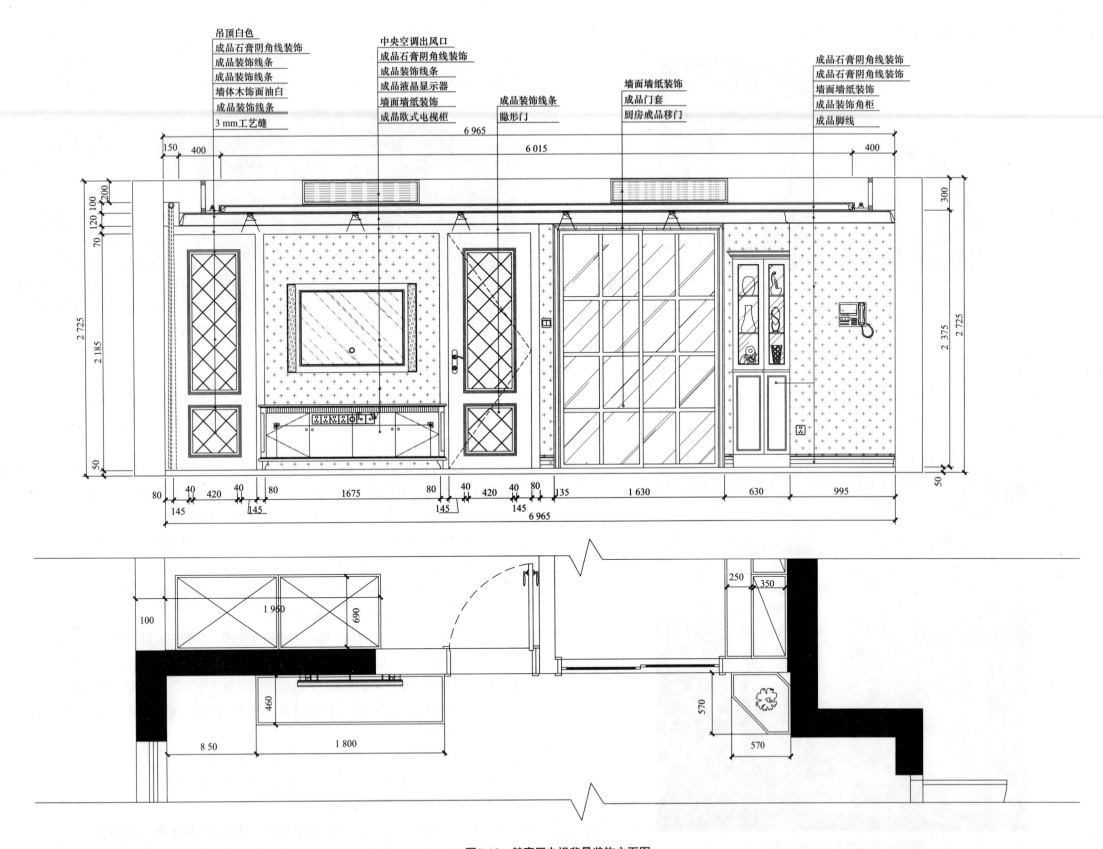

吊顶白色
成品石膏阴角线装饰
成品装饰线条
成品装饰线条
墙体木饰面油白
成品装饰线条
3 mm工艺缝

中央空调出风口
成品石膏阴角线装饰
成品装饰线条
成品液晶显示器
墙面墙纸装饰
成品欧式电视柜

成品装饰线条
隐形门

墙面墙纸装饰
成品门套
厨房成品移门

成品石膏阴角线装饰
成品石膏阴角线装饰
墙面墙纸装饰
成品装饰角柜
成品脚线

图3-18 某客厅电视背景装饰立面图

· 36 ·

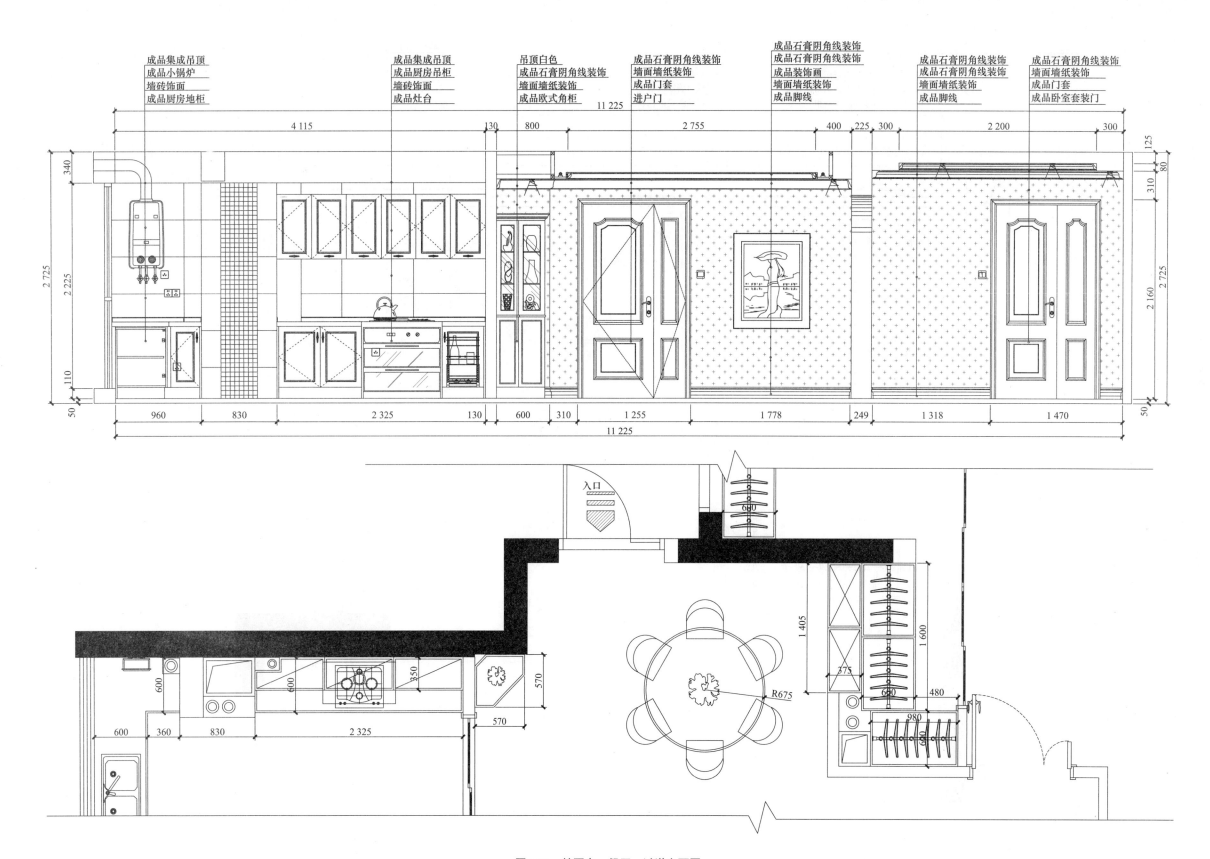

成品集成吊顶　　　　成品集成吊顶　　　吊顶白色　　　　　成品石膏阴角线装饰　　成品石膏阴角线装饰　　　　成品石膏阴角线装饰　　成品石膏阴角线装饰
成品小锅炉　　　　　成品厨房吊柜　　　成品石膏阴角线装饰　墙面墙纸装饰　　　　成品石膏阴角线装饰　　　　成品石膏阴角线装饰　　墙面墙纸装饰
墙砖饰面　　　　　　墙砖饰面　　　　　墙面墙纸装饰　　　　成品门套　　　　　　成品装饰画　　　　　　　　成品石膏阴角线装饰　　成品门套
成品厨房地柜　　　　成品灶台　　　　　成品欧式角柜　　　　进户门　　　　　　　墙面墙纸装饰　　　　　　　墙面墙纸装饰　　　　成品卧室套装门
　　　　　　　　　　　　　　　　　　　　　　　　　　　　　　　　　　　　成品脚线　　　　　　　　　成品脚线

图3-19　某厨房、餐厅、过道立面图

· 37 ·

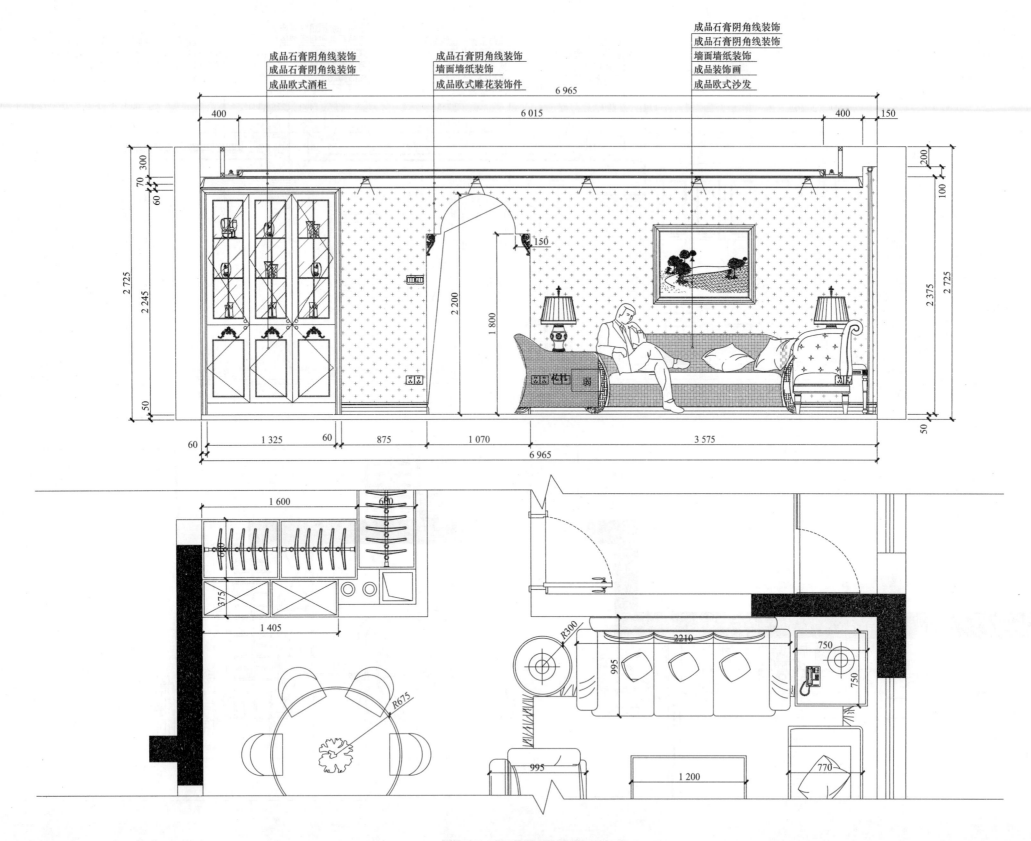

成品石膏阴角线装饰
成品石膏阴角线装饰
墙面墙纸装饰
成品装饰画
成品欧式沙发

成品石膏阴角线装饰
墙面墙纸装饰
成品欧式雕花装饰件

成品石膏阴角线装饰
成品石膏阴角线装饰
成品欧式酒柜

6 965

6 015

400

150

400

200

100

70 300

60

2 725

2 245

50

2 200

1 800

150

2 725

2 375

50

60

1 325

60

875

1 070

3 575

6 965

1 600

690

600

375

1 405

R675

R300

2210

995

750

750

995

1 200

770

图3-20 某沙发背景墙立面图

装饰形式、材料名称及尺寸。

2）该图中反映了踢脚线是成品脚线，立面中吊顶高为300 mm，局部装饰有暗藏灯槽、筒灯和窗帘盒的表达方法。

3）图中反映了强弱电插座、开关的位置及尺寸。

（五）节点图的表示方法

（1）图3-21所示为某顶棚吊顶部分剖面图。从图中可以了解以下内容：

1）该图为轻钢龙骨石膏板吊顶，其中使用的是9 mm厚的纸质石膏板，并开筒灯灯槽。

2）暗藏灯灯槽的外侧立板材料为18 mm厚的细木工板表面刷乳胶漆，暗藏灯灯槽里侧立板为五夹板表面刷乳胶漆。

3）墙面材料应用的是红樱桃木做的饰面。

4）暗藏灯灯槽的宽为200 mm，暗藏灯灯槽的外侧立板距墙面150 mm，侧立板高度为120 mm，侧立板顶部距棚面150 mm。

5）吊顶后房屋净空高度为3.7 m。

（2）图3-22所示为窗户处石膏板造型顶节点图。从图中可以了解以下内容：

1）该图为轻钢龙骨石膏板吊顶，其中使用的是9 mm厚的纸质石膏板，并开筒灯灯槽、暗藏灯灯槽和窗帘盒。

2）其中窗帘盒为暗藏窗帘盒并设有两层不锈钢窗帘轨道，窗帘盒侧立板为18 mm厚的细木工板表面刷乳胶漆。

3）吊顶中设计有格栅灯位置及尺寸。

4）暗藏灯灯槽的外侧立板材料为18 mm厚的细木工板表面刷乳胶漆，暗藏灯灯槽里侧立板为五夹板表面刷乳胶漆。

5）暗藏灯灯槽的宽为200 mm，侧立板高度为120 mm，侧立板顶部距棚面160 mm。

6）吊顶部分房屋净空高度为2.5 m，未吊顶的房屋净空高度为2.78 m。

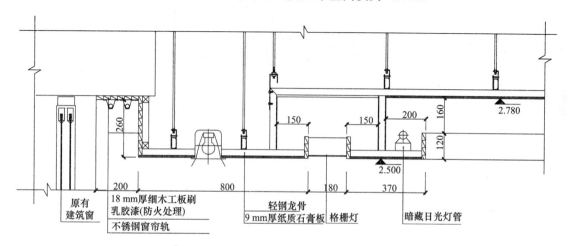

② 窗户处石膏板造型顶节点图　1∶10

图3-22　窗户处石膏板造型顶节点图

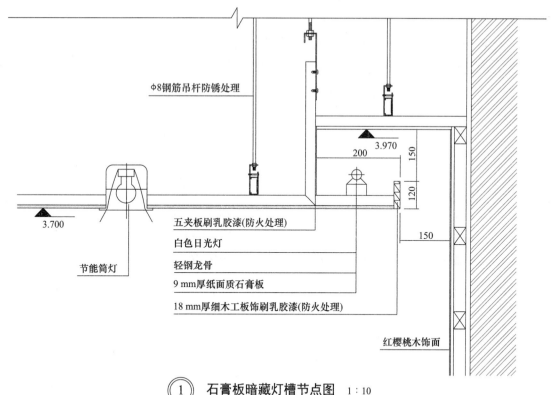

① 石膏板暗藏灯槽节点图　1∶10

图3-21　某顶棚吊顶部分剖面图

第四章　室内设计施工图案例

第一节　家装设计方案

第一部分　设计说明

一、设计概况

（1）工程名称：设计方案大公馆。

（2）工程地点：×××××。

（3）设计面积：178 m^2。

（4）户型结构：三室二厅三卫。

（5）工程预算：8万。

（6）配饰造价：14万。

（7）设计风格：托斯卡纳。

（8）设计单位：×××××。

（9）设计阶段：室内装修工程施工图。

（10）设计说明摘要：此设计方案风格倾向定位为欧式，居室中所出现的电器皆为紧跟时代潮流的产品。本案的设计重点是会客空间与门厅、餐厅以及过道空间互通与交流，从设计手法上采用了从墙面上的线与面的衔接呼应，以及顶面空间的虚拟划分，达到各功能空间融会贯通的目的。

二、设计依据

（1）甲方与设计单位签订的设计委托合同。

（2）甲方提供的原建筑设计部分电子文件。

（3）经甲方确认的设计方案。

（4）国家现行相关设计规范。

1）《建筑设计防火规范》（GB 50016—2014）（图集后附）。

2）《建筑内部装修设计防火规范》（GB 50222—1995）（图集后附）。

3）《室内设计资料集》。

4）《民用建筑工程室内环境污染控制规范》（GB 50325—2010）（图集后附）。

5）《室内装饰装修材料有害物质限量》（GB 18580～18587）（图集后附）。

6）《建筑装修防火设计材料手册》。

7）《室内装饰工程手册》。

8）《建筑装饰实用手册》。

三、设计范围

（1）装修施工图。

（2）不包括网络、监控、烟感系统、消防广播、电话、电视信号等弱电系统设计以及消防设计、结构核算。

（3）我方提交的空调风口位置、喷淋位置、强电配合条件图均遵循各专业原系统设计，仅按规范配合室内装修效果进行外露墙口的调整排布。

（4）与业主协议由其他单位负责的部分除外。

第二部分　施工说明

一、施工说明

（1）工地管理人员及技术人员应对图纸和说明书作全面了解，对一些有特殊施工要求的部位应作重点记录，遇到问题应与设计人员协商解决，不得自行修改设计。

（2）施工工序必须符合《建筑装饰装修工程质量验收规范》（GB 50210-2001）要求，发现问题应及时纠正。

（3）凡装修施工质量控制未提及处，均按《建筑装饰装修工程质量验收规范》（GB 50210-2001）要求执行。

（4）施工做法与选材要求。

1）本工程做法除图纸具体要求的面层外，对结构层未作具体要求时，应参见《建筑构造通用图集》（88J）和高级装饰工程施工做法，严格遵守国家现行的有关质量验收标准规范的要求。

2）内装公共部分轻钢龙骨硅酸钙板上人吊顶，每个封闭空间吊顶需设一个或多个检修口，位置应选择隐蔽处，乳胶漆应选用环保型，浴室内为防潮型。

3）本工程油漆除特殊注明外，哑光漆、无光漆均指硝基哑光清漆，或水性木器漆。油漆时需要施工方做出小样由现场设计人员与甲方工地代表确认后方可大面积施工。

4）装饰工程所涉及技术含量高的外加工装饰材料（如各类金属件、玻璃产品、石材外加工）等，都须由声誉良好、技术工艺精湛的国内外知名厂家胜任，不得在无资质、工艺粗糙、设备陈旧的厂家加工。

（5）关于施工图图纸。

1）全部施工图在施工前需业主签字确认。

2）施工单位负责现场施工的项目经理或人员必须严格遵循消防法律法规方面的要求。

3）以图上所标尺寸为准，不得按比例度量本图。

（6）关于施工工艺做法要求。

1）本设计中所有隐蔽工程需按消防规范作一级防火处理，工艺做法要求符合国家现行的建筑设计及室内装饰设计及验收规范。

2）木作施工：全部隐蔽木作部位均涂刷3遍防火涂料，防火涂料应选用当地消防主管部门认可的产品。

3）电气施工：电气布线及电器安装应遵守消防部门认定的操作规范。

4）材料要求：装饰材料的选用应符合国家现行有关标准，根据消防部门关于建筑室内装修设计防火规定严格选材，采用当地消防行政主管部门鉴定认可的装饰材料，做法工序应符合当地消防行政主管部门认定的程序，本设计图纸对大部分材料已进行使用说明，但施工单位在订货前应提供所有材料的防火检测报告。

二、电气工程说明

（此类设计为示意，具体施工方案由施工方专业人员根据现场情况制定。）

（1）《民用建筑电气设计规范》（JGJ 16—2008）。

（2）《综合布线系统工程设计规范》（GB 50311—2016）。

（3）本工程二次精装饰布置平面、天花平面及立面、原电气施工图等相关专业提供的技术资料。

（4）有关国家规范、规定、规程等。

（5）图纸内容。

1）照明配电。

2）插座定位（含各类强弱电插座）及配电。

3）网络综合布线系统。

4）有线电视及闭路监控系统，由业主委托专业单位设计。

5）抗静电接地，由业主委托专业单位设计。

（6）供电电源。

1）总设计容量：（　　）kW。

2）总计算负荷：（　　）kW。

3）总计算电流：（　　）A。

4）本工程电源引自原电源进线柜，进线处设计量表，采用TN-S系统（三相五线制）实施配电，利用原电气接地系统，接地电阻小于等于1.0Ω。电源、弱电进线（光纤电缆、电话系统）及机房接地由物业提供。

（7）电力照明系统。

1）工作照明系统：工作台照明采用TN-S系统配电，由照明配电箱引出的所有线路均采用加PE线保护，要求所有接地保护线和工作台零线严格分开。

2）配电柜、箱安装：配电柜落地安装，各回路隔离开关、负荷空气开关、插座支路开关以现配电系统图设计要求施工，开关距地安装高度为1 400 mm，插座安装高度为300 mm，卫生间、厨房应采用防溅插座。距地1.8 m以下的各类插座、小于等于30 mA回路开关均带漏电脱扣附件。

3）电气照明：所有照明灯具选型安装均见建筑装饰专业详图。家具内照明由就近插座回路引接。所有事故电源回路均采用EPS蓄电池柜作为集中备用电源，保证供电时间大于90 min。

4）线路保护及敷设：本工程干线及事故照明线路均采用阻燃型导线，照明支路导线穿SC焊接钢管沿插座支路吊顶内暗配。导线沿线槽引出穿SC焊接钢管暗敷在楼板垫层或墙内。2.5 mm导线1～3根穿SC15，4～6根穿SC20。

（8）综合布线系统：电话、电视线铺设应采用穿管沿吊顶及墙面暗配敷设完成，强电插座与弱电插座间距不得小于300 mm。

（9）其他：电气施工应参考原设计并按规范要求进行。施工参考资料包括建筑电气通用图集、电气安装工程施工图册。施工中，电气施工人员应和其他专业人员密切配合。

三、给排水工程说明

（此类设计为示意，具体施工方案由施工方专业人员根据现场情况制定。）

（1）室内供水管路铺设按设计要求施工，无要求时管路应在顶部、吊顶内施工明管架设，不宜直埋入地面。生活热水系统的水平干管及其立管，采用30 mm厚超细玻璃棉管壳保温，做法按照91SB-暖61。

（2）进行排水管路改造时，竖井内立管安装的卡件在管井口设置型钢，上下统一吊线安装卡件。卫生间的给水，热水供、回水及中水供水管道的立管要求做钢套管，套管直径比管道大2号，套管顶部高出地面20 mm，套管底部与楼板底面相平，套管与管间填密封膏。上下水管及水平管应采用30 mm超细玻璃棉管壳做防噪处理。

（3）冷热出水点与墙面应平齐，在瓷砖贴铺墙面处应预留出瓷砖施工厚度。

（4）嵌入墙体、地面管道应进行防腐处理并用水泥砂浆进行保护，其厚度应符合下列要求：墙内冷水管不小于10 mm，热水管不小于15 mm。嵌入墙体和暗埋管道应作隐蔽工程验收。

（5）冷热水管安装应为左热右冷，平行间距应不得小于20 mm。当冷热水系统采用分水器供水时，应采用半柔性管材连接。

（6）淋浴间混水器安装高度应不低于1 000 mm，花洒高度不得低于1 800 mm，洗脸盆出水高度不得低于500 mm。

四、防水施工

（1）基层表面应平整，不得有松动、空鼓、起砂、开裂等缺陷，含水率应符合防水材料的施工要求。

（2）地漏、套管、卫生洁具根部、阴阳角等部位，应先做防水附加层。

（3）防水层应从地面延伸到墙面，高出地面100 mm；浴室墙面的防水层不得低于1 800 mm。

（4）涂膜涂刷应均匀一致，不得漏刷，总厚度应符合产品技术性能要求。

（5）各种卫生设备与地面或墙体的连接应用金属固定件安装牢固。金属固定件应进行防腐处理。当墙体为多孔砖墙时，应凿孔填实水泥砂浆后再进行固定安装。当墙体为轻质隔墙时，应在墙体内设后置埋件，后置埋件应与墙体连接牢固。

（6）各种卫生器具安装的管道连接件应易于拆卸、维修。排水管道连接应采用有橡胶垫片排水栓。卫生器具为金属固定件的连接表面应安置铅质或橡胶垫片。各种卫生陶瓷器具不得采用水泥砂浆窝嵌。

（7）各种卫生器具与台面、墙面、地面等接触部位均应采用硅酮胶或防水密封条密封。

图例详表

图例	说明	图例	说明	图例	说明	图例	说明
	原墙体		暗装单开双控开关	INDEX	设计说明		平面索引
	垭口		单联开关	S	效果图		
	新做墙体		二联开关	ME	材料表		
	拆除墙体		三联开关	PL	平面图		局部索引
	空调侧出风口		门禁系统	EL	立面图		
	空调侧回风口		照明控制连线	DT	大样图		
	检修口		座便下水	F	消防专业图		
	空调下出风口		地漏	A	空调专业图		
	空调下回风口		水管	该图纸为索引说明类图纸 INDEX-1.03			截断符号
T	空调温控开关		水龙头	该图纸为平面类图纸 PL-1.01			
	喷淋		水表	该图纸为立面类图纸 EL-1.01		此标高以地面完成面算起为	标高标示
S	烟感		阀门	该图纸为节点类图纸 DT-1.01			
	吊灯		闸阀				修改标注
	吸顶灯		冷水管	代码	文字内容		
	筒灯		热水管	GL	玻璃		
	方形筒灯		污水管	CPT	地毯	首层原始平面图	平面图纸说明
	射灯			ST	石材		
	镜前灯			CT	瓷砖		立面图纸说明
	斗胆灯	门窗号	材料	PT	油漆	立面图1	
	卫生间浴霸	JM 1	原结构门	PA	乳胶漆		
	地插	FM 1	防盗门	WF	木地板		平面图纸说明
	普通五孔插座	DM 1	单扇平开门	WD	木饰面		
	防水五孔插座	SM 1	双扇平开门	WC	壁纸		
	网络端口	BDM 1	12mm钢化玻璃单开门	MT	金属		
	电话插座	BSM 1	12mm钢化玻璃双开门	FA	布艺		指示方向
	数据信号采集点	TLDM 1	单扇推拉门	AA	艺术品		
	视频信号采集点	YLSM 1	双扇推拉门	FU	家具	DM 2	
	音响数据线	JC 1	原结构窗	BA	洁具		
	用户配电箱	XDC 1	新做单扇平开窗				
	门铃按钮	XSC 1	新做双扇平开窗				
EXIT	紧急出口	XTC 1	新做推拉门				

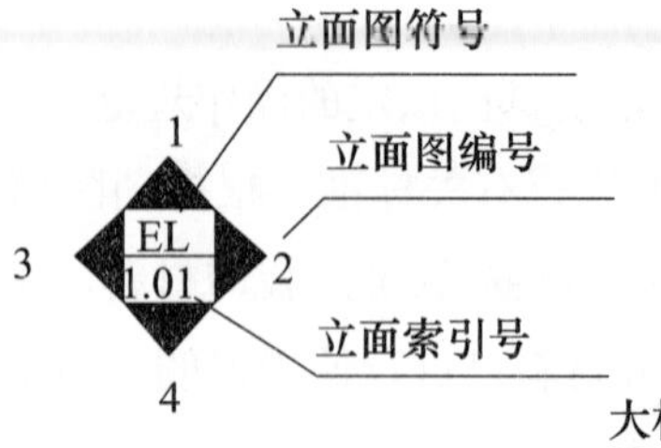

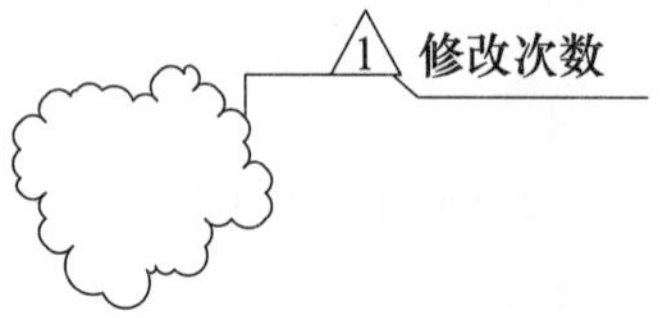

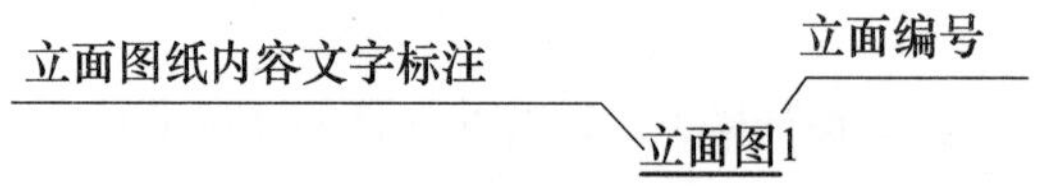

立面图符号
立面图编号
立面索引号
EL 1.01

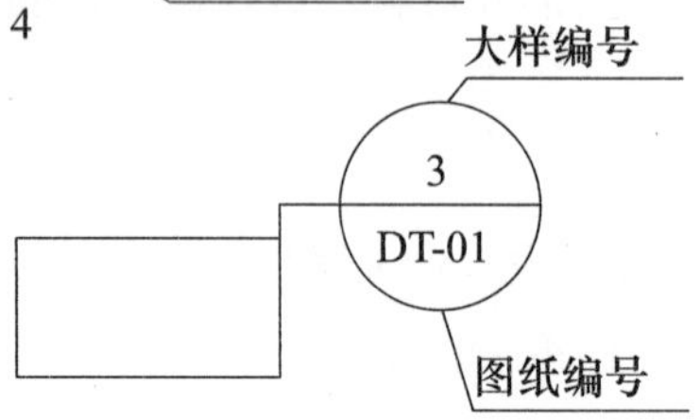

大样编号
3 DT-01
图纸编号

图纸类型英文名称　图纸编号

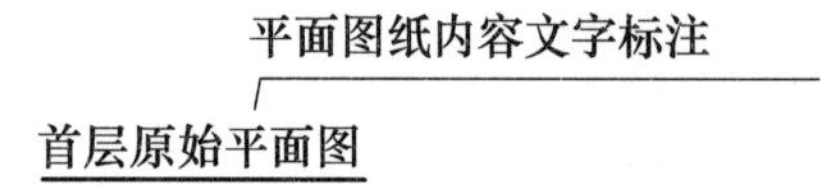

平面图纸内容文字标注

立面图纸内容文字标注　立面编号

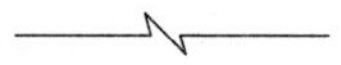

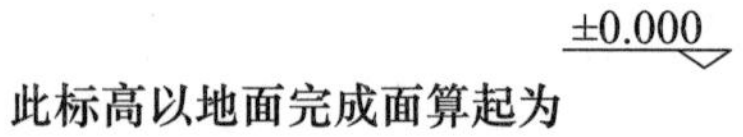

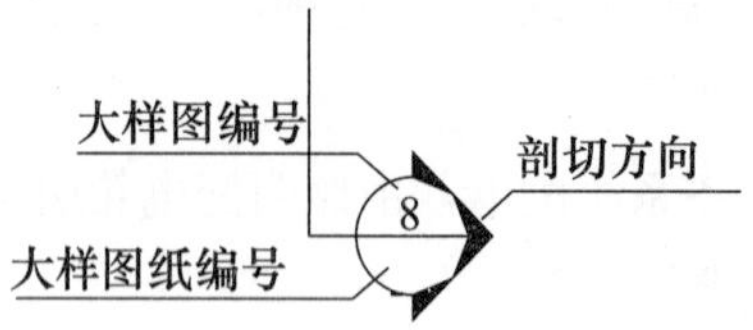

大样图编号　剖切方向
8
大样图纸编号

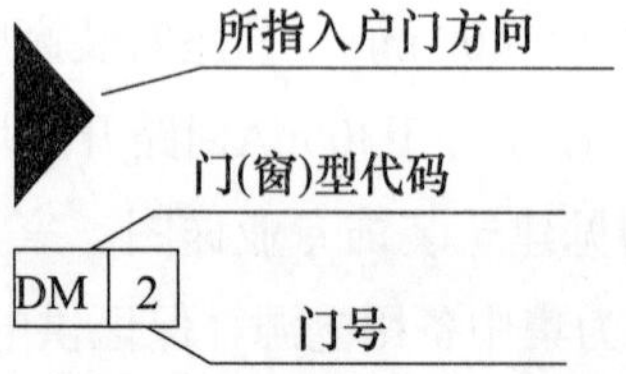

所指入户门方向
门(窗)型代码
门号

家居主材表

	编号	名称	品牌	型号	规格		编号	名称	品牌	型号	规格
	ZCJJ—01	浴室配件	×××	DSC2868	×××	主材料	ZCD—07	落地灯	×××	×××	×××
	ZCJJ—02	洗面盆	×××	CB3630	×××		ZCD—08	吸顶灯	×××	×××	×××
	ZCJJ—03	座便	×××	CT1002	×××		ZCD—09	镜前灯	×××	×××	×××
	ZCJJ—04	浴盆	×××	W285A	×××		ZCD—10	日光灯管	×××	×××	×××
	ZCJJ—05	洗菜地	×××	AJT005	×××		ZCD—11	斗胆灯	×××	×××	×××
	ZCM—01	阳台	×××	FM—009	订制		ZCYB—01	浴霸	×××	×××	×××
	ZCM—02	主卧门	×××	×××	订制		ZCDZ—01	客厅地砖	×××	×××	×××
	ZCM—03	小孩房门	×××	×××	订制		ZCQZ—01	卫生间墙砖	×××	×××	×××
	ZCM—04	主卫推拉门	×××	×××	订制	成品家具类	CPJJ—01	餐椅	×××	×××	×××
	ZCM—05	次卫推拉门	×××	×××	订制		CPJJ—02	餐桌	×××	×××	×××
	ZCM—06	厨房推拉门	×××	×××	订制		CPJJ—03	茶几	×××	×××	×××
主材料	ZCCG—01	橱柜	×××	×××	订制		CPJJ—04	三人沙发	×××	×××	×××
	ZCLKB—01	铝扣板	×××	×××	×××		CPJJ—05	双人沙发	×××	×××	×××
	ZCDZ—02	阳台防滑地砖	×××	×××	300×300		CPJJ—06	休闲椅	×××	×××	×××
	ZCDZ—03	卫生间防滑砖	×××	×××	300×300		CPJJ—07	双人床	×××	×××	×××
	ZCDZ—04	厨房防滑地砖	×××	×××	300×300		CPJJ—08	衣柜	×××	×××	×××
	ZCDZ—01	过门石	×××	×××	×××		CPJJ—09	床头柜	×××	×××	×××
	ZCMDB—01	木地板	×××	×××	×××		CPJJ—10	床头柜	×××	×××	×××
	ZCD—01	吊灯	×××	×××	×××		CPJJ—11	双人床	×××	×××	×××
	ZCD—02	筒灯	×××	×××	×××		CPJJ—12	衣柜	×××	×××	×××
	ZCD—03	方形筒灯	×××	×××	×××		CPJJ—13	酒吧椅	×××	×××	×××
	ZCD—04	射灯	×××	×××	×××		CPJJ—14	书柜	×××	×××	×××
	ZCD—05	石英射灯	×××	×××	×××		CPJJ—15	书桌	×××	×××	×××
	ZCD—06	台灯	×××	×××	×××		CPJJ—16	学生椅	×××	×××	×××

图纸目录

序号	图纸名称	图纸编号	图纸尺寸	图纸比例	序号	图纸名称	图纸编号	图纸尺寸	图纸比例
01	图纸封面		A3		17	强弱电示意平面图	PL—1.10	A3	1：60
02	设计说明	INDEX—1.01	A3		18	水位示意平面图	PL—1.11	A3	1：60
03	施工说明	INDEX—1.02	A3		19	客厅立面图	EL—1.01	A3	1：30
04	图例详表	INDEX—1.03	A3		20	主卧立面图	EL—1.02	A3	1：30
05	家居主材表（1）	INDEX—1.04	A3		21	厨房立面图	EL—1.03	A3	1：30
06	家居主材表（2）	INDEX—1.05	A3						
07	图纸目录	INDEX—1.06	A3						
08	原始平面图	PL—1.01	A3	1：60					
09	原始天花平面图	PL—1.02	A3	1：60					
10	墙体拆除平面图	PL—1.03	A3	1：60					
11	墙体新建平面图	PL—1.04	A3	1：60					
12	面积周长平面图	PL—1.05	A3	1：60					
13	平面布置图	PL—1.06	A3	1：60					
14	地面铺装图	PL—1.07	A3	1：60					
15	天花布置图	PL—1.08	A3	1：60					
16	天花尺寸平面图	PL—1.09	A3	1：60					

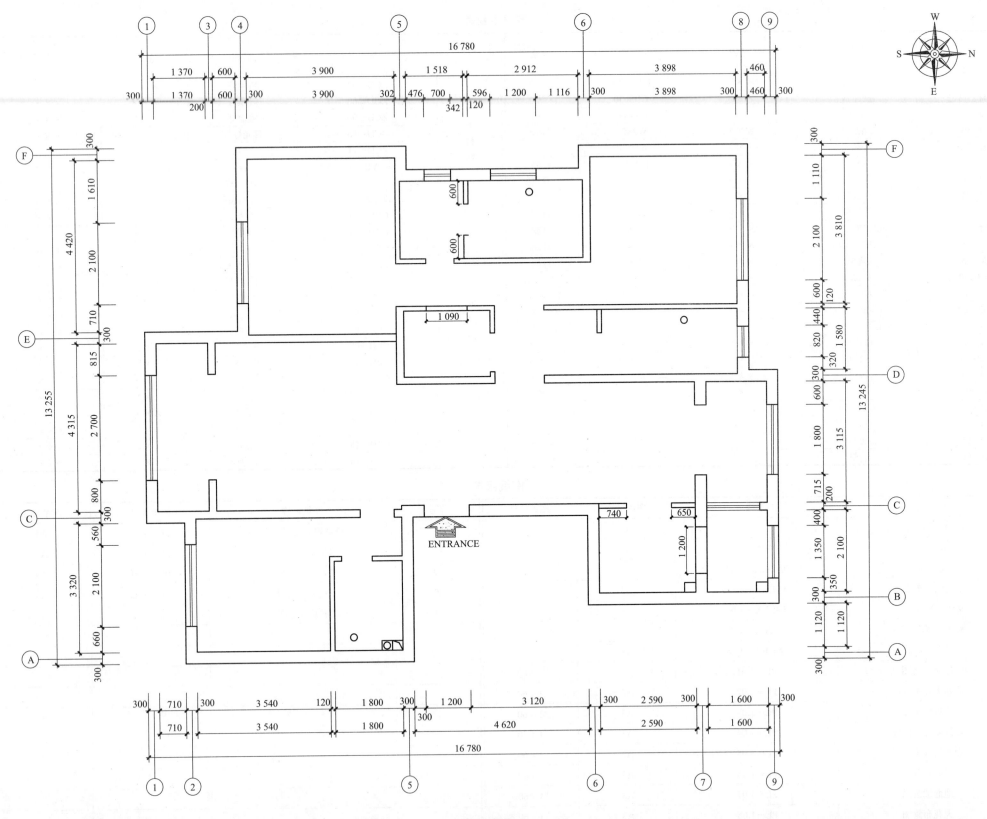

原始平面图 1：60

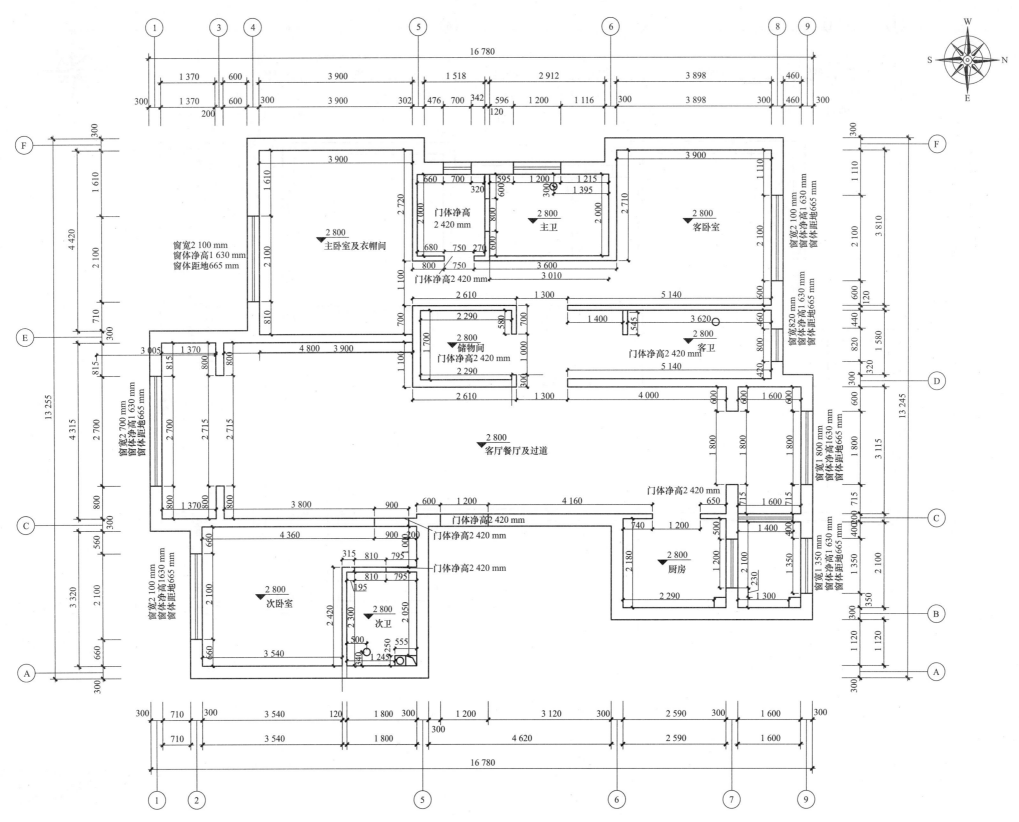

原始天花平面图　1:60

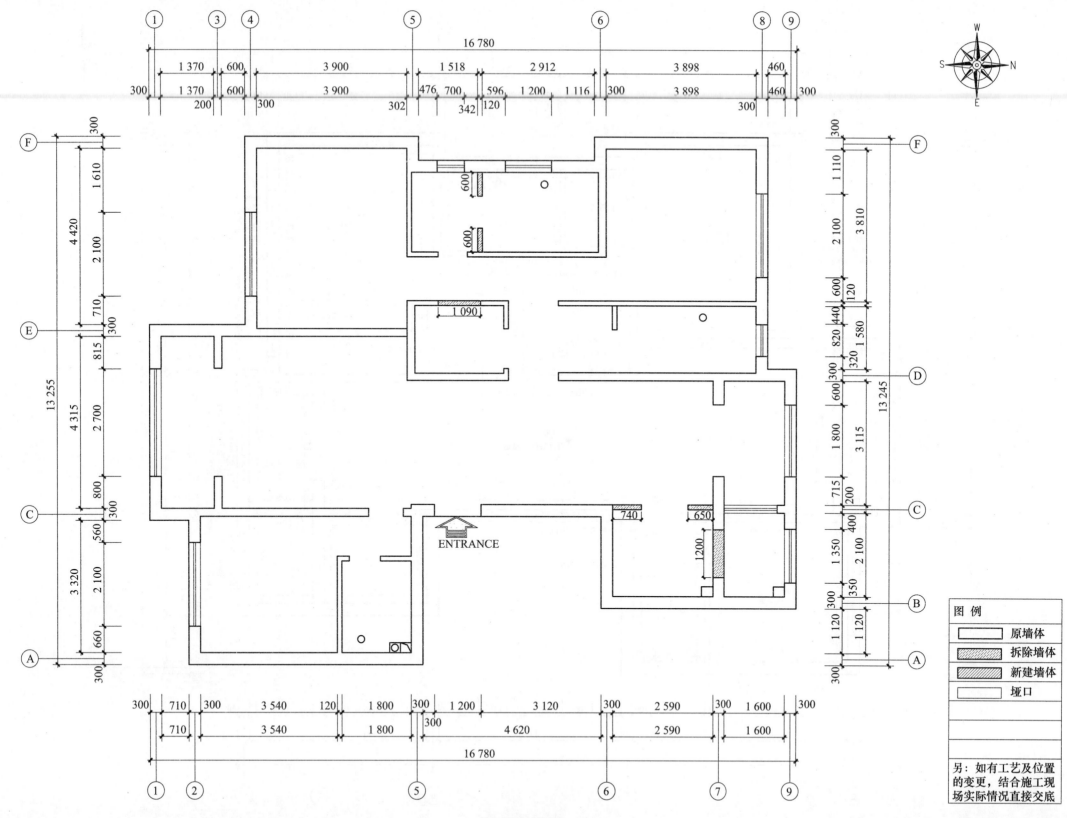

墙体拆除平面图 1:60

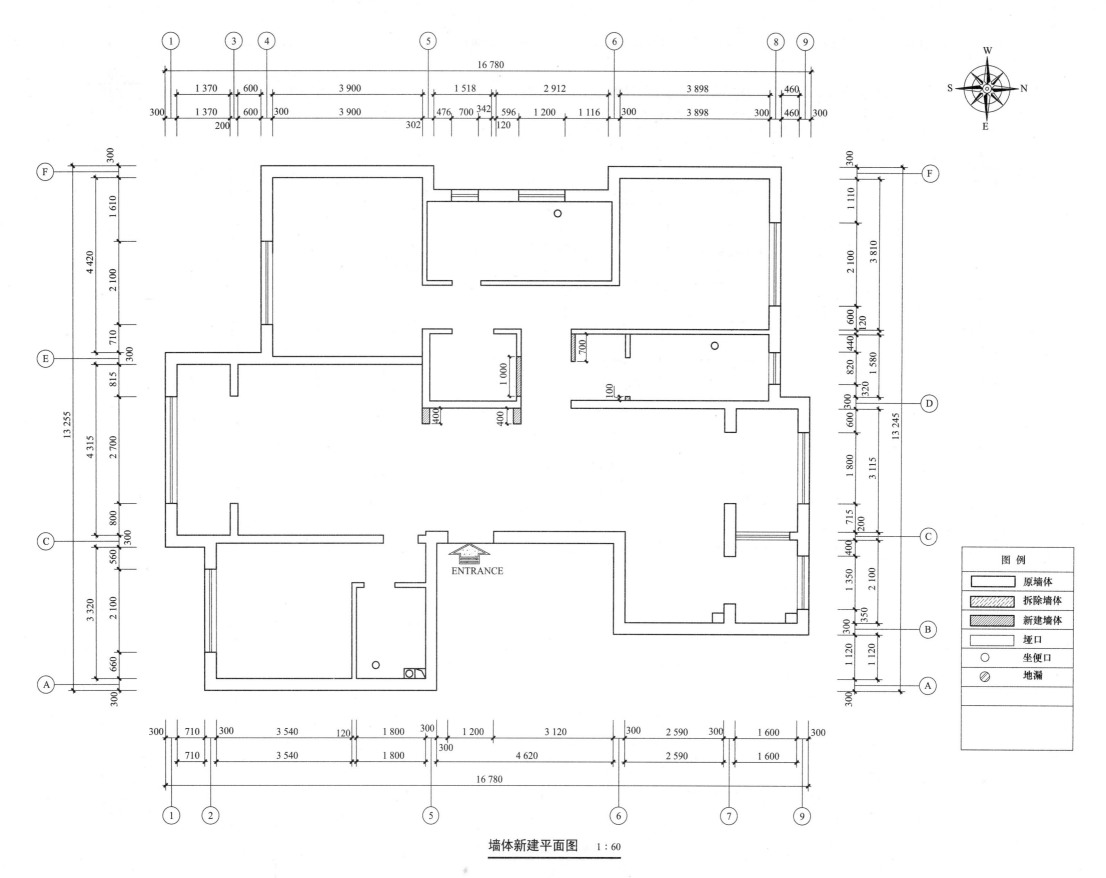

墙体新建平面图 1：60

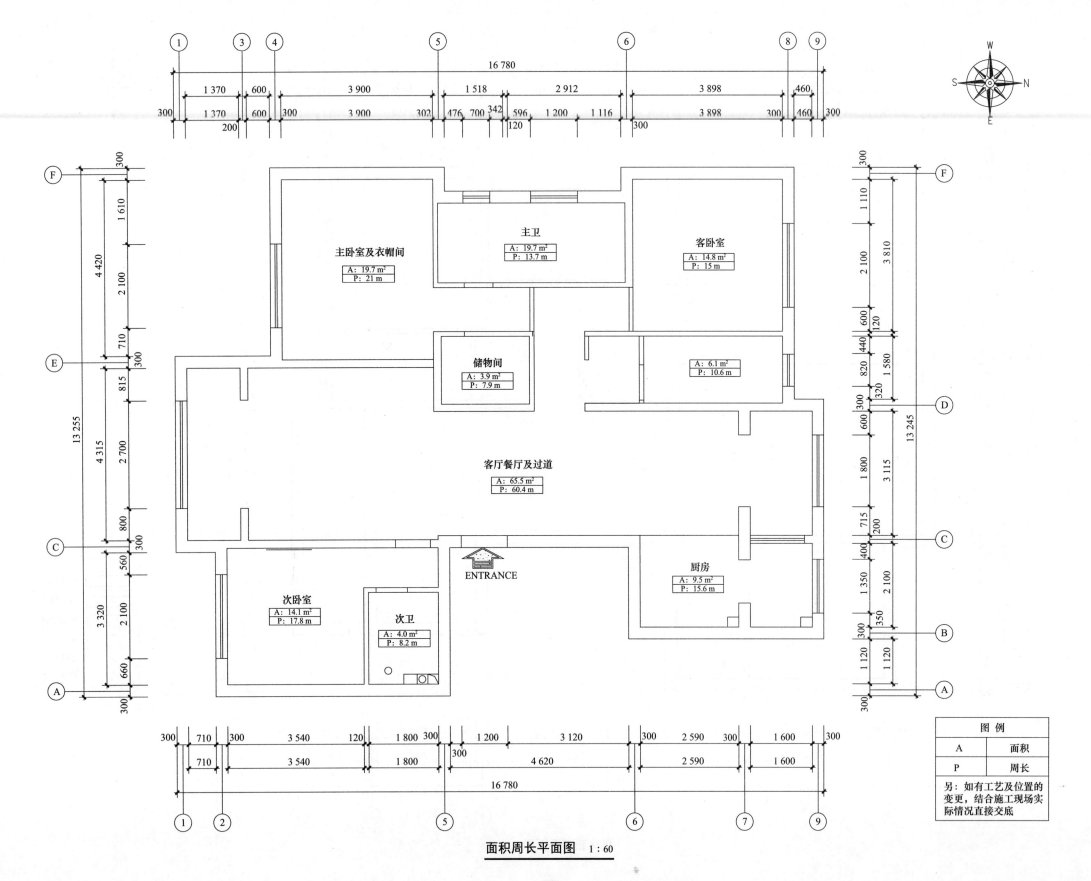

面积周长平面图 1:60

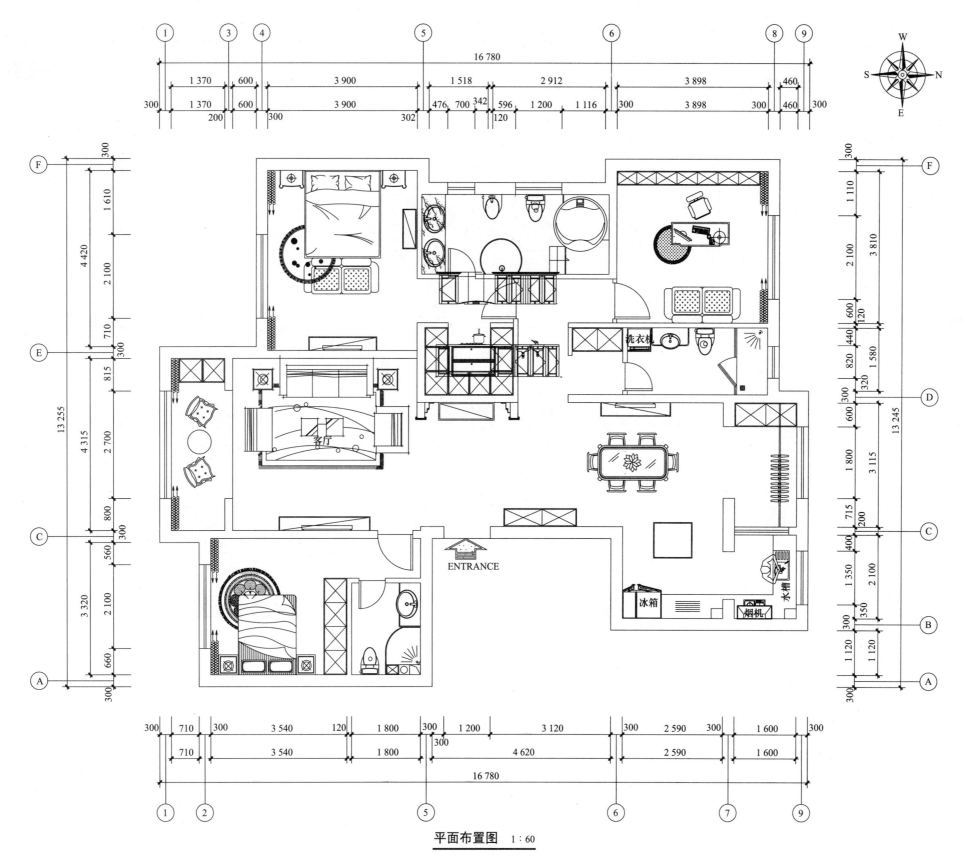

平面布置图　1 : 60

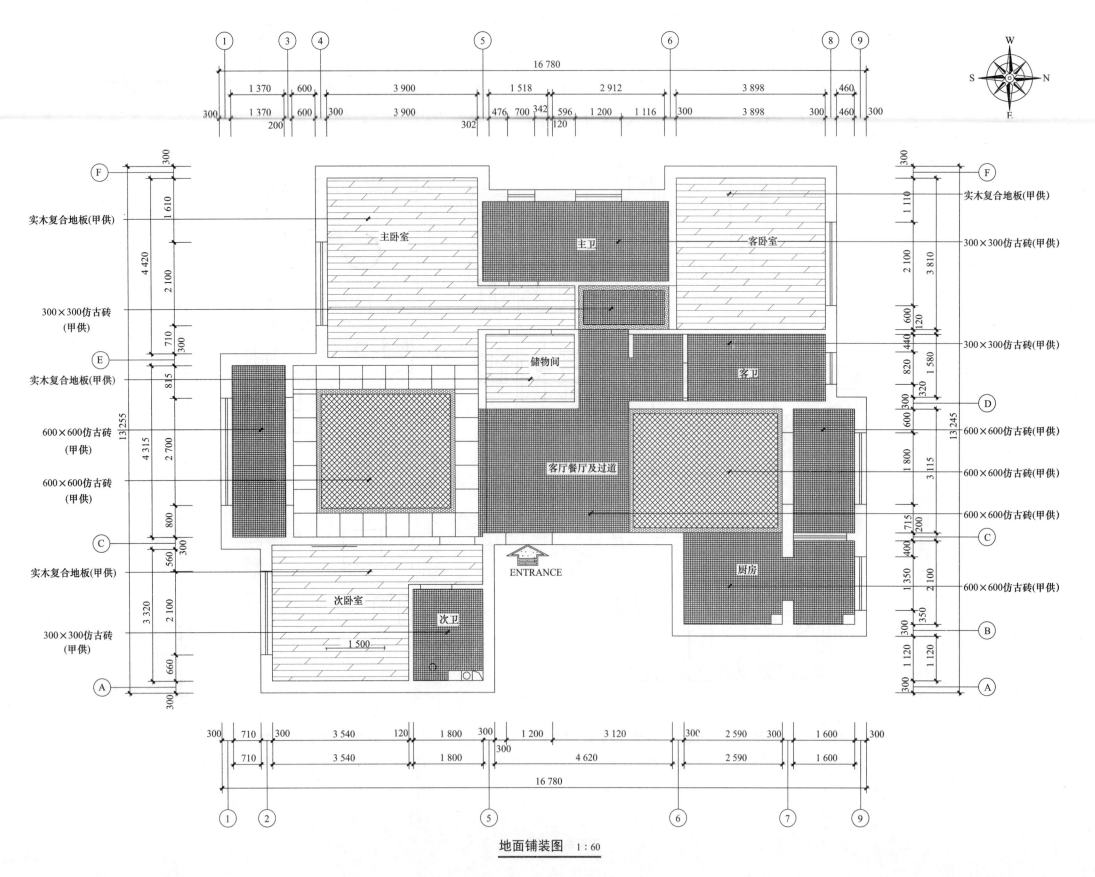

实木复合地板(甲供)

300×300仿古砖
(甲供)

实木复合地板(甲供)

600×600仿古砖
(甲供)

600×600仿古砖
(甲供)

实木复合地板(甲供)

300×300仿古砖
(甲供)

实木复合地板(甲供)

300×300仿古砖(甲供)

300×300仿古砖(甲供)

600×600仿古砖(甲供)

600×600仿古砖(甲供)

600×600仿古砖(甲供)

600×600仿古砖(甲供)

主卧室

主卫

客卧室

储物间

客卫

客厅餐厅及过道

厨房

次卧室

次卫

ENTRANCE

地面铺装图 1:60

· 50 ·

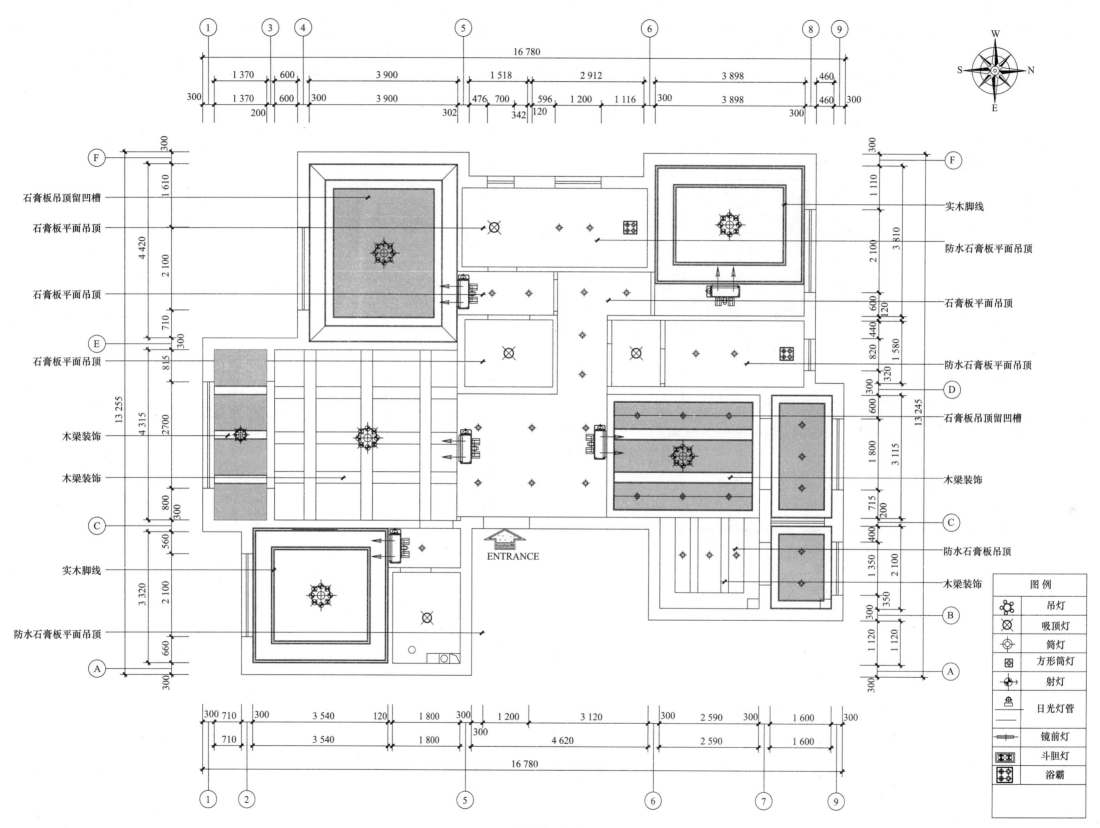

石膏板吊顶留凹槽
石膏板平面吊顶

石膏板平面吊顶

石膏板平面吊顶

木梁装饰

木梁装饰

实木脚线

防水石膏板平面吊顶

实木脚线

防水石膏板平面吊顶

石膏板平面吊顶

防水石膏板平面吊顶

石膏板吊顶留凹槽

木梁装饰

防水石膏板吊顶

木梁装饰

ENTRANCE

图 例	
	吊灯
	吸顶灯
	筒灯
	方形筒灯
	射灯
	日光灯管
	镜前灯
	斗胆灯
	浴霸

天花布置图 1:60

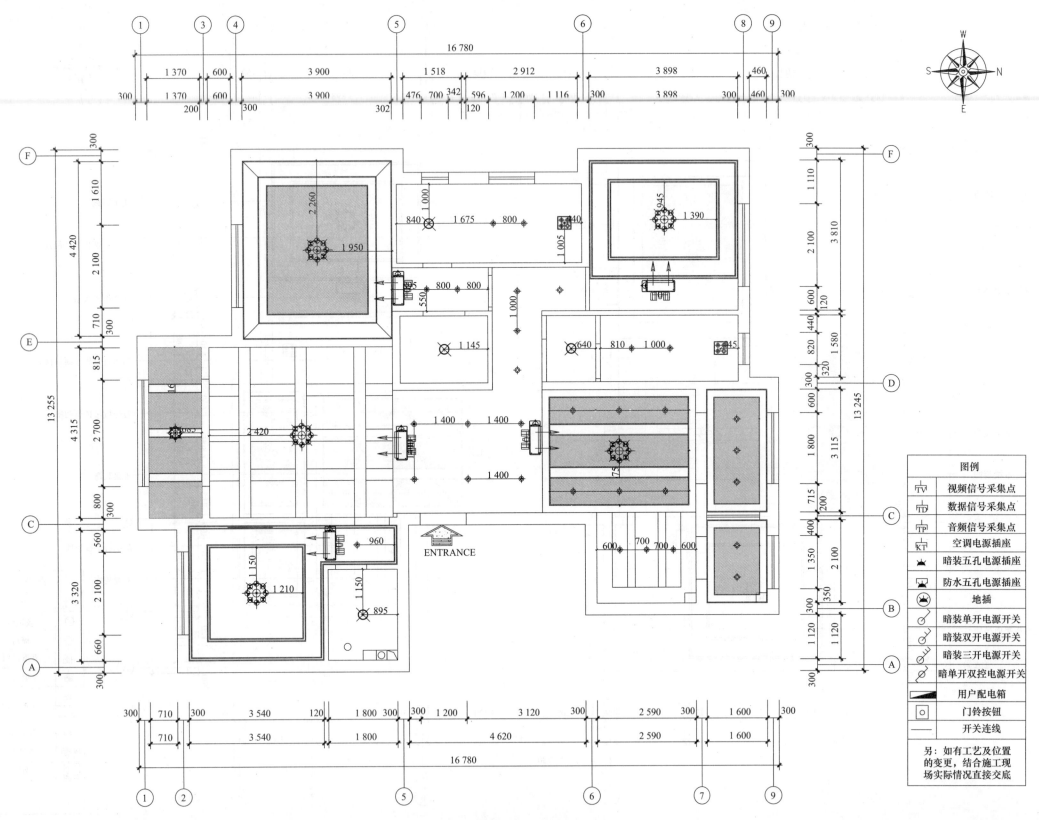

图例

图例	
TV	视频信号采集点
TD	数据信号采集点
TP	音频信号采集点
KT	空调电源插座
	暗装五孔电源插座
	防水五孔电源插座
	地插
	暗装单开电源开关
	暗装双开电源开关
	暗装三开电源开关
	暗单开双控电源开关
	用户配电箱
	门铃按钮
	开关连线

另：如有工艺及位置
的变更，结合施工现
场实际情况直接交底

ENTRANCE

天花尺寸平面图 1:60

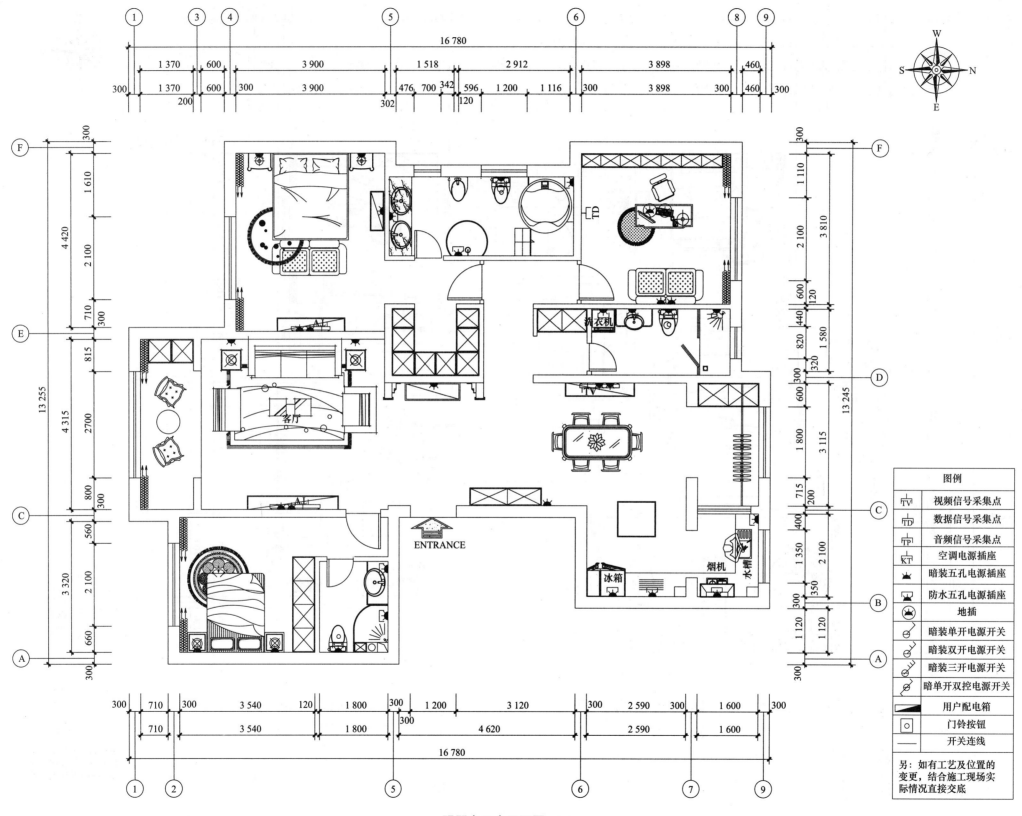

强弱电示意平面图 1 : 60

图例

TV	视频信号采集点
TD	数据信号采集点
TP	音频信号采集点
KT	空调电源插座
	暗装五孔电源插座
	防水五孔电源插座
	地插
	暗装单开电源开关
	暗装双开电源开关
	暗装三开电源开关
	暗单开双控电源开关
	用户配电箱
	门铃按钮
	开关连线

另：如有工艺及位置的
变更，结合施工现场实
际情况直接交底

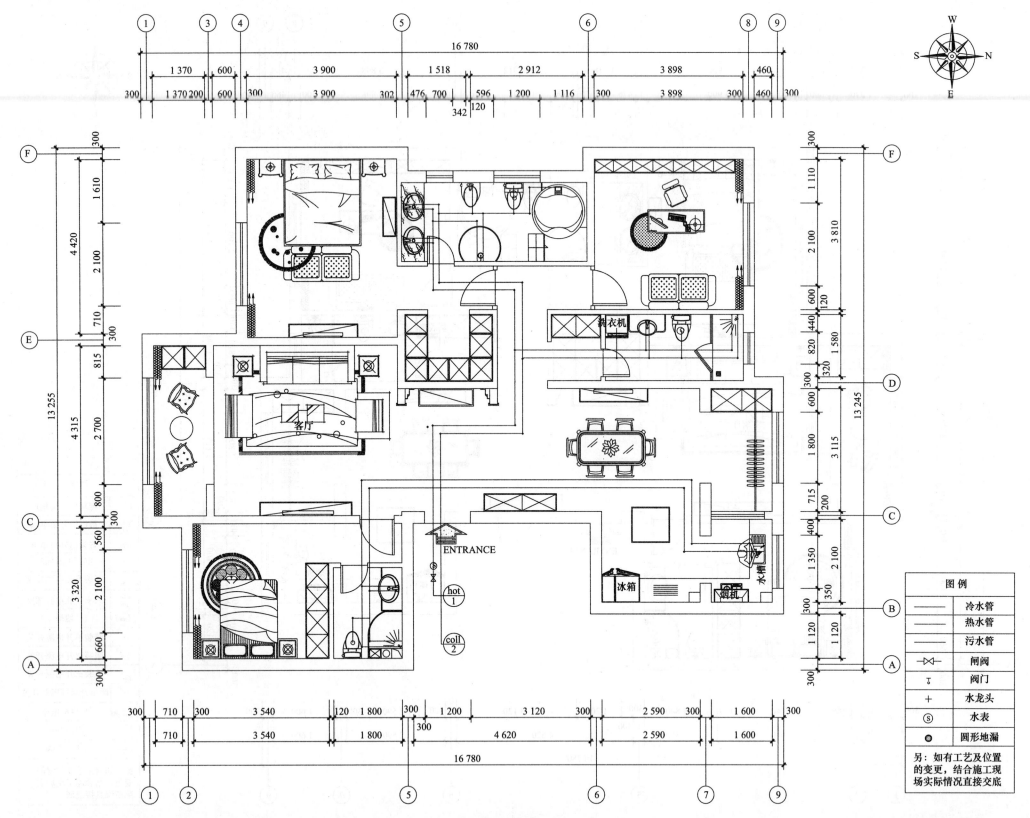

水位示意平面图 1 : 60

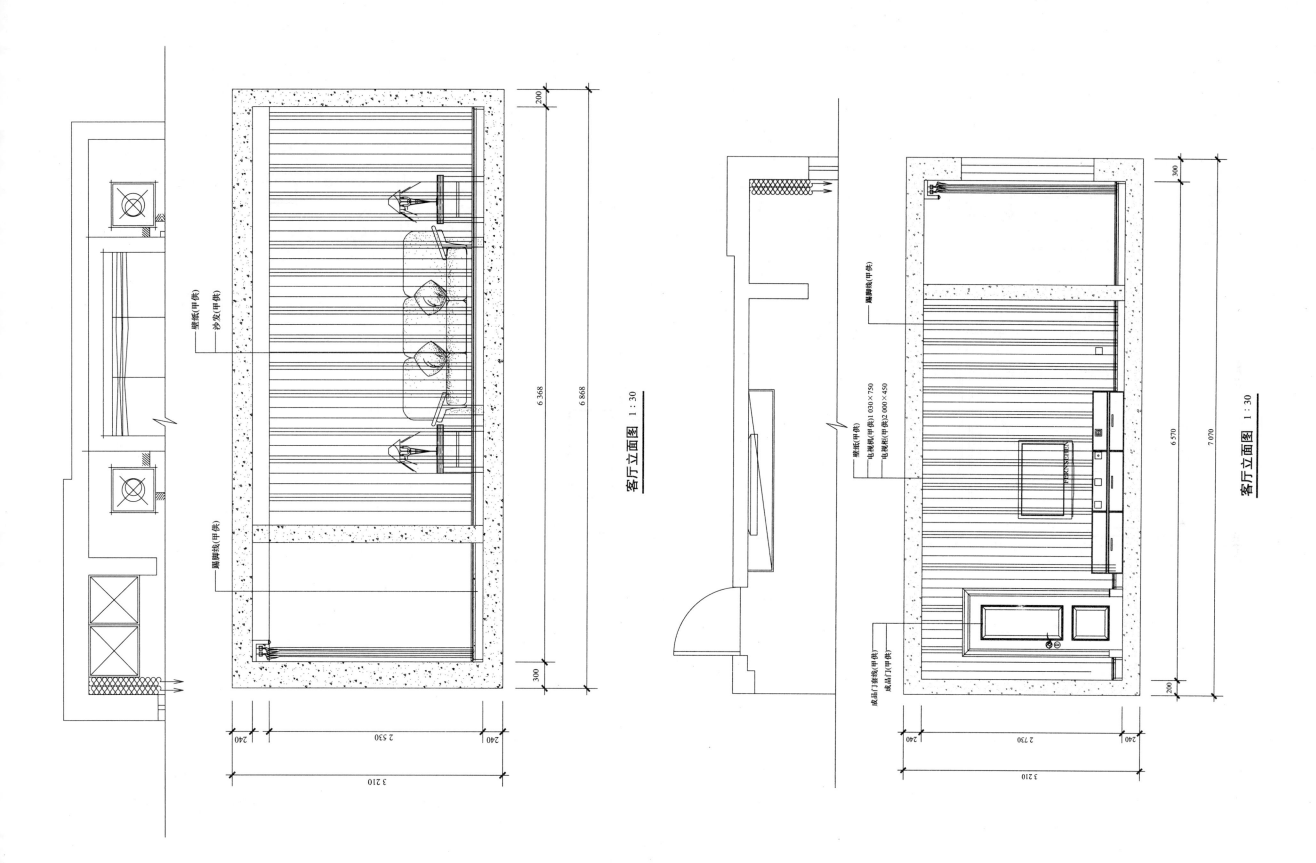

客厅立面图 1：30

客厅立面图 1：30

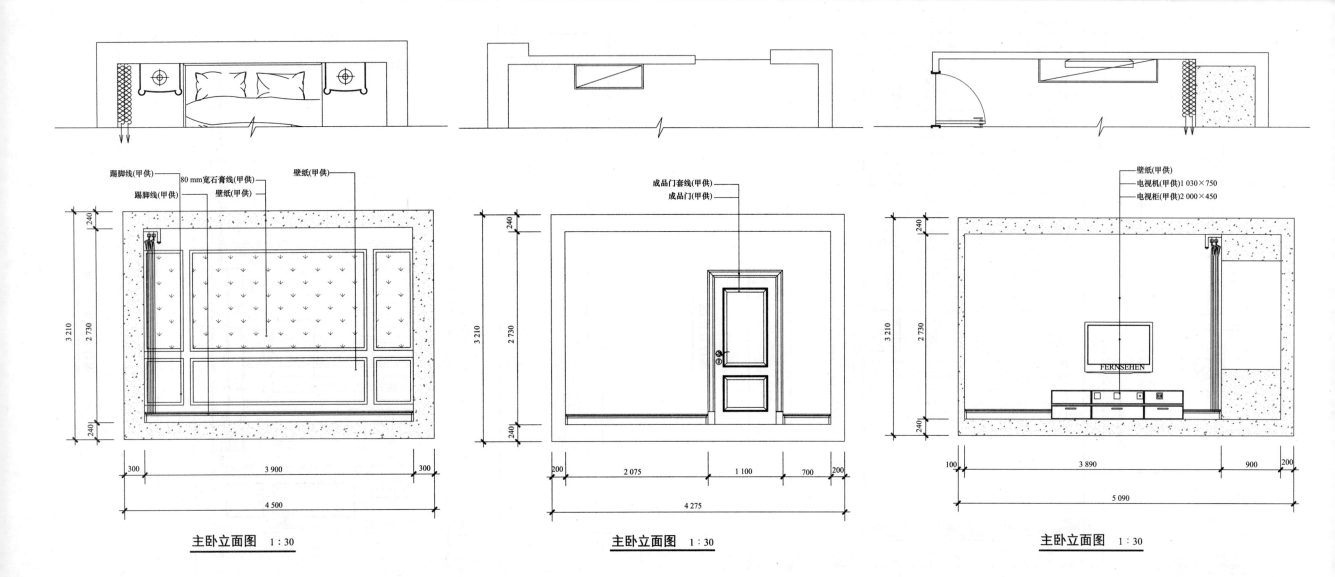

踢脚线(甲供)　　　　80 mm宽石膏线(甲供)　　壁纸(甲供)

踢脚线(甲供)　　　　壁纸(甲供)

成品门套线(甲供)

成品门(甲供)

壁纸(甲供)

电视机(甲供)1 030×750

电视柜(甲供)2 000×450

240
2 730
3 210
240

300　　　　　3 900　　　　　300
4 500

主卧立面图　1∶30

240
2 730
3 210
240

200　　2 075　　　1 100　　700　200
4 275

主卧立面图　1∶30

240
2 730
3 210
240

100　　　3 890　　　　900　200
5 090

主卧立面图　1∶30

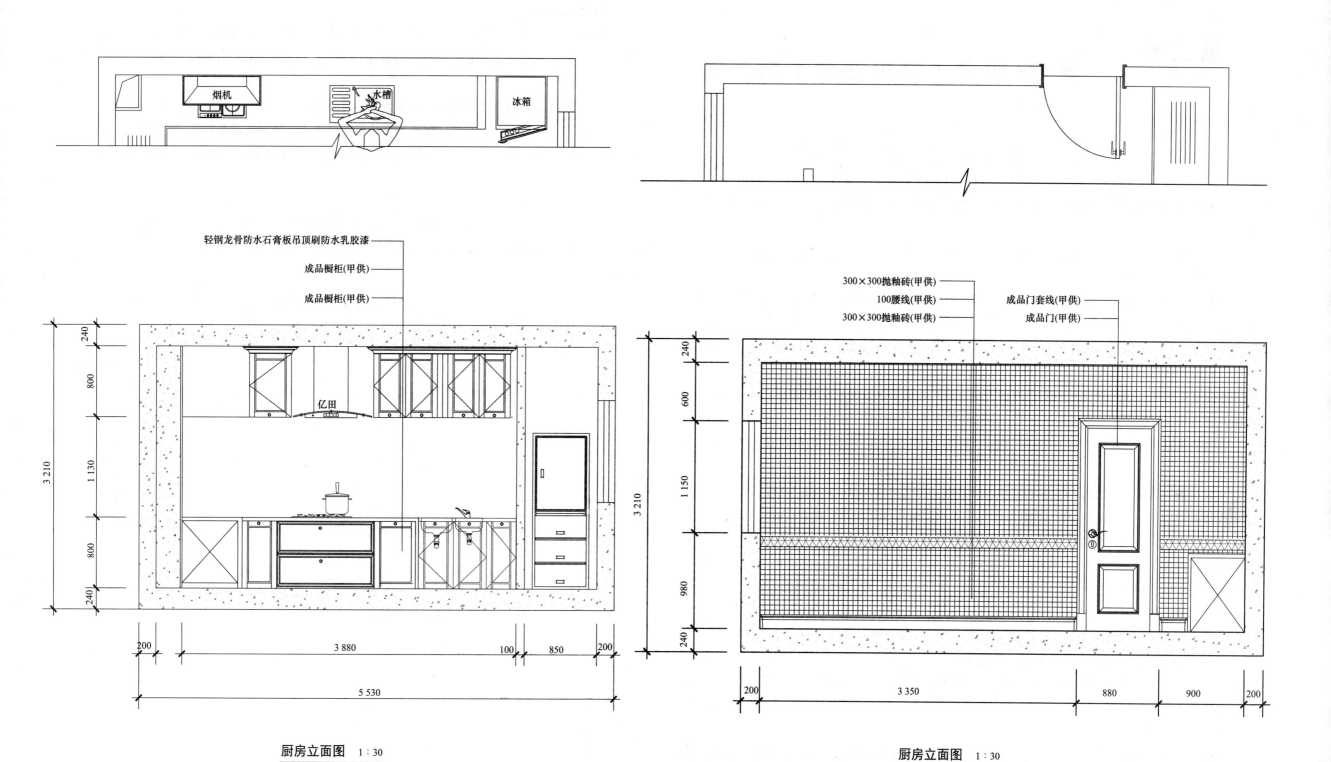

烟机　水槽　冰箱

轻钢龙骨防水石膏板吊顶刷防水乳胶漆
成品橱柜(甲供)
成品橱柜(甲供)

亿田

300×300抛釉砖(甲供)　成品门套线(甲供)
100腰线(甲供)
300×300抛釉砖(甲供)　成品门(甲供)

240
800
1 130
800
240
3 210

200　3 880　100　850　200
5 530

厨房立面图　1∶30

240
600
1 150
980
240
3 210

200　3 350　880　900　200

厨房立面图　1∶30

别墅A型房（室内部分）竣工图

第一部分　图纸说明

本装饰工程应按照当前国家的建筑装饰法规和条例以及其他法规、法令和条例进行设计和施工。

工程建设方应将所有有关工程的周围环境条件以及需要调整或改变的建筑尺寸、设备等文本、图纸资料提供给设计师。

所有标注的尺寸均按比例绘制，而且是根据现场核对无误后设计的，施工单位必须在工地现场核对图纸的准确性，如发现有任何矛盾之处应通知设计师方可施工，否则施工单位应承担所有责任。

建设方的设计要求在此图完成之前已确认，如在施工中需提出设计变更要求，应以书面形式提出，否则设计师可不予修改。

本套装饰施工图包括设计总说明、图纸目录、材料明细表、分区索引平面图、地面材料布置平面图、家具布置平面图、天花布置平面图、电气装置布置平面图等。

本套装饰施工图还配制有立面详图、施工大样图、剖面图、门表图、活动家具表以及相应的有关设计要求。

本设计除特殊施工工艺外，基本的设计内部要求、施工结构及技术问题，依据《建筑装饰装修工程质量验收规范》（GB 50210—2001）和《建筑内部装修设计防火规范》（GB 50222—1995）进行设计。在保留原建筑结构、建筑设施、防火分区、防火设施的基础上，完善使用功能，体现装饰格调。工程施工及完成核验以《建筑装饰装修工程质量验收规范》（GB 50210—2001）为标准进行。防火工程以《建筑内部装修设计防火规范》（GB 50222—1995）为标准核验。

一、吊顶工程

吊顶工程施工及核验应符合《建筑装饰装修工程质量验收规范》（GB 50210—2001）的要求。防火耐火等级应符合《建筑内部装修设计防火规范》（GB 50222—1995）中第3.3.1条的规定。地下层吊顶防火耐火等级应符合《建筑内部装修设计防火规范》（GB 50222—1995）中第3.4.1条及第3.4.2条的规定。

二、隔断工程

隔断工程施工及核验应符合《建筑装饰装修工程施工质量验收规范》（GB 50210—2001）的要求。防火耐火等级应符合《建筑内部装修设计防火规范》（GB 50222—1995）中第3.3.1条的规定。地下层隔断防火耐火等级应符合《建筑内部装修设计防火规范》（GB 50222—1995）中第3.4.1条及第3.4.2条的规定。

三、饰面工程

饰面工程施工及核验应符合《建筑装饰装修工程施工质量验收规范》（GB 50210—2001）的要求。防火耐火等级应符合《建筑内部装修设计防火规范》（GB 50222—1995）中第3.4.1条及第3.4.2条的规定。

四、涂料工程（包括水性涂料、乳液型及各类油漆）

饰面工程施工及核验应符合《建筑装饰装修工程施工质量验收规范》（GB 50210—2001）的要求。防火耐火等级应符合《建筑内部装修设计防火规范》（GB 50222—1995）中第3.3.1条、3.4.1条及第3.4.2条的规定

五、玻璃工程

玻璃工程施工及核验应符合《建筑装饰装修工程施工质量验收规范》（GB 50210—2001）的要求。防火耐火等级应符合《建筑内部装修设计防火规范》（GB 50222—1995）中第3.4.1条及第3.4.2条的规定。

ABBREVIATION REFERENCE　缩写定义

SHEET TITLE REFERENCE　图标说明

AD OR DT	ARCHITECTURAL DETAIL	图纸总说明
P	ARCHITECTURAL PLAN	建筑索引平面图
FP	FURNITURE PLAN	家具布置平面图
T	REFLECTED CEILINB PLAN	天花布置平面图
D	FLOOR COVERINB PLAN	地面材料平面图
E	INTERIOR ELEVATIONS	室内立面图
S	DETAIL	大样图
M	DOOR SCHEDULE	门表
J	WALL FINISH PLAN	隔墙图
AIP	ARCHITECTURAL INFORMATION PACKET	图纸目录

MATERIAL FINISH REFERENCE　材料缩写代号说明

ARF	ARCHITECTURAL FINISH	建筑完成
CT	CERAMIC TILE	瓷砖
CT	FLOOR TILE	地砖
WD	CARPET	地毯
BYP	BYPSUM WALL BOARD	石膏板墙
MT	METAL FINISH	金属料
MT	STAINLESS STEEL	不锈钢
WD	WOOD FINISH	木饰面
ST	STONE	石材、石头
PL	PLYWOOD	夹板、胶板

ARF	ARCHITECTURAL FINISH	建筑完成
WC	WALL PAPER	墙纸
UP		布料
BL	BLASS	玻璃
MR	MIRROR	镜子
PT	PAINT	涂料、油漆
E		电器、电制
PC		天花线

MISCELLANEOUS　其他代号缩写说明

A	ARCHITECTURAL FINISH	艺术品和附件
F	FAMILY PROPERTY	活动家具
L	LAMP AND LANTERNS	灯具
P	HARWARE/FITTINBS	五金配件
P	SANITARY EQUIPMENT	卫生设备
EQ	EQUAL	相等、平分
WD	ICEBOX	木饰面
UP	UPPER	上
BE	BELOW	下
UY	UPHOLSTERY	室内装饰品
AIR	AIR CONDITIONER	空调
FH	FIRE HYDRANT	消防栓

BRAPHIC SYMBOLS　图例符号说明

图例	说明	图例	说明
	筒灯	(T)	电话插座
	石英灯	(TV)	电视插座
	吊灯		防水灯
	吸顶灯		配电箱
	壁灯		暗装消防器
	防潮筒灯		明装消防器

图例	说明	图例	说明
	600×600灯盆3×20 W		电动剃须插座
	600×1 200灯盆3×40 W		单极开关
	300×1 200灯盆2×40 W		双极开关
	日光灯管40 W		电铃
S　R	条形风口		双极插座带接地插座
	方形送风口		三极插座带接地插座
	方形回风口		应急灯
	侧风口	EXIT	消防通道灯
S	烟感探头	WC	卫生间指示灯
	消防侧喷淋		夜灯
	消防下喷淋		床头灯
	藏光		烘手器
	射灯		卫生间吹风筒
	台灯		扬声器
	落地灯		

MATERIAL DESIBNATIONS 材料填充说明

图例	说明	图例	说明
	PLYWOOD 夹板		CEMENT CONNCREAT 水泥砂浆
	FINISHED WOOD 实木		FLOOR BRICK 地砖
	ROUBH WOOD 木方		BLASS VEINS 玻璃纹
	PLYWOOD 木拼花		WOOD FLOOR 木地板（正方形）
	BLASS 玻璃		WOOD FLOOR 木地板（条形）
	MIRROR 镜子		MIRROR 软织物
	MARBLE 大理石		MARBLE 大理石
	CONCRETE BLOCK 混凝土墙		轻钢龙骨石膏板间墙
	BRICK 砖墙		

BRAPHIC SYMBOLS 图例符号说明

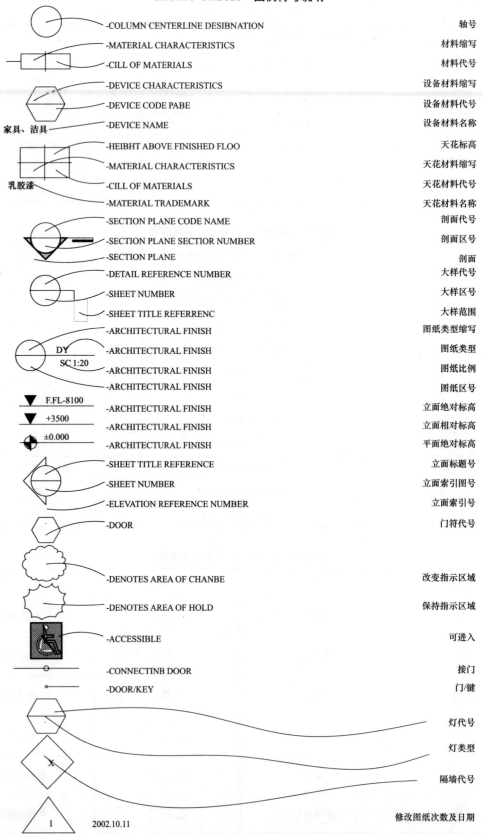

-COLUMN CENTERLINE DESIBNATION	轴号
-MATERIAL CHARACTERISTICS	材料缩写
-CILL OF MATERIALS	材料代号
-DEVICE CHARACTERISTICS	设备材料缩写
-DEVICE CODE PABE	设备材料代号
家具、洁具 -DEVICE NAME	设备材料名称
-HEIBHT ABOVE FINISHED FLOO	天花标高
-MATERIAL CHARACTERISTICS	天花材料缩写
乳胶漆 -CILL OF MATERIALS	天花材料代号
-MATERIAL TRADEMARK	天花材料名称
-SECTION PLANE CODE NAME	剖面代号
-SECTION PLANE SECTIOR NUMBER	剖面区号
-SECTION PLANE	剖面
-DETAIL REFERENCE NUMBER	大样代号
-SHEET NUMBER	大样区号
-SHEET TITLE REFERRENC	大样范围
-ARCHITECTURAL FINISH	图纸类型缩写
DY -ARCHITECTURAL FINISH	图纸类型
SC 1:20 -ARCHITECTURAL FINISH	图纸比例
-ARCHITECTURAL FINISH	图纸区号
F.FL-8100 -ARCHITECTURAL FINISH	立面绝对标高
+3500 -ARCHITECTURAL FINISH	立面相对标高
±0.000 -ARCHITECTURAL FINISH	平面绝对标高
-SHEET TITLE REFERENCE	立面标题号
-SHEET NUMBER	立面索引图号
-ELEVATION REFERENCE NUMBER	立面索引号
-DOOR	门符代号
-DENOTES AREA OF CHANBE	改变指示区域
-DENOTES AREA OF HOLD	保持指示区域
-ACCESSIBLE	可进入
-CONNECTINB DOOR	接门
-DOOR/KEY	门/键
	灯代号
	灯类型
	隔墙代号
1 2002.10.11	修改图纸次数及日期

SHEET NO.	DESCRIPTION内容	RELEASE DATE REVISIONS		
001	目录	001		
002	施工细则	002		
003	施工细则	003		
004	施工细则	004		
005	施工细则	005		
006	施工细则	006		
007	耐火等级	007		
008	材料表	008		
009	A1平面布置图	FF-A1-01		
010	A1天花布置图	RC-A1-01		
011	A1地坪布置图	FC-A1-01		
012	A1机电布置图	EM-A1-01		
013	A1间墙尺寸图	AR-A1-01		
014	A1立面图	IE-A1-01		
015	A1立面图	IE-A1-02		
016	A1立面图	IE-A1-03		
017	A1立面图	IE-A1-04		
018	A1立面图	IE-A1-05		
019	A1立面图	IE-A1-06		
020	A1立面图	IE-A1-07		
021	A1立面图	IE-A1-08		
022	A1立面图	IE-A1-09		
023	A1立面图	IE-A1-10		
024	A1立面图	IE-A1-11		
025	A1立面图	IE-A1-12		
026	大样图	DS-A1-01		
027	大样图	DS-A1-02		
028	大样图	DS-A1-03		
029	大样图	DS-A1-04		
030	大样图	DS-A1-05		

SHEET NO.	DESCRIPTION内容	RELEASE DATE REVISIONS		
031	大样图	DS-A1-06		
032	大样图	DS-A1-07		
033	大样图	DS-A1-08		
034	大样图	DS-A1-09		
035	大样图	DS-A1-10		
036	大样图	DS-A1-11		
037	大样图	DS-A1-12		
038	大样图	DS-A1-13		
039	大样图	DS-A1-14		
040	大样图	DS-A1-15		
041	大样图	DS-A1-16		

第二部分　施工图设计说明及室内设计工程一般施工细则

序言

一、材料

所有材料必须是品质优良、全新的一级正品，因材料质量差导致保修期内甲方人为破坏而损坏的，承包公司需负责免费翻修。

所有材料长宽尺寸应尽量大，以减少驳口，若无可避免时，接缝要全部对位。

如遇货源缺少的材料，代替品必须经设计师同意方可使用。

二、工艺

所有钉头要隐闭。

不同材料交接部位要处理得干净利落，不得用灰或玻璃胶灌缝（防水或防震除外）。

部分装修尤其地面墙脚等安装妥当后需加强保护，交付前的任何损坏承包公司需负责及时翻修。

三、规范

本施工图设计依据：

（1）《建筑装饰装修工程质量验收规范》（GB 50210—2001）。

（2）《建筑地面工程施工质量验收规范》（GB 50209—2010）。

（3）《建筑工程施工质量评价标准》（GB/T 50375—2016）。

（4）《建筑设计防火规范》（GB 50016—2014）。

（5）《民用建筑隔声设计规范》（GB 50118—2010）。

（6）《屋面工程技术规范》（GB 50345—2012）。

（7）《建筑照明设计标准》（GB 50034—2013）。

注：1．若国家颁布最新相关技术规范,需以最新规范为准。

2．若图纸中出现与上述技术规范相违背的地方，需以上述国家规范为准。

四、图纸、图例

1．图纸

（1）图中若有尺寸与现场实际尺寸有矛盾之处，可视现场情况经设计师同意后作相应调整。

（2）立面图中所注标高是以相对层完成地面为±0.000的相对标高。

（3）图纸中所示尺寸均以mm为统一单位。

2．典型图例

（1）四层1#房立面图符号。

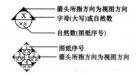

（2）剖面符号。

（3）大样、详图符号。

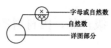

（4）标高。

◈±0.000 F.F.L 或 ▼±0.000 F.F.L

工程一般规范说明

1．石料工程

1.1 样品

（1）施工队需在订料前提交1 mm×1 mm大小石材样品，说明质量、色彩、磨光度和纹理。批准的样品应作为本工程的所有石材材料的标准。

（2）所有样品均须标出材料代号、名称、产地。

（3）石材本身不得有隐伤、风化等缺陷。

1.2 施工图

施工队需按现场实际尺寸绘制材料铺砌图及大样图。

1.3 实施

（1）检查底层或垫层安放妥当并修饰好。

（2）确定线条、水平和图案，并加以保护。

（3）在制作之前弄清楚工作尺寸和其被影响装配与安装的实际工作环境。

1.4 工艺

（1）云石的色泽及纹理要均匀顺序。

（2）线条平直、石面平整。

1.5 安装

（1）铺地台底垫法：

1）彻底清洗石板。

2）铺放紧密的混合料垫层，用料为：一份水泥，五份细砂，十分之一熟石灰（以体积计）或可用石灰。

3）在垫层还处于可塑状态时放钢筋加固网。

4）使钢筋网处于垫层的中心平面内，并使之完全被包封起来。

5）在需要的地方用网式整平器和泥刀将垫层彻底压紧。

6）用样板刮平至一定水平或成斜面。

7）用最少的水进行和易性拌和。

8）在垫层达到其初始状态前施放石块。

9）用浮飘法安放石块并将其压入均匀平面固定。

10）确保接缝宽度在6 mm以内，且保持同一直线。

11）灰浆至少养护24 h后才加填缝料。

12）用勾缝灰将缝隙填满，用工具将表面加工成平头接合。

（2）铺墙面挂件法：

1）水泥砂浆、准备工作及操作过程基本与地台法一致。

2）石材主要靠钩固定在墙上，水泥砂浆只起辅助作用。

3）石材钩应由铜或不锈钢制作，以防锈蚀。

4）每件石材在适当位置钻孔加钩。

5）在墙上浇水湿润，将水泥砂浆抹在石材底部及墙上后方可铺放。

（3）干挂法：大理石应根据供应方提交的技术要求进行干挂，所有的刚架均为镀锌钢材。

1.6 清洁

（1）在完成勾缝和填缝后应将石材表面清洗干净，多余的砂浆要用刀片轻轻刮去，最后表面（尤其是地面）要打蜡一次。

（2）在清洁过程中应使用非金属工具，所用的溶剂不得有损于石料。

1.7 石料加工

（1）将石料加工成所需要的样板尺寸和厚度。按照施工细则说明，加工出楼梯踏步平、竖板的形状，切割面的见光部位需研磨打滑。

（2）砂应是干净、坚硬的硅质材料，含水率至少为5%。

（3）拌制砂浆应使用不含有害物质的洁净水。

（4）所用胶结材料的品种及掺合比例应符合设计要求，并有筹建处认可的产品合格证。

1.8 保护

（1）石材放置后，地面要用纤维板覆盖保护。

（2）要使用保护挡板或其他合适的方法，不要使用易于生锈或易于损伤石块外观的材料。

1.9 装送

（1）石材装箱外运时，应垂直放置，石面对石面，石底对石底，石面之间垫不褪色的乳胶垫，并用绳捆紧放置在木箱内。

（2）石材一定要立放，不能平放。

（3）石材立放时，与墙面成10°～15°角，石面朝外，石材下垫木条。

2. 木工

2.1 工作范围

包括本说明所规定的及有关图样所指明的，其中含工料费及运输费并包括供应和安装。

（1）五金。

（2）底漆，防腐剂，磨光。

2.2 材料

木材必须经过烘干或自然干燥后才能使用。自然生长的木材，没有虫蛀、松散或腐节或其他缺点，锯成方条形，并且不应有翘曲、爆裂及其他因为处理不当而引起的缺点，要求湿度最高限度为15%。

胶合按照用途分为以下等级：

（1）一等——用于扫油漆地方。

（2）二等——用于扫油漆地方。

（3）三等——用于在隐藏的地方。

2.3 保存处理

所有木材都要防止潮湿、虫蛀和昆虫的破坏。

2.4 防火处理

（1）所有木材用于有可能接触火灾或邻近可能发生火灾危险的地方，均要涂上三层当地政府批准的防火漆。

（2）承建商在实际施工前应呈送防火涂料给予筹建处认可，批准后方可开始涂刷。

2.5 工艺和制造

（1）尺寸。所有装饰的木材都要经过锯放、钻或其他机加工工序做成符合规定的恰当尺寸和形状。至于装饰木材的微小尺寸的部位，每个装饰表面需允许3 mm作加工用。所有尺寸必须在工地上核实，如图样或规格与实际工地有任何偏差，应立即通知室内设计师。

（2）表面。所有完工时表面都应该在适当面上做装饰（除了特别说明之外）。

2.6 收缩度

所有木工制品的安排、接合和安装时，在任何部分和任何方向的收缩度不得损害其强度和装饰品的外观，不得引起相邻材料和结构发生破坏。

2.7 容限（容许度）

要保持所有木工制品和安装在房间内的骨架（无论是砖石结构还是框架结构）之间的连接处有一定的容限，以便任何不规则沉陷或其他移动能得到适当的调整。

2.8 装配

承包公司将完成所有必要的开标眼、接标、开槽，配合做舌标嵌入、槽舌接合和其他的正确接合的必要工作。

承包公司供应所有金属板、螺钉、铁钉和其他室内设计要求的，或者顺利进行规定的木工工作所需的装配件。

承包公司完成框架、外壳等建造工作，及固定在建筑物上等工作。

2.9 接合

木工制品须严格按照图样的说明制造，在没有特别指示的地方接合，应按国家标准施工。

胶水接合法适用于不必预防收缩和其他连接地方的移位及需要紧密接合的地方，所有胶水接合将要用交叉舌标或其他加固法。

所有铁钉等打进去并加上油灰，胶合表面接触部位用胶水接合，接触表面必须用锯或刨进行终饰。所有工具的刀刃必须尖利，应避免摩擦，抛光夹板的表面需要用胶水接合的部位，必须用砂或玻璃砂纸轻轻磨光，不允许砂或玻璃砂纸粘住和引起摩擦。工程中有许多需要用胶水接合的部位都使用同样的程序，待接合的表面必须保持清洁、不肮脏、没有灰尘、没有锯灰、没有油渍和其他污染。

胶合部位必须给予足够压力以保持粘牢，并且胶水凝固条件均按照胶水制造商的说明进行。

2.10 画线

（1）准备：面板安装前的准备工作应符合下列要求：

1）在楼板中按设计要求设置预埋件或吊杆。

2）吊顶内的通风、水电管道等隐蔽工程应安装完毕，消防系统安装并试压完毕。

3）吊顶内的灯槽、斜槽、剪刀撑等应根据工程情况适当布置。

4）轻型灯具应吊在主龙骨或附龙骨上，重型灯具或其他装饰件不得与吊顶龙骨连接，应另设吊钩。

（2）所有墙脚板、框椽、平板和其他木工制品必须准确画线，以配合现有不规则表面的轮廓以达到紧密配合。

2.11 龙骨安装

（1）龙骨安装的质量，应符合《建筑用轻钢龙骨》（GB/T 11981—2008）的规定。

（2）主龙骨吊点间距应按设计要求选择，中间部分应起拱，金属龙骨起拱高度应不小于房间短向跨度的1/200，主龙骨安装后应及时校正其位置和标高。

（3）次龙骨应紧贴主龙骨安装。当用自攻螺钉安装板材时，板材的接缝处必须位于宽度不小于40 mm的次龙骨上。

（4）全面校正主、次龙骨的位置及水平度，连接件应错位安装，明龙骨应目测无明显弯曲。通常次龙骨连接处的对接错位偏差不得超过2 mm。

2.12 板材安装

（1）天花吊顶底板均为轻钢龙骨石膏板。

（2）螺钉与石膏板边距离以10～15 mm为宜。

（3）钉锯以150～170 mm为宜，螺钉应与板面垂直且稍埋入板面。

（4）拌制石膏腻子应用不含有害物质的洁净水。

2.13 镶嵌细木工制品

在细木工制品规定要镶嵌的部位，细木工制品将随其四周的工作完成之后嵌入，承包公司要保证必要的装备，包括在屋架之中或在建造同样的地面支架，以便提供适当基础把细木工制品嵌接在上面。

2.14 安装在建筑物上的木工制品

当细木工制品特别指定安装在建筑物上，且支撑和装配应力均落在建筑骨架上的，承包公司要保证必要的装备，包括在建筑物骨架上的，或者承包公司将建造地面基础以提供适当的基础来安装木工制品。

注：承包公司应注意要求高标准的终饰，特别是合同中的细木工制品方面。

承包公司负责提供和维修任何壳箱和其他临时覆盖物以保障整个工程顺利进行，若不予保护可能被损坏已经修整或终饰完工的制作品，在覆盖制品前，承包公司有责任清除刨屑、线头、切边和其他废物。

2.15 材料样板

承包公司要负责在实际工程开工前根据样品清单提供材料和终饰样板给室内设计师批核，费用由承造公司负担。

2.16 擦洗

除特别指出的终饰外，承包公司要将有关木工制品清洗干净，使其保持完好状态，并使业主及室内设计师满意。所有柜的内部装饰，包括活动层板，应涂上清漆使其光滑。

2.17 其他

一般用木材架框安装于天花板上，并确保所有边依据图样所标明的，使其牢固并拉紧，要允许其他服务设施通过，如风管、喷淋等。

若柜架有任何震动、摆动或移动，承包公司负责修整或重新安装，重整不符合要求的部分，修整或重新安装的费用全部由承包公司负责。

（1）天花板。按照图样所规定的各种开孔处理，同时要允许照明装置、冷气风嘴等其他服务设施安装，终饰要与样板清单所指出的一样。

天花板线条要直顺，同时与墙的交汇处要贴面无缝。

灯具位置按现场实际尺寸确定后再施工。

（2）不固定家具（不在此次设计范围内）。一般而言，要按照图样所示制作家具，所有木工制品都要装钉成高质量的家具，所有家具上油漆前都要磨光滑。

（3）柜和固定家具。一般而言，做好框架并且所嵌入的柜、可调整的层板和固定家具与图样所说明一致。

所有木工制品都要嵌好、打榫、上舌榫、粘胶、拼合，用螺钉安装好，使室内设计师满意。终饰和图样板清单所指出的一样。

注：所有柜层板等都应用砂纸擦好，油漆按照图样的规定为终饰。

（4）门框。合约工程内所有木门框由承包工程公司负责供应及安装。

（5）门。新门由承包公司供应及安装包括一切需要的五金，并按图示安装到工程各个部位。

3．五金器具

3.1 工作范围

按照图样所示，提供和安装所有五金器具到所有固定和不固定的家具陈设品、门等。

3.2 材料

主要的五金器具为不锈钢或多层镀镍，必须防止生锈和沾染，应使用质量优良的材料，并严格遵照说明书上所要求的规格，任何偏差都必须取得业主及室内设计师同意。

承包公司在实际装配之前必须向室内设计师提供所有五金器具样板，同意后方可进行装配。

3.3 完成

在完成工作时所有五金器具都应擦油、清洗、磨光和可以操作，所有钥匙必须清楚地贴上标签。

注：承包公司应负责安装所有毛巾架、卫生纸托架等。

3.4 工艺

所有安装要用适当的材料，按照制造商的说明进行。所有沉头螺钉都要用油灰填塞并染色上油漆，使其与周围物料相同。若有外露的螺钉帽和五金器具，要用橡胶或塑料垫圈，以便不会磨损任何一种表面。

4．金属覆盖工程

4.1 不锈钢

不锈钢板应为铬和镍含量高的钢板。

4.2 材料和工艺

所有材料均应选用可获得材料中最优质的，并指明其品种、质量、产地、花型、线条、颜色，且具有产品合格证，并且在安装前应保持清洁、挺直、无扭曲。如果需要进行拉直，或者平展处理，那么该处应不得损伤材料。

4.3 安装

（1）承建商可以用比2 mm更厚的材料满足设计规格及要求。平板可以折叠、挤压或以其他办法达到设计要求。

（2）金属板必须可以承受本身的荷载，而不会产生任何损害性或永久性的变形。所有金属表面覆盖板及其配件需符合以下要求：

1）所有铁质材料的规格应符合规范要求，并应进行除锈、防锈处理。

2）所有覆盖板的空间需要适当的透气，以防止任何水气或潮气的积聚，避免金属腐蚀及霉菌的滋生。

3）金属覆盖板安装宜采用抽芯铝铆钉，中央必须垫放橡胶垫圈，抽芯铝铆钉间距以控制在100～150 mm为宜。

4）板材安装时严禁采用对接，搭接长度应符合设计要求，不得有透缝现象。

5）保温材料的品种、堆积密度应符合规范要求，并应填塞饱满，不留空隙。

5. 装配玻璃

5.1 工作范围

提供劳力、材料和工具，根据所有施工图所规定的设计要求完成安装玻璃的工作。

5.2 材料

镜子要采用品质优良且不变形的产品，也可采用其他供应商的优质产品。

所有镜子的样板在安装切割之前应送交室内设计师同意。固定镜若只采用大量双面贴棉，不采用玻璃胶，则玻璃边光位要磨滑清，玻璃必须完全清晰通透，驳口位置需经设计师同意。

5.3 工艺

安装玻璃一般应按国家施工准则，准确地把玻璃切割成适当的尺寸。尺寸应允许边与框之间有正确的容限。

画线和小凸嵌线必须在水平线位，注意在安装过程中不要把框架弄潮湿。

安装槽要清洁，没有任何灰尘和其他有害物质。所有螺钉或其他固定设备都不能在槽中突出来。所有框架的调整应在安装玻璃之前进行。所有密封剂在完工时要清洁、平滑、边角尖锐。玻璃工程应在框、扇校正和五金件安装完毕后，以及框、扇涂刷最后一遍涂料前进行；楼梯间和中庭回廊等的围护结构安装玻璃时，应用卡紧螺钉或压条镶嵌固定，玻璃与围护结构的金属框格相接处，应放橡胶垫或塑料垫；安装玻璃隔断时，隔断上框的顶面应留有适当的缝隙，以防止机构变形损坏玻璃，安装磨砂玻璃的磨砂应面向室内。

5.4 清洗和修整

交付使用前，玻璃上的污渍应用刀片轻轻刮去，用玻璃清洁水抹净。如有任何损坏，须在交付使用前修补完成。

5.5 强化玻璃和不锈钢扶手

承包商必须严格按照制造商的说明安装强化玻璃和不锈钢扶手，并且在开始工作之前与结构工程师协商。

5.6 玻璃的基本要求

（1）落地玻璃屏风的厚度最小为10～12 mm，且必须能够抵受住2.5 kPa的风压或吸力。

（2）玻璃必须考虑温差应力和视觉歪曲的影响。

（3）用于玻璃门和栏杆的玻璃必须符合《平板玻璃》（GB 11614—2009）规定的产品质量要求。

（4）玻璃必须结构完美，无破坏性的伤痕、针孔、尖角或不平直的边缘。

（5）当受到当地天气的影响，玻璃必须不曾产生过大的温差应力及吸力致破裂。

6. 地毡和底胶垫

6.1 工作范围

承包公司要按施工图的规定提供和安装地毡和底胶垫。

6.2 材料

底胶垫要用优等品或相同质量的产品。地毡要用100%的人造纤维质材料，其颜色要和室内设计师所提供的样板相匹配。

6.3 工艺

除特别说明外，地毡应由一边墙铺至另一边墙，准确切割和抚平底垫上和地毡上隆起的部分，确保底垫的连接处紧密而没有重叠。地毡铺设和准备工作应由经过训练的、有经验的技术人员进行，并且按照地毡供应商所提供的方法施工。

所有地毡的缝合要求用有充分实践经验的技师用手工或机器缝合。每块材料面积应尽量大，避免地毡接驳处与砖材接驳处重合，且需保证完成面高度一致。

6.4 地毡的保护和清洗

地毡铺好后应立即用布保护不受污染、践踏，也要防止重体压在上面而留下压印。交付使用前应全面吸尘并用3 M保洁剂喷罩一次。

7. 油漆工作

7.1 工作范围

提供劳动力材料和其他材料，进行施工图中所规定的全部工作。

7.2 材料和工作品质

（1）各种不同油漆施工不一，均需按规定施工，并在没有完全干透或空气中有尘埃时，不能进行工作。

（2）要保证所有表面上的洞、裂缝和其他不足之处已预先修整好后方可进行油漆。

（3）每一道漆都要涂好，使每一部分（包括连接处接合点和角部等）都应涂上漆，但应避免过多油漆厚度不均匀，特别是边缘、角部和接合处。

（4）每一道漆之间要完全干透及用细砂纸打磨后方可涂刷下一道，如此反复三次。

（5）用大小适当的毛刷涂油漆，用胶质颜料打底色并且上油漆固定其表面。

（6）所有油漆应按生产商的要求用不同的稀释剂及底漆、面漆。

（7）油漆范围旁边的装修应用皱纹纸完全保护后方可进行施工。五金部分则要先拆下，油好、吹干后再安装上。

（8）承包公司按材料表于施工前提供色板给业主及设计师批准后方可施工。

（9）在涂刷油漆和待干过程中，要保持其表面干净和没有尘埃，保护刚涂刷油漆的表面涂层不受损坏。

7.3 准备打底色和嵌填上油漆

（1）准备。清除所有灰尘、秽物、污渍及油脂。

（2）打底。木骨架要在封板涂上防火漆，夹板要先涂防潮油。混凝土天花板要刮擦洗净，孔洞用新材料涂抹显出的斑点，然后涂上底涂层。金属制品要洗净磷化，并且用金属丝刷除去所有秽垢和锈，再涂上底涂层。

（3）木制品应洗净、擦净、除灰尘、上底漆、刮腻子、填补表面孔洞，使表面平滑以便再上油漆。

7.4 上油漆应按照油漆类型和颜色样板进行，任何与样板有偏差都必须经过筹建处和设计师同意。

8．铝板天花

（1）吊杆直径应在6 mm以上，吊点距离不大于1 000 mm。

（2）同一空间水平偏差不超过5 mm。

（3）必须使用甲方与设计师指定的产品。

9．地砖

（1）基层地面或楼面应符合设计要求，基层地面应平整、无明显凹凸不平。

（2）依设计放线，按板块尺寸弹出墨线形成方格网。

（3）在方格网十字交点处固定支座。

（4）调整支座托顶面高度至全部水平。

（5）将桁条放在支架上，用水平尺校正水平，然后放置板块。

（6）拼装地板块，调整板块水平度及缝隙。活动地板安装水平度在2 m内，不平度<3 mm，纵、横直线度为90°±3°。

（7）安装设备时必须注意保护面板，一般铺设5层胶合板采取临时性保护措施。

（8）块料行列（缝隙）对直线的偏差值在10 m长度内不得超过3 mm。

（9）地面各层表面对水平面或对设计坡度的偏差值不应大于房间相应尺寸的0.2%，但最大偏差不应大于30 mm。

10．天花吊顶工程

10.1 工作范围

（1）天花板悬挂部分，包括支撑照明和音响设备所需要的支撑物、框架或其他装置。

（2）悬挂该系统所需要的钓钩和其他附件。

（3）边缘修饰，夹层间隔。

（4）天花板材。

（5）照明装置。

（6）中央空气调节处理装置。

（7）音响系统。

（8）防火系统。

10.2 材料

（1）吊顶工程所选用材料的品种、规格、颜色以及基层构造、固定方法应符合规范与设计要求。

（2）吊顶龙骨在运输安装时，不得扔摔、碰撞，龙骨应平放，防止变形，各类面板不应有气泡、起皮、裂纹、缺角、污垢和图案不完整等缺陷，表面应平整，边缘应整齐，色泽应统一。

（3）紧固件宜采用镀锌制品，预埋的木件应作防腐处理。

10.3 运输和储存

（1）提交与样板同款且包装好的材料到工地现场，保持制造的木开封的包装以及品名和型号标牌。

（2）小心处理材料，储藏于有盖干燥、水密封套中。

10.4 防火处理

提供完整的天花材料组件，这些组件应达到相关法规规定的防火要求。

第三部分 装修材料耐火等级设计说明

1．使用功能

A型豪华单人房

2．装修内容

地面：进口花岗石，大理石铺地，地毡。

天花：轻钢龙骨单层石膏板吊顶油乳胶漆，卫生间天花双层轻钢龙骨埃特板，木夹板（油防火漆三遍）造型油乳胶漆。

墙、柱、面：局部木饰面，布艺饰面，特殊玻璃，墙纸，大理石。

3．装修材料耐火等级

大理石：A级

轻钢龙骨石膏板吊顶油乳胶漆：A级

双层轻钢龙骨埃特板：A级

轻钢龙骨石膏板，木夹板（油防火漆三遍）造型吊顶：B1级

银镜、玻璃、特殊玻璃：A级

阻燃地毡：B1级

局部木饰面，底油防火漆三遍：B1级

布艺及织物：B1、B2级

装饰工程设计图纸明细表

CODE 物料代号	DESCRIPTION 说　明	CODE 物料代号	DESCRIPTION 说　明
石料　STONE		石料　STONE	
ST01	金年华	ST07	浅色啡网
ST02	黑金砂	ST08	金碧辉煌
ST03	黄砂米黄	ST09	贵族米黄
ST04	罗马金	ST10	西施红
ST05	金丝麻石	ST11	云石马赛克
ST06	雅士白	ST12	法国木纹石

CODE 物料代号	DESCRIPTION 说　明	CODE 物料代号	DESCRIPTION 说　明	CODE 物料代号	DESCRIPTION 说　明	CODE 物料代号	DESCRIPTION 说　明
ST13	白砂石	ST49	山水纹大花白	ST85	玛瑙红		瓷砖　TILE
ST14	黑金砂火烧面起槽	ST50	万寿红	ST86	加拿大黑	T01	300 mm×300 mm米色抛光砖
ST15	黑金砂火烧面	ST51	丁香米黄	ST87	金世纪米黄	T02	100 mm×100 mm铜金色瓷砖
ST16	黑金砂花岗石	ST52	流星雨	ST88	银河白	T03	啡金色马赛克
ST17	白洞石	ST53	古堡灰	ST89	蓝眼睛	T04	300 mm×300 mm米色轴面瓷砖
ST18	黄洞石	ST54	黑伦金	ST90	彩虹玉石	T05	600 mm×600 mm米色轴面瓷砖
ST19	砂岩	ST55	赛金花	ST91	啡网金	T06	200 mm×200 mm米色轴面瓷砖
ST20	贝沙金	ST56	黄金天龙	ST92	柏丽金	T07	兰金马赛克
ST21	西米黄（斧剁面）	ST57	金贝壳（哑光面）	ST93	国产粉红麻	T08	玻璃马赛克
ST22	啡钻花岗石	ST58	金砂米黄	ST94	郁金香云石	T09	400 mm×400 mm黑色防滑地砖
ST23	凿面蒙古黑叠压	ST59	七彩玉石	ST95	法国黑	T10	贝壳马赛克
ST24	鹅卵石	ST60	热带雨林棕	ST96	玫瑰米黄		
ST25	黑金石	ST61	黄木纹	ST97	热带雨林棕（仿古面）		人造石　MAN－MADE STONE
ST26	粉红麻（开槽）	ST62	黄金洞石	ST98	金贝壳（自然面）	PM01	中灰色人造石
ST27	秀石	ST63	黑灰网	ST99	雪花白大理石		
ST28	青石板	ST64	西班牙金	ST101	凡高金		
ST29	咖啡金	ST65	世纪伴侣	ST102	凡高金（仿古面）		
ST30	蒙古黑火烧面	ST66	尼古拉斯	ST103	雅典灰		透光石　CRYSTAL MARBLE
ST31	黑金砂火开槽	ST67	世纪米黄	ST104	金丝白玉	FS01	米色人造透光石
ST32	红砂岩	ST68	罗莎绿	ST105	麻石斧剁面	FS02	米白色人造透光石
ST33	白麻火烧面	ST69	阿曼米黄	ST106	凯撒灰	FS03	米黄色人造透光石
ST34	松香玉	ST70	萨士比亚粉铝	ST107	西奈珍珠	FS04	仿木纹透光片
ST35	蒙古黑	ST71	意大利灰	ST108	西奈珍珠仿古面	FS05	米色透光云石
ST36	蒙古黑开槽	ST72	白沙米黄荔枝面	ST109	柏斯高灰	FS06	山水透光片
ST37	维纳斯白麻	ST73	伊丽莎白	ST110	地中海灰	FS07	浅绿色透光片
ST38	金蝴蝶米黄	ST74	金钱花	ST111	凯悦红		
ST39	金玛丽	ST75	白玫瑰	ST112	藏檀香木纹石		饰面板　WOOD
ST40	美姬塔米黄	ST76	东亚米黄	ST114	黄金海岸	WD01	花梨木
ST41	女王白	ST77	香格里拉黑	ST115	斯印米黄	WD02	黑檀木
ST42	法国灰	ST78	绿雨林	ST116	木纹黑	WD03	直纹枫木
ST43	咖啡洞石	ST79	冰花兰	ST117	中国黑	WD04	酸枝木
ST44	沙漠金	ST80	深啡网	ST118	芝麻黑（荔枝面）	WD05	LADN TAU
ST45	红孔石	ST81	琥珀棕	ST119	芝麻黑（火烧水洗面）	WD06	斑马木
ST46	金粉世家	ST82	黑白根	ST120	芝麻黑（光面）	WD07	白橡木
ST47	西班牙米黄	ST83	高蛟红	ST121	锈石（自然仿古面）	WD08	莎比利
ST48	云石马赛克拼花	ST84	杭灰	ST122	凯撒灰（拉丝）	WD09	白影木
				ST123	木纹石	WD10	麦哥利

CODE 物料代号	DESCRIPTION 说明	CODE 物料代号	DESCRIPTION 说明	CODE 物料代号	DESCRIPTION 说明	CODE 物料代号	DESCRIPTION 说明
WD11	金箔裂纹板	防火胶板	FIRE－PROOFING HECTO GRAPH	WC15	墙纸	GL29	黑色玻璃
WD12	红影木	PL01	木纹防火胶板	WC16	麻质墙布	GL30	有机玻璃
WD13	银箔玻纹板	PL02	米色防火胶板			GL31	金箔玻璃
WD14	银箔编织板			玻璃	GLASS	GL32	12 mm茶色玻璃
WD15	尼斯木	涂料	PAINT	GL01	12 mm钢化玻璃	GL33	琉璃
WD16	珍珠木（灰色）	PT01	白色乳胶漆	GL02	15 mm中空钢化玻璃	GL34	叠层艺术玻璃
WD17	米白色透光软膜	PT02	防潮浅米色乳胶漆	GL03	8 mm喷漆玻璃（米色）	GL35	蚀刻艺术玻璃
WD18	泰柚	PT03	浅杏色乳胶漆	GL04	8 mm清玻璃	GL36	黑色玻璃药水砂
WD19	人造黑胡桃木	PT04	深灰色乳胶漆	GL05	夹砂玻璃	GL37	10 mm钢化灰玻
WD20	水曲柳	PT05	茶色乳胶漆	GL06	5 mm喷砂玻璃	GL38	灰色玻璃
WD21	黑胡桃	PT06	红色喷漆	GL07	12 mm热浴玻璃	GL39	淡灰色烤漆玻璃
WD22	红橡木	PT07	灰色乳胶漆	GL08	10 mm钢化清玻		
WD23	铁刀木	PT08	防潮深色乳胶漆	GL09	19 mm钢化清玻	画线	LINE
WD24	栓木	PT09	浅米色乳胶漆	GL10	8 mm薄荷浅绿聚晶玻璃	MF01	100 mm铜金色画线
WD25	乌斑马	PT10	黑色乳胶漆	GL11	5 mm朦砂玻璃	MF02	金箔线
WD26	樱桃木	PT11	浅咖啡色乳胶漆	GL12	特殊玻璃（金箔）	MF03	银箔线
WD27	桃花蕊（球形）	PT12	艺术作料	GL13	叠烧玻璃	MF04	石膏角线
WD28	树榴木			GL14	冰裂玻璃		
WD29	松木			冰裂玻璃	10 mm蒙砂玻璃		
WD30	云纹板银箔推旧	墙纸	WALL COVERING	GL16	8 mm红色喷漆玻璃		
WD31	直纹桃花蕊	WC01	墙纸（办公室）	GL17	茶色夹丝玻璃		
WD32	非洲金影木	WC02	墙纸（商务中心）	GL18	12 mm茶色玻璃（腐蚀中文字）	特殊饰面	SPECIAL FINISH
WD33	排骨影木	WC04	麻质墙纸	GL19	19 mm钢化砂玻璃	SP01	金箔做旧
WD34	菠萝格木	WC05	墙纸	GL20	10 mm黑色烤漆玻璃	SP02	金箔做旧
WD35	枫木雀眼	WC06	墙纸	GL21	8 mm紫红色聚晶玻璃	SP03	金银箔混合
WD36	樱桃木编织	WC07	墙纸	GL22	8 mm砂玻璃	SP04	金箔做旧
WD37	灯芯胶板	WC08	墙纸	GL23	8 mm镜底磨砂水纹玻璃	SP05	金箔做旧
WD38	金影木	WC10	墙纸	GL24	12 mm钢化砂玻璃	SP06	金箔做旧
WD39	印度宏木	WC11	墙纸	GL25	5 mm银镜药水砂玻璃	SP07	银箔做旧
WD40	灰影木	WC12	墙纸	GL26	15 mm钢化清波	SP08	银箔做旧
WD41	灰像木	WC13	墙纸	GL27	8 mm茶玻璃	SP09	银箔做旧
WD42	安利哥	WC14	墙纸	GL28	夹丝玻璃	SP10	银箔做旧

CODE 物料代号	DESCRIPTION 说　明	CODE 物料代号	DESCRIPTION 说　明	CODE 物料代号	DESCRIPTION 说　明	CODE 物料代号	DESCRIPTION 说　明
金属　METAL		MR12	银药药水蒙砂	FA15	黑色此硬包	FA25	大堂窗帘
MT01	拉丝不锈钢			FA16	咖啡色皮	FA26	酒台窗帘
MT02	拉丝玫瑰金			FA17	黑色皮车白线	FA27	酒台窗纱
MT03	镜面不锈钢	地毯　CARPET		FA19	棕色墙布	FA28	西餐厅窗纱
MT04	3 mm铁皮	CA01	地毯	FA20	穿孔黑色皮	FA29	西餐厅窗帘
MT05	拉丝古铜	CA02	0×0块毡	FA21	灰色皮	FA30	蓝色绒布
MT06	砂面不锈钢	CA03	工艺块毡	FA22	米白色皮	FA31	棕色车线皮
MT07	金属丝帘			FA23	棕色编织皮	FA32	深棕色花纹皮
MT08	黑色砂钢			FA24	大堂窗纱		
MT09	电镀玫瑰金						
MT10	电镀黑漆不锈钢	窗帘　CURTAIN					
MT11	黑色不锈钢	FA01	窗帘				
		FA02	窗纱				
镜子　MIRROR		FA03	卷帘				
MR01	5 mm银镜	FA04	铜金色窗帘				
MR02	5 mm灰镜	FA05	铜金啡色窗帘				
MR03	5 mm茶镜	FA06	深卡奇色布				
MR04	金镜	FA07	红色布				
MR05	银镜	FA08	红色布				
MR06	磨砂镜	FA09	棕色布				
MR07	黑色镜	FA10	红色纱帘				
MR08	磨砂茶镜	FA11	红色玻璃球				
MR09	5 mm绿镜	FA12	金属砂帘				
MR10	玫瑰金镜	FA13	棕色布				
MR11	黑色蚀刻镜	FA14	紫红色纱帘				

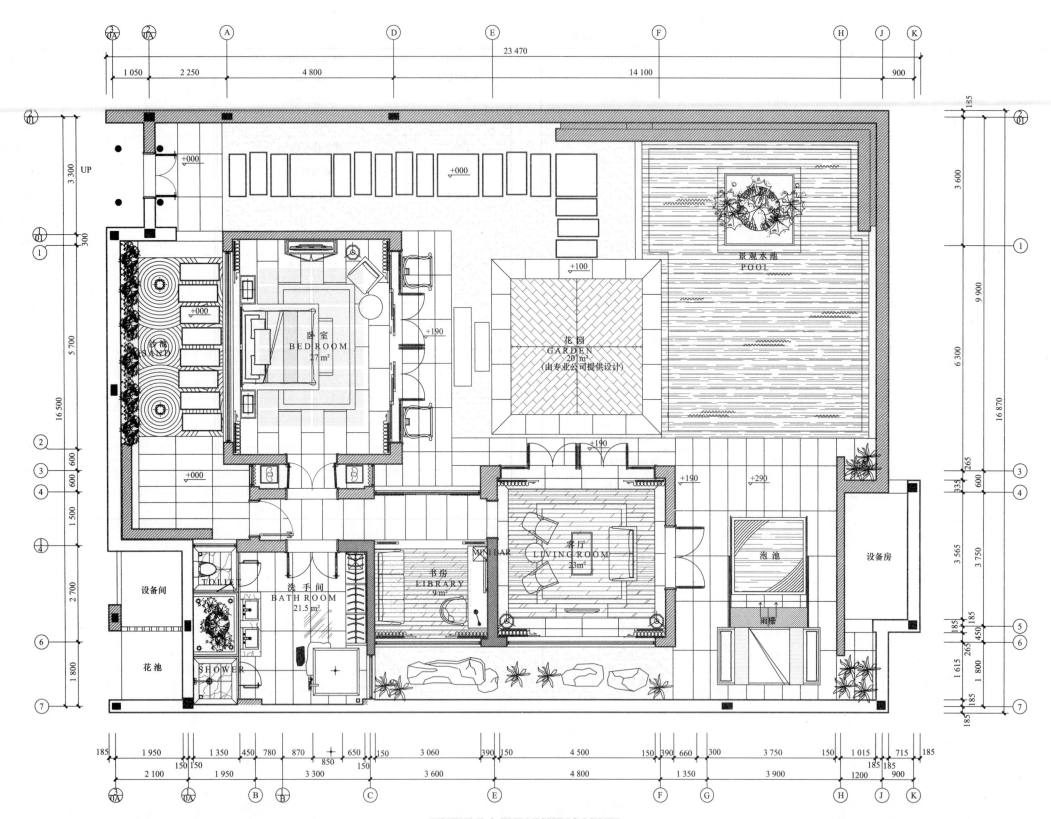

FIXTURE & FURNISHING LEVEL
平面布置图 SCALE 1 : 50

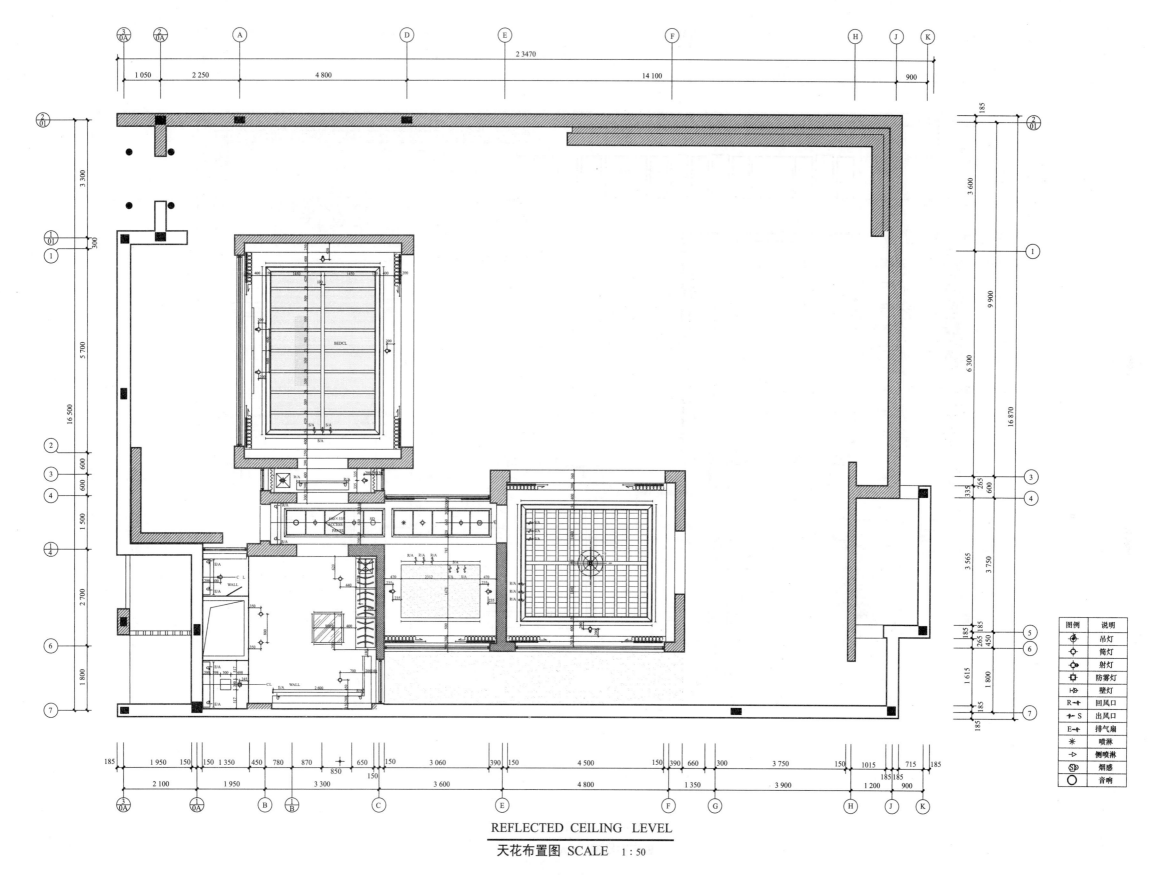

REFLECTED CEILING LEVEL

天花布置图 SCALE 1:50

图例	说明
	吊灯
	筒灯
	射灯
	防雾灯
	壁灯
R	回风口
S	出风口
E	排气扇
	喷淋
	侧喷淋
SD	烟感
	音响

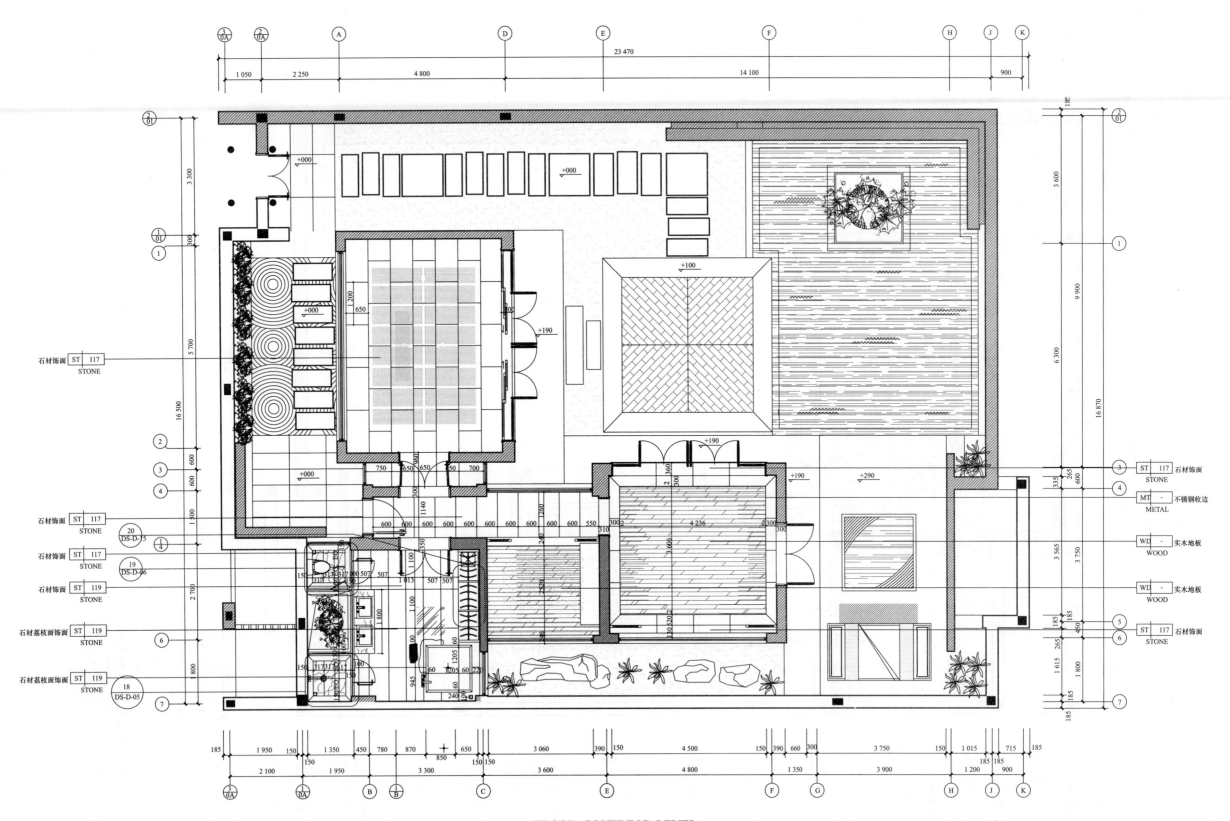

石材饰面 ST 117 STONE

石材饰面 ST 117 STONE

石材饰面 ST 117 STONE
20 DS-D-75

石材饰面 ST 117 STONE
19 DS-D-06

石材饰面 ST 119 STONE

石材荔枝面饰面 ST 119 STONE

石材荔枝面饰面 ST 119 STONE
18 DS-D-05

ST 117 石材饰面 STONE

MT - 不锈钢收边 METAL

WD - 实木地板 WOOD

WD - 实木地板 WOOD

ST 117 石材饰面 STONE

FLOOR COVERING LEVEL

地坪布置图 SCALE 1:50

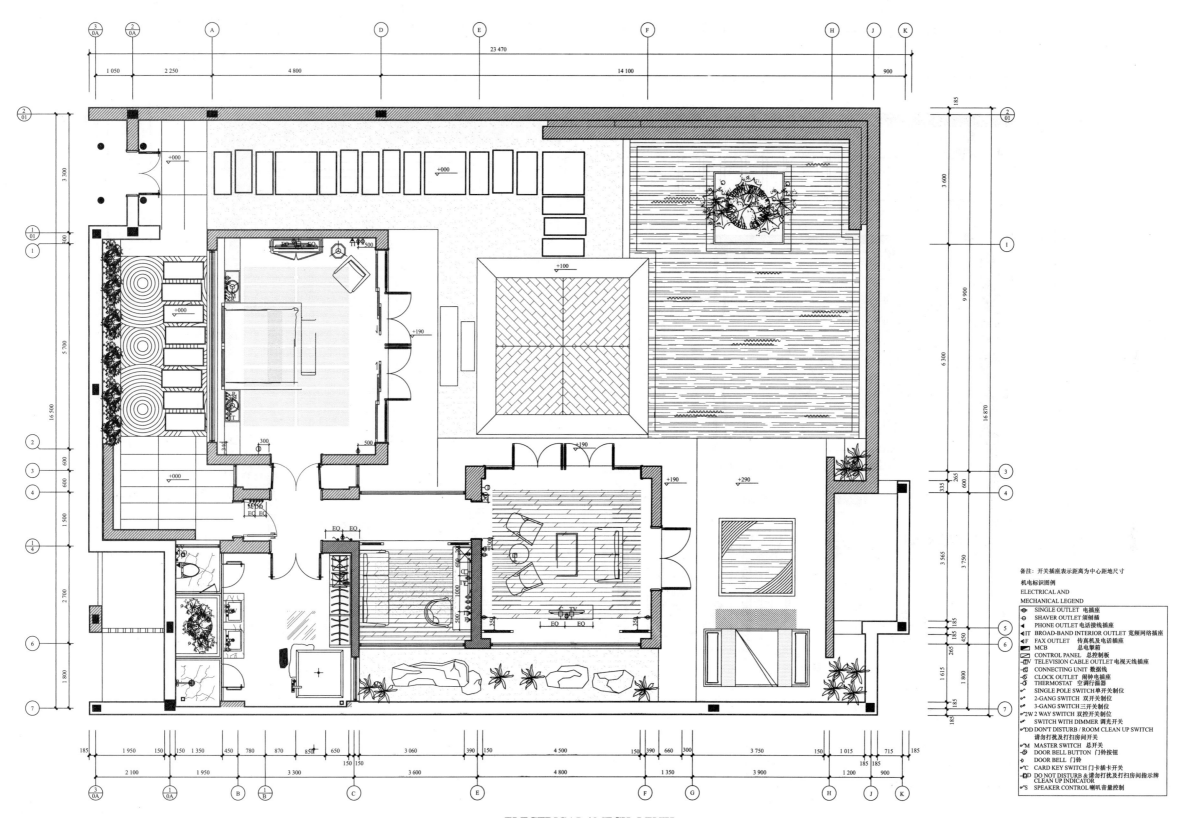

ELECTRICAL / MECH. LEVEL

机电布置图 SCALE 1：50

机电标识图例

ELECTRICAL AND MECHANICAL LEGEND

备注：开关插座表示距离为中心距地尺寸

⊕	SINGLE OUTLET	电插座
⊖	SHAVER OUTLET	须刨插
◐	PHONE OUTLET	电话线插座
IT	BROAD-BAND INTERIOR OUTLET	宽频网络插座
F	FAX OUTLET	传真机及电话插座
	MCB	总电掣箱
	CONTROL PANEL	总控制板
TV	TELEVISION CABLE OUTLET	电视天线插座
	CONNECTING UNIT	数据线
	CLOCK OUTLET	闹钟电插座
	THERMOSTAT	空调行温器
	SINGLE POLE SWITCH	单开关制位
	2-GANG SWITCH	双开关制位
	3-GANG SWITCH	三开关制位
2W	2 WAY SWITCH	双控开关制位
	SWITCH WITH DIMMER	调光开关
DD	DON'T DISTURB / ROOM CLEAN UP SWITCH 请勿打扰及打扫房间开关	
M	MASTER SWITCH	总开关
	DOOR BELL BUTTON	门铃按钮
	DOOR BELL	门铃
C	CARD KEY SWITCH	门卡插卡开关
DD	DO NOT DISTURB & 请勿打扰及打扫房间指示牌 CLEAN UP INDICATOR	
S	SPEAKER CONTROL	喇叭音量控制

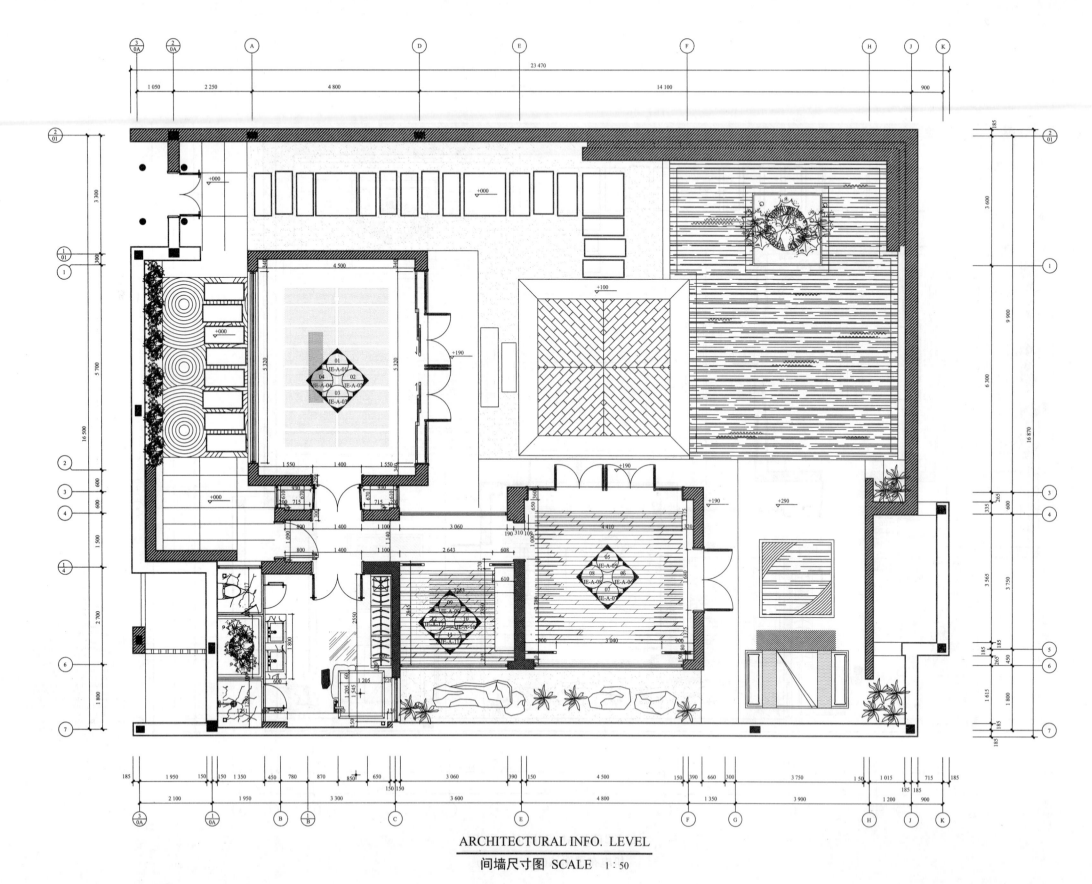

ARCHITECTURAL INFO. LEVEL

间墙尺寸图 SCALE 1:50

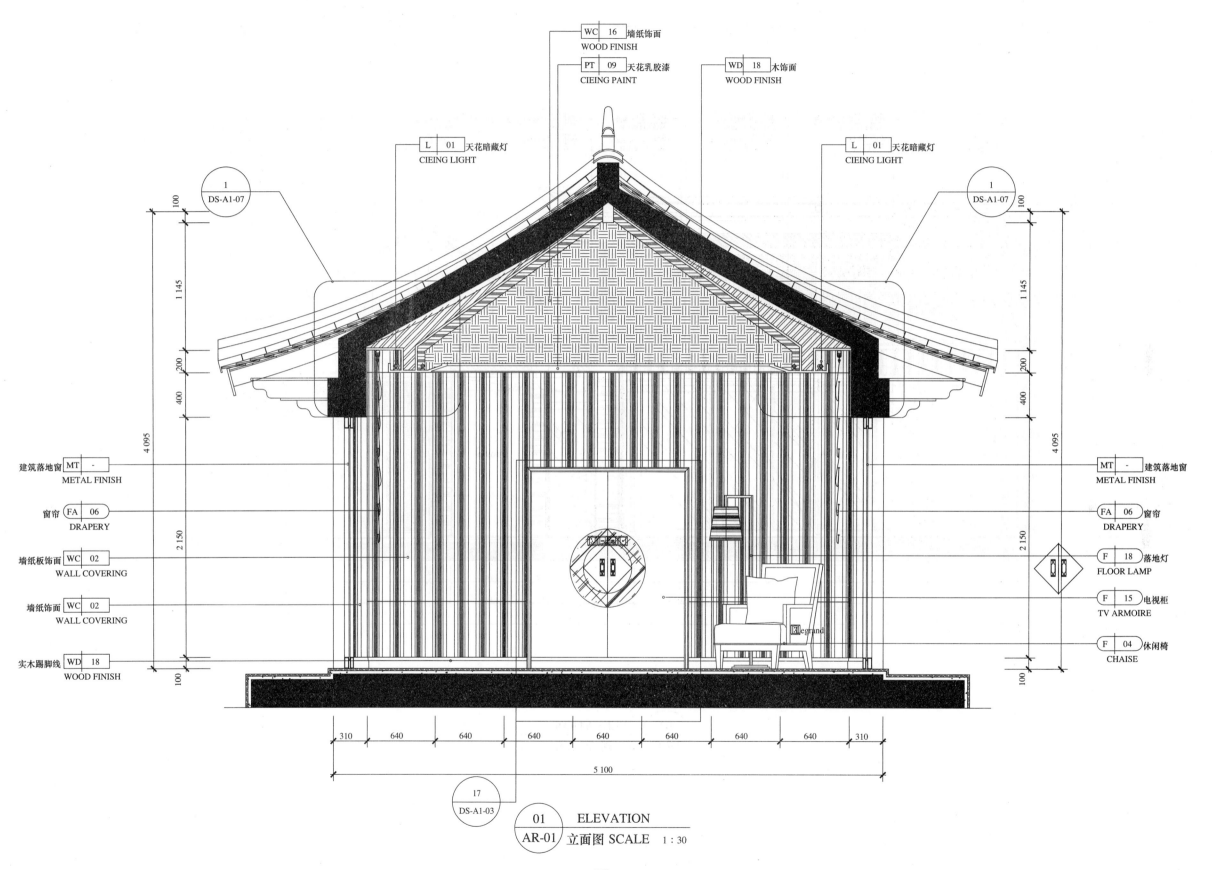

WC | 16 | 墙纸饰面
WOOD FINISH

PT | 09 | 天花乳胶漆
CIEING PAINT

WD | 18 | 木饰面
WOOD FINISH

L | 01 | 天花暗藏灯
CIEING LIGHT

L | 01 | 天花暗藏灯
CIEING LIGHT

1
DS-A1-07

1
DS-A1-07

建筑落地窗 MT | -
METAL FINISH

MT | - | 建筑落地窗
METAL FINISH

窗帘 FA | 06
DRAPERY

FA | 06 | 窗帘
DRAPERY

墙纸板饰面 WC | 02
WALL COVERING

F | 18 | 落地灯
FLOOR LAMP

墙纸饰面 WC | 02
WALL COVERING

F | 15 | 电视柜
TV ARMOIRE

实木踢脚线 WD | 18
WOOD FINISH

F | 04 | 休闲椅
CHAISE

310 640 640 640 640 640 640 640 310

5 100

17
DS-A1-03

01
AR-01 | ELEVATION
立面图 SCALE 1 : 30

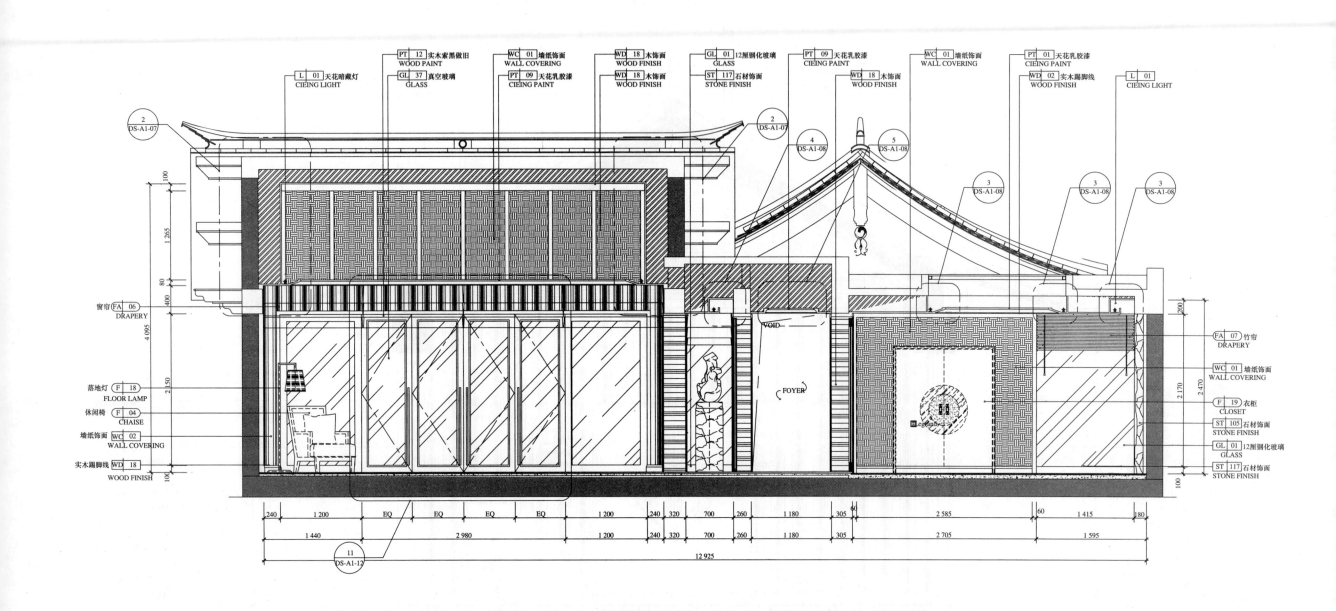

PT 12 实木索黑做旧
WOOD PAINT
GL 37 真空玻璃
GLASS

WC 01 墙纸饰面
WALL COVERING
PT 09 天花乳胶漆
CIEING PAINT

WD 18 木饰面
WOOD FINISH
WD 18 木饰面
WOOD FINISH

GL 01 12厘钢化玻璃
GLASS
ST 117 石材饰面
STONE FINISH

PT 09 天花乳胶漆
CIEING PAINT

WD 18 木饰面
WOOD FINISH

WC 01 墙纸饰面
WALL COVERING

PT 01 天花乳胶漆
CIEING PAINT

WD 02 实木踢脚线
WOOD FINISH

L 01
CIEING LIGHT

L 01 天花暗藏灯
CIEING LIGHT

2
DS-A1-07

2
DS-A1-07

4
DS-A1-08

5
DS-A1-08

3
DS-A1-08

3
DS-A1-08

3
DS-A1-08

100

1 265

80

400

4 095

2 150

100

窗帘 FA 06
DRAPERY

落地灯 F 18
FLOOR LAMP
休闲椅 F 04
CHAISE
墙纸饰面 WC 02
WALL COVERING
实木踢脚线 WD 18
WOOD FINISH

VOID

FOYER

FA 07 竹帘
DRAPERY
WC 01 墙纸饰面
WALL COVERING
F 19 衣柜
CLOSET
ST 105 石材饰面
STONE FINISH
GL 01 12厘钢化玻璃
GLASS
ST 117 石材饰面
STONE FINISH

200

2 170

2 470

100

240 | 1 200 | EQ | EQ | EQ | EQ | 1 200 | 240 | 320 | 700 | 260 | 1 180 | 305 | 60 | 2 585 | 60 | 1 415 | 180

1 440 | 2 980 | 1 200 | 240 | 320 | 700 | 260 | 1 180 | 305 | 2 705 | 1 595

11
DS-A1-12

12 925

02   **ELEVATION**
AR-01 立面图 SCALE   1:30

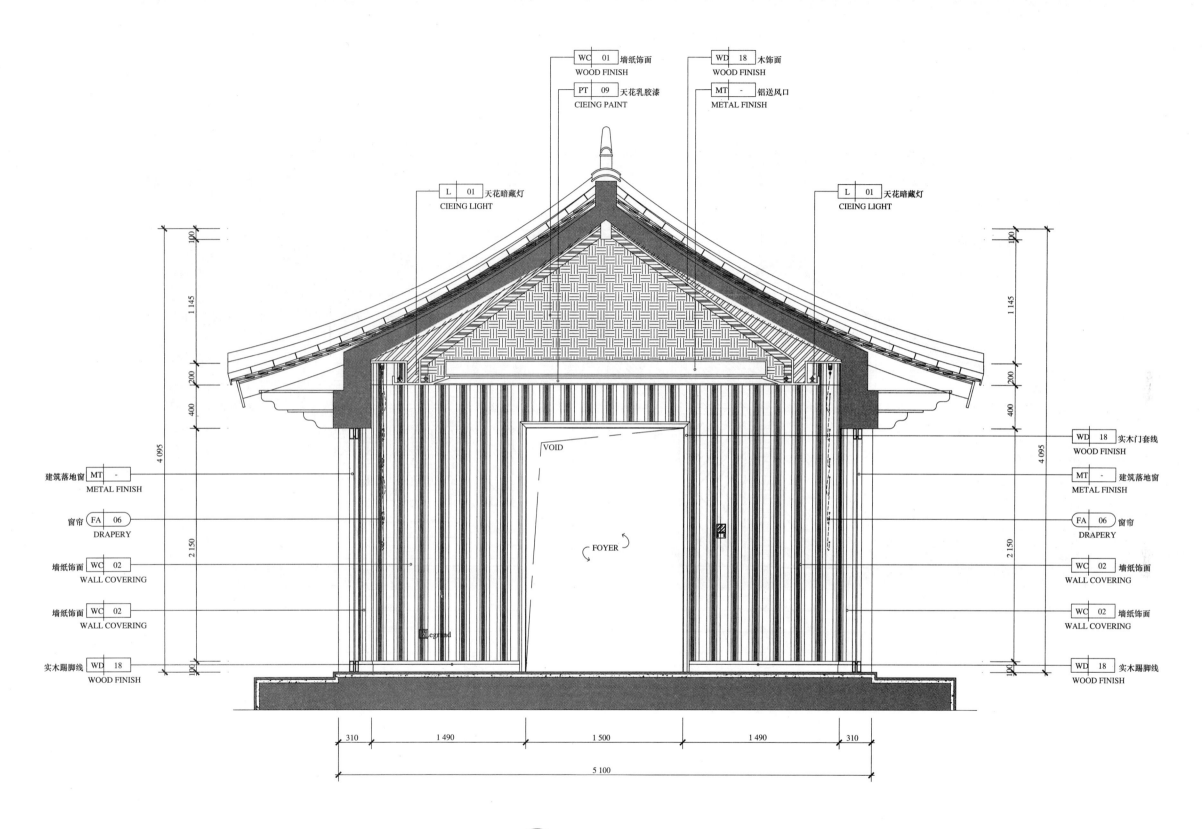

WD 18 木饰面
WOOD FINISH

PT 09 天花乳胶漆
CIEING PAINT

MT - 铝送风口
METAL FINISH

L 01 天花暗藏灯
CIEING LIGHT

L 01 天花暗藏灯
CIEING LIGHT

WD 18 实木门套线
WOOD FINISH

VOID

建筑落地窗 MT -
METAL FINISH

MT - 建筑落地窗
METAL FINISH

窗帘 FA 06
DRAPERY

FA 06 窗帘
DRAPERY

FOYER

墙纸饰面 WC 02
WALL COVERING

WC 02 墙纸饰面
WALL COVERING

墙纸饰面 WC 02
WALL COVERING

WC 02 墙纸饰面
WALL COVERING

Legrand

实木踢脚线 WD 18
WOOD FINISH

WD 18 实木踢脚线
WOOD FINISH

1 145 · 200 · 400 · 4 095 · 2 150 · 100

310 · 1 490 · 1 500 · 1 490 · 310

5 100

03 ELEVATION
AR-01 立面图 SCALE 1 : 30

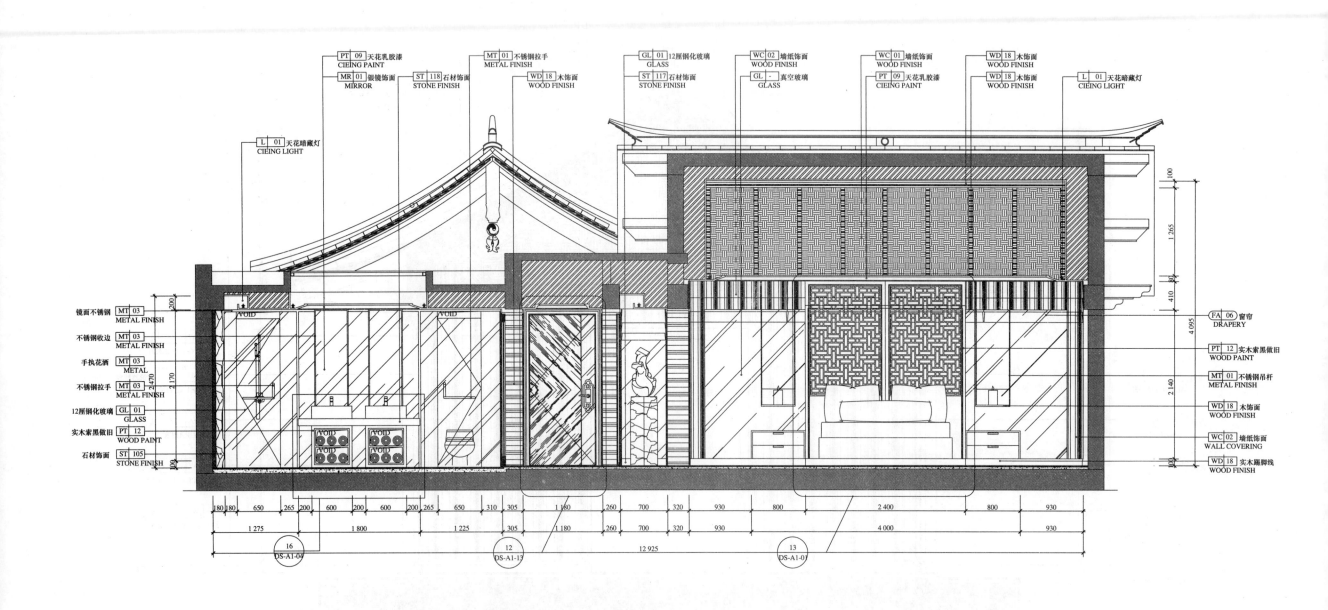

PT 09 天花乳胶漆
CIEING PAINT

MR 01 银镜饰面
MIRROR

ST 118 石材饰面
STONE FINISH

MT 01 不锈钢拉手
METAL FINISH

WD 18 木饰面
WOOD FINISH

GL 01 12厘钢化玻璃
GLASS

ST 117 石材饰面
STONE FINISH

WC 02 墙纸饰面
WOOD FINISH

GL - 真空玻璃
GLASS

WC 01 墙纸饰面
WOOD FINISH

PT 09 天花乳胶漆
CIEING PAINT

WD 18 木饰面
WOOD FINISH

WD 18 木饰面
WOOD FINISH

L 01 天花暗藏灯
CIEING LIGHT

L 01 天花暗藏灯
CIEING LIGHT

镜面不锈钢 MT 03
METAL FINISH

不锈钢收边 MT 03
METAL FINISH

手执花洒 MT 03
METAL

不锈钢拉手 MT 03
METAL FINISH

12厘钢化玻璃 GL 01
GLASS

实木索黑做旧 PT 12
WOOD PAINT

石材饰面 ST 105
STONE FINISH

FA 06 窗帘
DRAPERY

PT 12 实木索黑做旧
WOOD PAINT

MT 01 不锈钢吊杆
METAL FINISH

WD 18 木饰面
WOOD FINISH

WC 02 墙纸饰面
WALL COVERING

WD 18 实木踢脚线
WOOD FINISH

04 ELEVATION
AR-01 立面图 SCALE 1:30

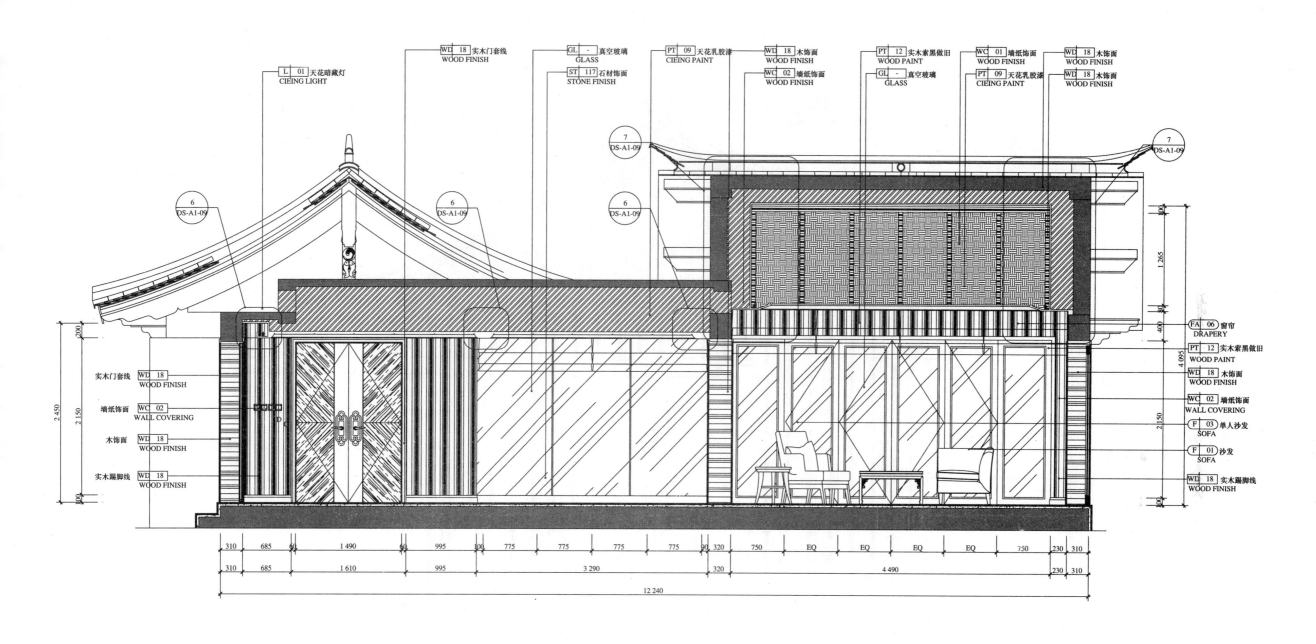

WD 18 实木门套线
WOOD FINISH

GL - 真空玻璃
GLASS

ST 117 石材饰面
STONE FINISH

PT 09 天花乳胶漆
CIEING PAINT

WD 18 木饰面
WOOD FINISH

WC 02 墙纸饰面
WOOD FINISH

PT 12 实木索黑做旧
WOOD PAINT

GL - 真空玻璃
GLASS

WC 01 墙纸饰面
WALL COVERING

PT 09 天花乳胶漆
CIEING PAINT

WD 18 木饰面
WOOD FINISH

WD 18 木饰面
WOOD FINISH

L 01 天花暗藏灯
CIEING LIGHT

7 DS-A1-09

6 DS-A1-09

6 DS-A1-09

6 DS-A1-09

7 DS-A1-09

实木门套线 WD 18 木饰面
WOOD FINISH

墙纸饰面 WC 02 墙纸饰面
WALL COVERING

木饰面 WD 18 木饰面
WOOD FINISH

实木踢脚线 WD 18 木饰面
WOOD FINISH

FA 06 窗帘
DRAPERY

PT 12 实木索黑做旧
WOOD PAINT

WD 18 木饰面
WOOD FINISH

WC 02 墙纸饰面
WALL COVERING

F 03 单人沙发
SOFA

F 01 沙发
SOFA

WD 18 实木踢脚线
WOOD FINISH

310 685 60 1 490 60 995 100 775 775 775 775 20 320 750 EQ EQ EQ EQ 750 230 310

310 685 1 610 995 3 290 320 4 490 230 310

12 240

05 ELEVATION
AR-01 立面图 SCALE 1:30

· 79 ·

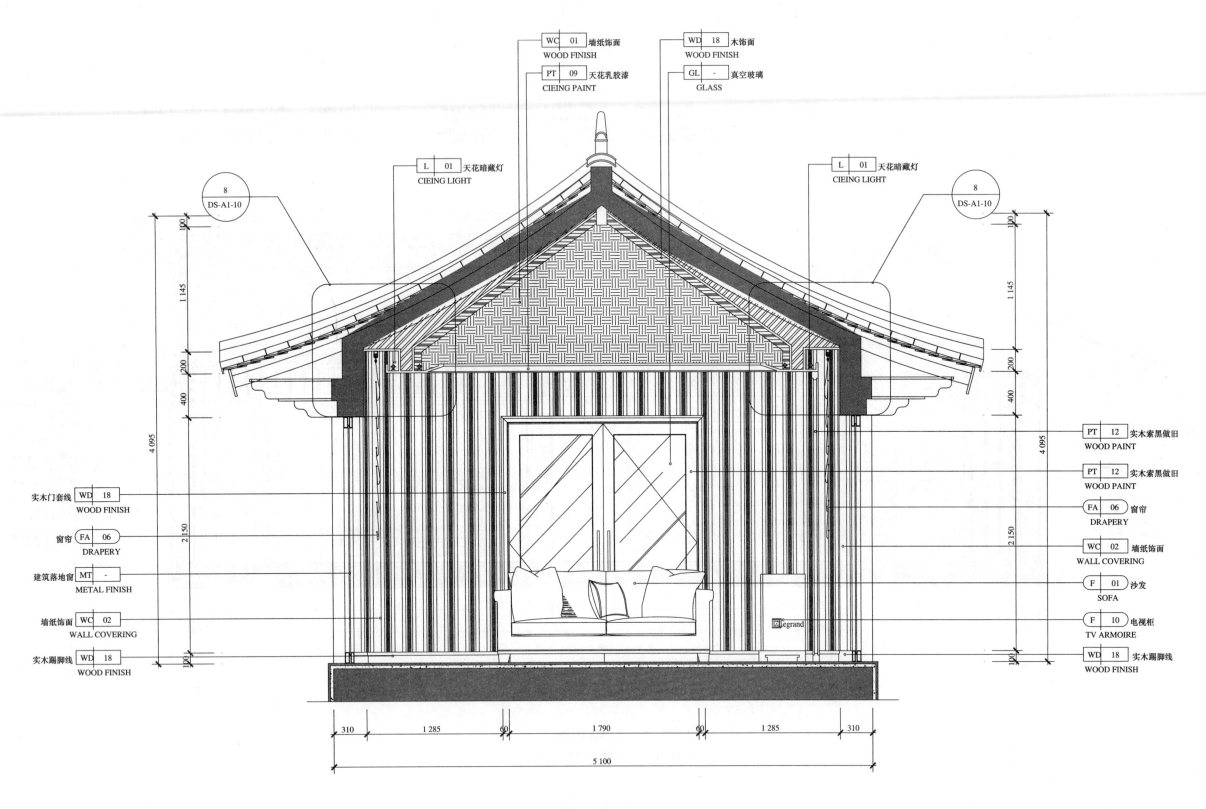

| WC | 01 | 墙纸饰面 |
WOOD FINISH

| WD | 18 | 木饰面 |
WOOD FINISH

| PT | 09 | 天花乳胶漆 |
CIEING PAINT

| GL | - | 真空玻璃 |
GLASS

| L | 01 | 天花暗藏灯 |
CIEING LIGHT

| L | 01 | 天花暗藏灯 |
CIEING LIGHT

(8)
DS-A1-10

(8)
DS-A1-10

1 145

200

400

4 095

实木索黑做旧 | PT | 12 |
WOOD PAINT

实木索黑做旧 | PT | 12 |
WOOD PAINT

实木门套线 | WD | 18 |
WOOD FINISH

窗帘 (FA | 06)
DRAPERY

建筑落地窗 | MT | - |
METAL FINISH

墙纸饰面 | WC | 02 |
WALL COVERING

实木踢脚线 | WD | 18 |
WOOD FINISH

窗帘 (FA | 06)
DRAPERY

| WC | 02 | 墙纸饰面 |
WALL COVERING

(F | 01) 沙发
SOFA

(F | 10) 电视柜
TV ARMOIRE

| WD | 18 | 实木踢脚线 |
WOOD FINISH

2 150

1 145

200

400

4 095

2 150

310   1 285   60   1 790   60   1 285   310

5 100

(06) ELEVATION
(AR-01) 立面图 SCALE   1 : 30

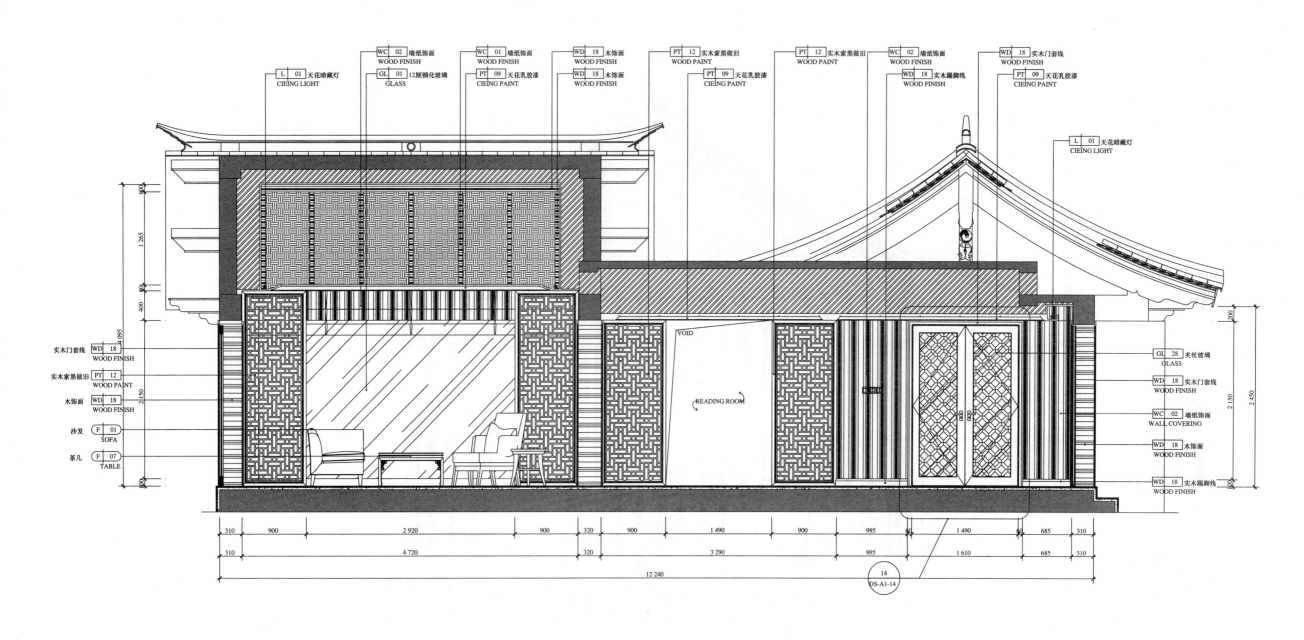

WC 02 墙纸饰面
WOOD FINISH

WC 01 墙纸饰面
WOOD FINISH

WD 18 木饰面
WOOD FINISH

PT 12 实木索黑做旧
WOOD PAINT

PT 12 实木索黑做旧
WOOD PAINT

WC 02 墙纸饰面
WOOD FINISH

WD 18 实木门套线
WOOD FINISH

L 01 天花暗藏灯
CIEING LIGHT

GL 01 12厘钢化玻璃
GLASS

PT 09 天花乳胶漆
CIEING PAINT

WD 18 木饰面
WOOD FINISH

PT 09 天花乳胶漆
CIEING PAINT

WD 18 实木踢脚线
WOOD FINISH

PT 09 天花乳胶漆
CIEING PAINT

L 01 天花暗藏灯
CIEING LIGHT

实木门套线 WD 18
WOOD FINISH

实木索黑做旧 PT 12
WOOD PAINT

木饰面 WD 18
WOOD FINISH

沙发 F 01
SOFA

茶几 F 07
TABLE

VOID

READING ROOM

GL 28 爽丝玻璃
GLASS

WD 18 实木门套线
WOOD FINISH

WC 02 墙纸饰面
WALL COVERING

WD 18 木饰面
WOOD FINISH

WD 18 实木踢脚线
WOOD FINISH

310 900 2 920 900 320 900 1 490 900 995 1 490 685 310

310 4 720 320 3 290 995 1 610 685 310

12 240

14
DS-A1-14

07   ELEVATION
AR-01 立面图 SCALE 1 : 30

· 81 ·

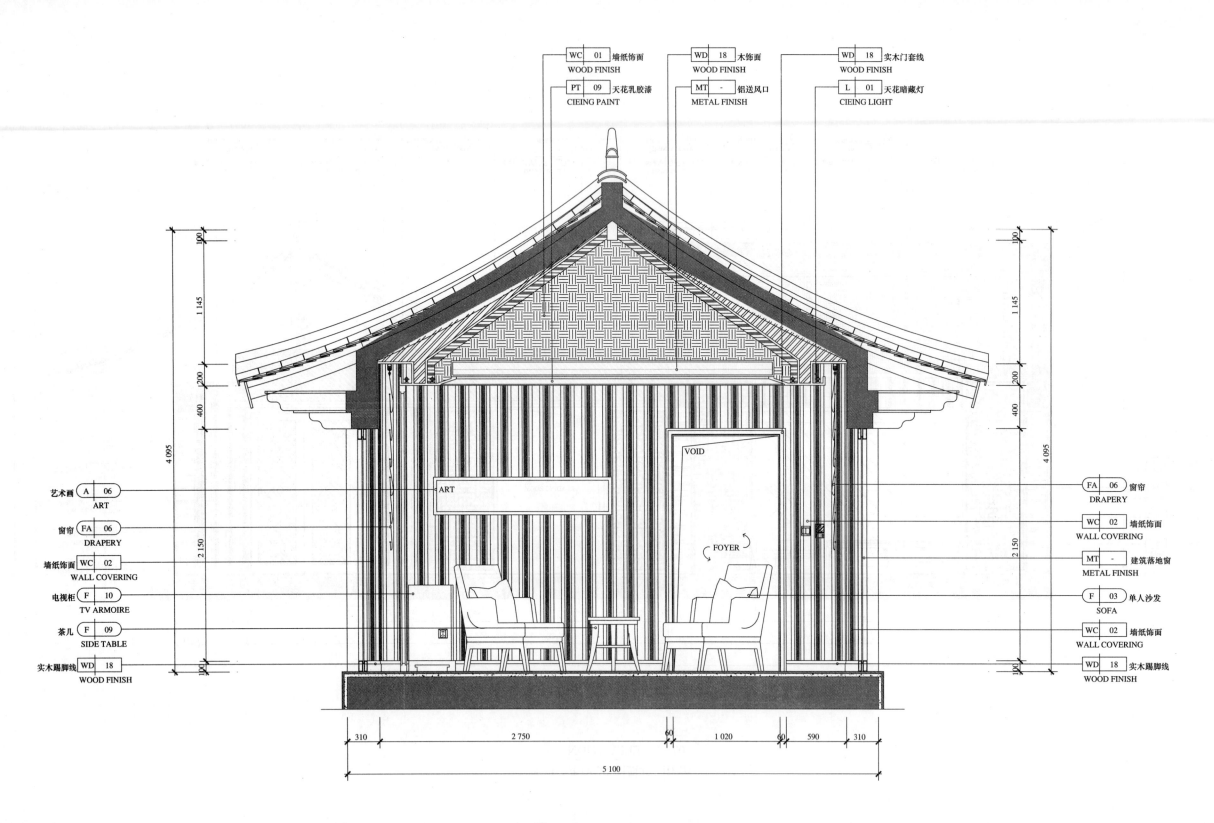

WC 01 墙纸饰面
WOOD FINISH

PT 09 天花乳胶漆
CIEING PAINT

WD 18 木饰面
WOOD FINISH

MT - 铝送风口
METAL FINISH

WD 18 实木门套线
WOOD FINISH

L 01 天花暗藏灯
CIEING LIGHT

艺术画 A 06
ART

窗帘 FA 06
DRAPERY

墙纸饰面 WC 02
WALL COVERING

电视柜 F 10
TV ARMOIRE

茶几 F 09
SIDE TABLE

实木踢脚线 WD 18
WOOD FINISH

FA 06 窗帘
DRAPERY

WC 02 墙纸饰面
WALL COVERING

MT - 建筑落地窗
METAL FINISH

F 03 单人沙发
SOFA

WC 02 墙纸饰面
WALL COVERING

WD 18 实木踢脚线
WOOD FINISH

ART

VOID

FOYER

310 2 750 60 1 020 60 590 310

5 100

08 ELEVATION
AR-01 立面图 SCALE 1 : 30

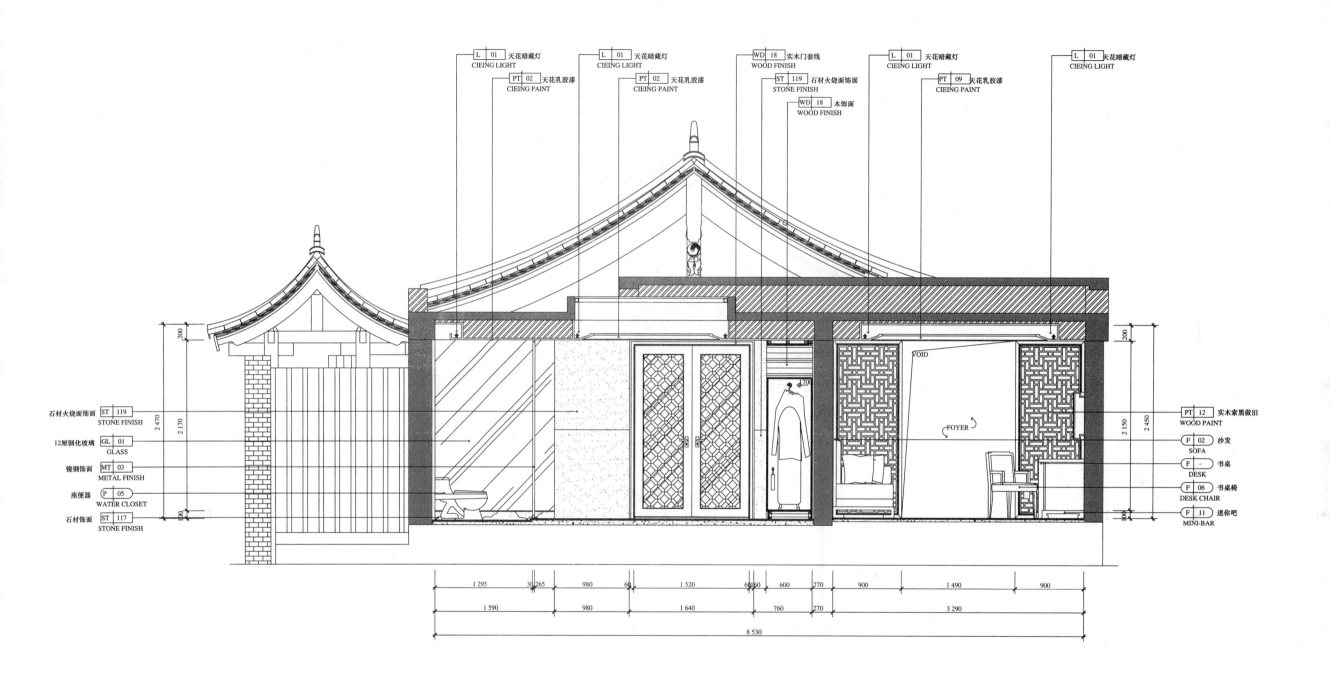

L 01 天花暗藏灯
CIEING LIGHT

PT 02 天花乳胶漆
CIEING PAINT

L 01 天花暗藏灯
CIEING LIGHT

PT 02 天花乳胶漆
CIEING PAINT

WD 18 实木门套线
WOOD FINISH

ST 119 石材火烧面饰面
STONE FINISH

WD 18 木饰面
WOOD FINISH

L 01 天花暗藏灯
CIEING LIGHT

PT 09 天花乳胶漆
CIEING PAINT

L 01 天花暗藏灯
CIEING LIGHT

石材火烧面饰面 ST 119
STONE FINISH

12厘钢化玻璃 GL 01
GLASS

镜钢饰面 MT 03
METAL FINISH

座便器 P 05
WATER CLOSET

石材饰面 ST 117
STONE FINISH

VOID

FOYER

PT 12 实木索黑做旧
WOOD PAINT

F 02 沙发
SOFA

F － 书桌
DESK

F 06 书桌椅
DESK CHAIR

F 11 迷你吧
MINI-BAR

1 295 30 265 980 60 1 520 60 60 600 270 900 1 490 900

1 590 980 1 640 760 270 3 290

8 530

09 / AR-01 ELEVATION
立面图 SCALE 1 : 30

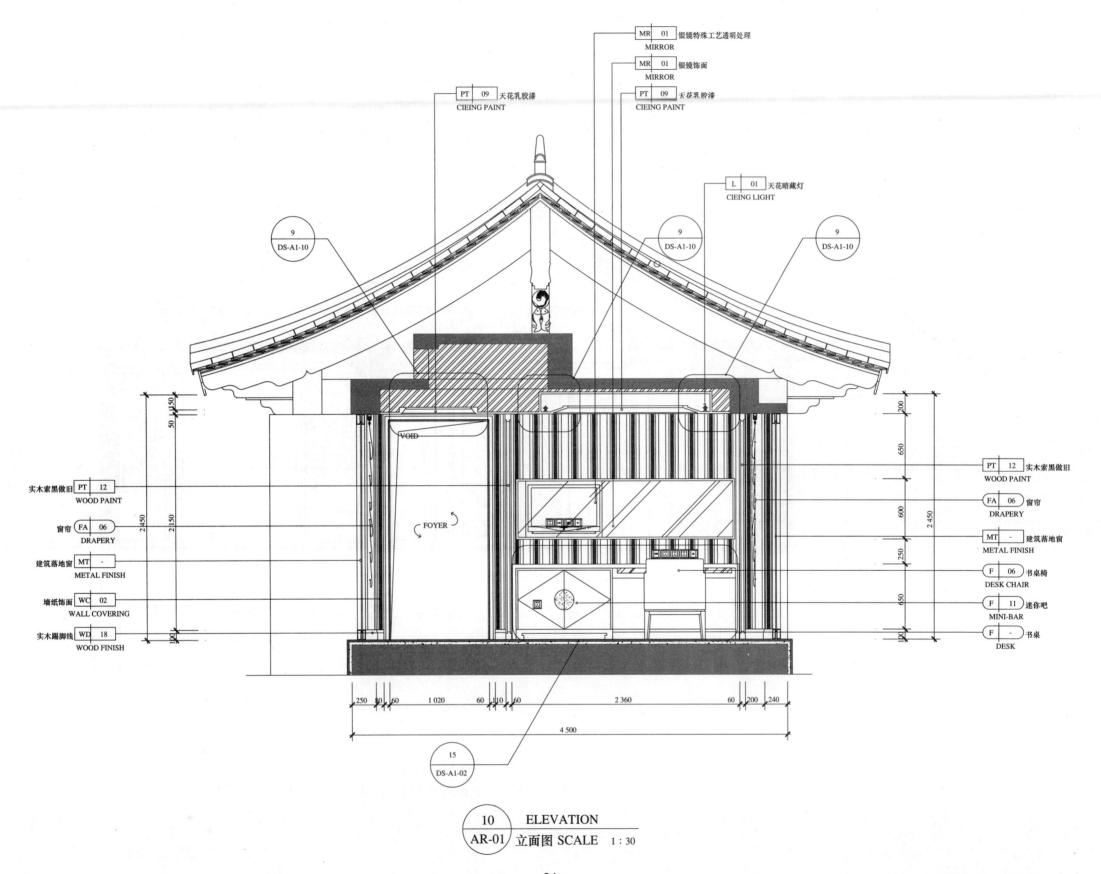

MR 01 银镜特殊工艺透明处理
MIRROR

MR 01 银镜饰面
MIRROR

PT 09 天花乳胶漆
CIEING PAINT

PT 09 天花乳胶漆
CIEING PAINT

L 01 天花暗藏灯
CIEING LIGHT

9
DS-A1-10

9
DS-A1-10

9
DS-A1-10

VOID

FOYER

实木索黑做旧 PT 12
WOOD PAINT

窗帘 FA 06
DRAPERY

建筑落地窗 MT -
METAL FINISH

墙纸饰面 WC 02
WALL COVERING

实木踢脚线 WD 18
WOOD FINISH

PT 12 实木索黑做旧
WOOD PAINT

FA 06 窗帘
DRAPERY

MT - 建筑落地窗
METAL FINISH

F 06 书桌椅
DESK CHAIR

F 11 迷你吧
MINI-BAR

F - 书桌
DESK

50 150
2450 2150

200
650 2450
600
250
650

250 80 60 1 020 60 110 60 2 360 60 200 240

4 500

15
DS-A1-02

10 ELEVATION
AR-01 立面图 SCALE 1 : 30

· 84 ·

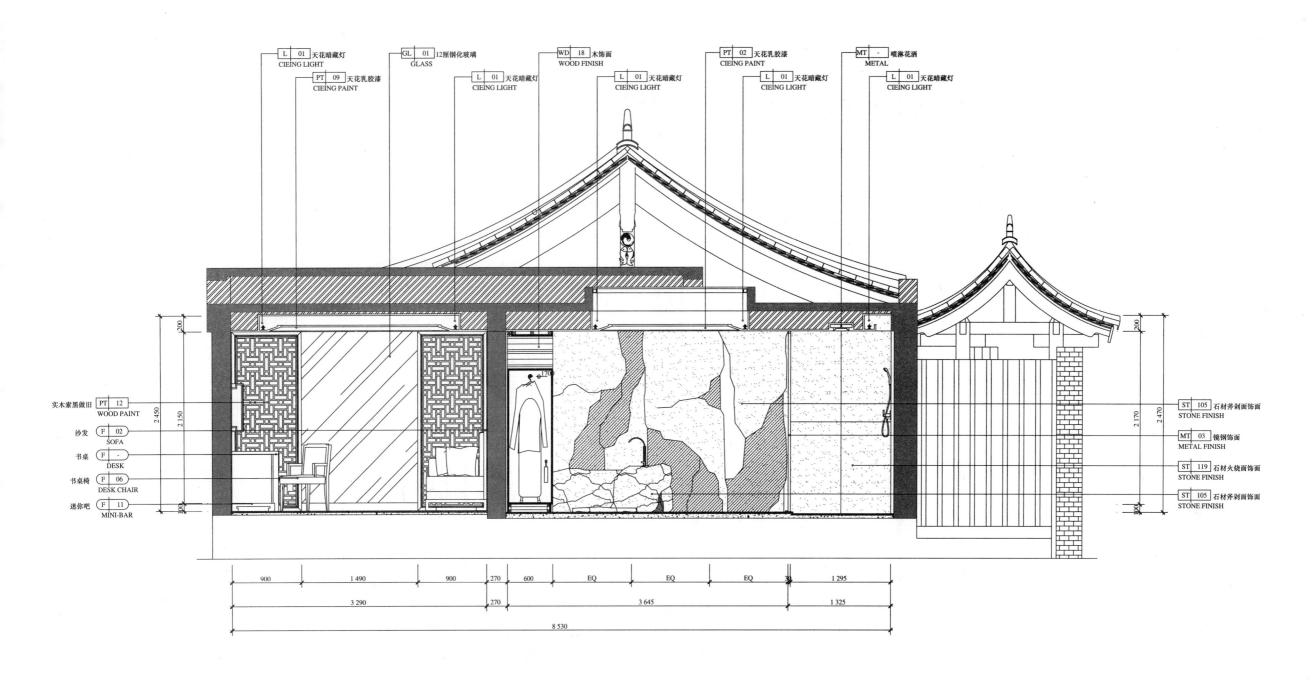

L | 01 天花暗藏灯
CIEING LIGHT

PT | 09 天花乳胶漆
CIEING PAINT

GL | 01 12厘钢化玻璃
GLASS

L | 01 天花暗藏灯
CIEING LIGHT

WD | 18 木饰面
WOOD FINISH

L | 01 天花暗藏灯
CIEING LIGHT

PT | 02 天花乳胶漆
CIEING PAINT

L | 01 天花暗藏灯
CIEING LIGHT

MT | - 喷淋花洒
METAL

L | 01 天花暗藏灯
CIEING LIGHT

实木索黑做旧 PT | 12
WOOD PAINT

沙发 F | 02
SOFA

书桌 F | -
DESK

书桌椅 F | 06
DESK CHAIR

迷你吧 F | 11
MINI-BAR

ST | 105 石材斧剁面饰面
STONE FINISH

MT | 03 镜钢饰面
METAL FINISH

ST | 119 石材火烧面饰面
STONE FINISH

ST | 105 石材斧剁面饰面
STONE FINISH

200   2 450   2 150   2 170   2 470   200

900   1 490   900   270   600   EQ   EQ   EQ   1 295

3 290   270   3 645   1 325

8 530

11
AR-01

ELEVATION
立面图 SCALE 1 : 30

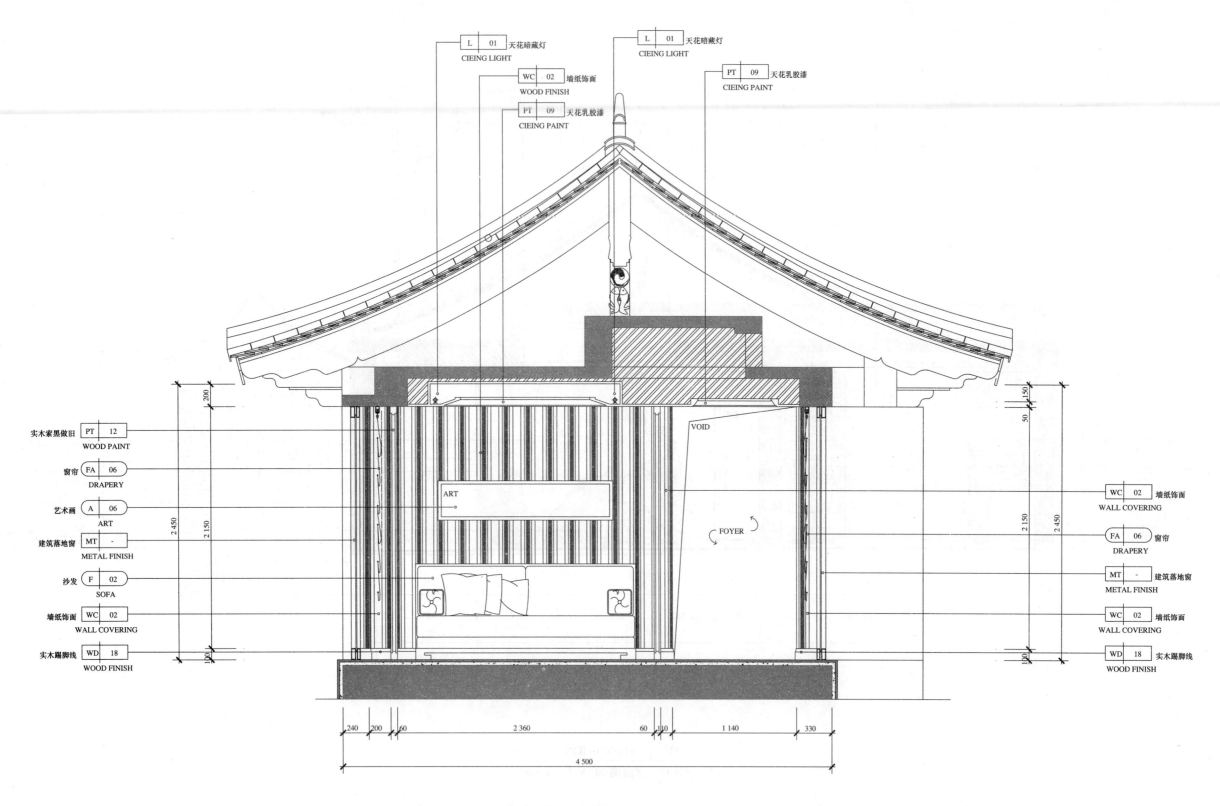

| L | 01 | 天花暗藏灯
CIEING LIGHT |
| L | 01 | 天花暗藏灯
CIEING LIGHT |

| WC | 02 | 墙纸饰面
WOOD FINISH |

| PT | 09 | 天花乳胶漆
CIEING PAINT |

| PT | 09 | 天花乳胶漆
CIEING PAINT |

实木索黑做旧 | PT | 12 | WOOD PAINT

窗帘 | FA | 06 | DRAPERY

艺术画 | A | 06 | ART

建筑落地窗 | MT | - | METAL FINISH

沙发 | F | 02 | SOFA

墙纸饰面 | WC | 02 | WALL COVERING

实木踢脚线 | WD | 18 | WOOD FINISH

VOID

ART

FOYER

| WC | 02 | 墙纸饰面
WALL COVERING |

| FA | 06 | 窗帘
DRAPERY |

| MT | - | 建筑落地窗
METAL FINISH |

| WC | 02 | 墙纸饰面
WALL COVERING |

| WD | 18 | 实木踢脚线
WOOD FINISH |

200 2 450 2 150 100

50 150 2 150 2 450 100

240 200 60 2 360 60 110 1 140 330

4 500

12
AR-01 **ELEVATION**
立面图 SCALE 1 : 30

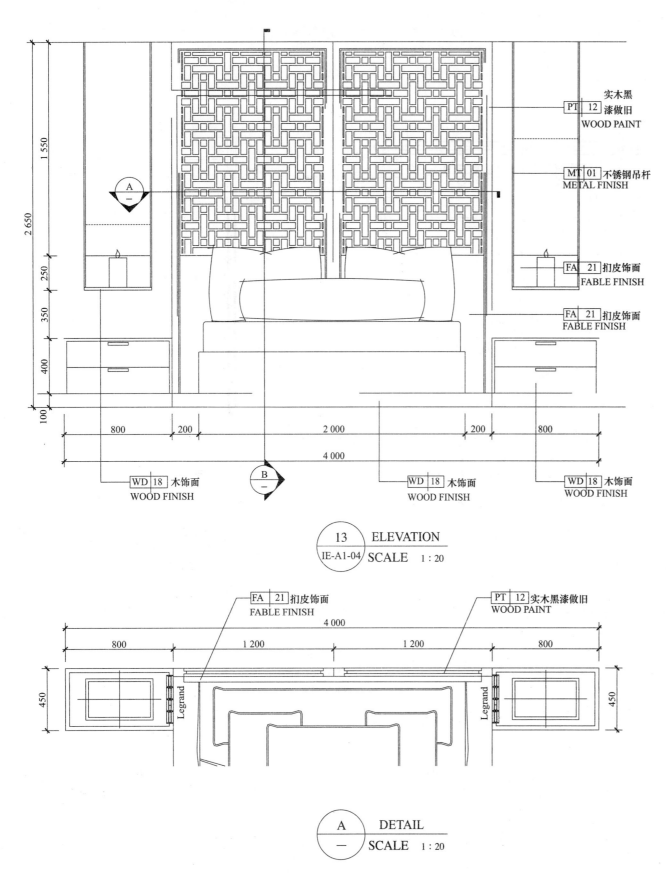
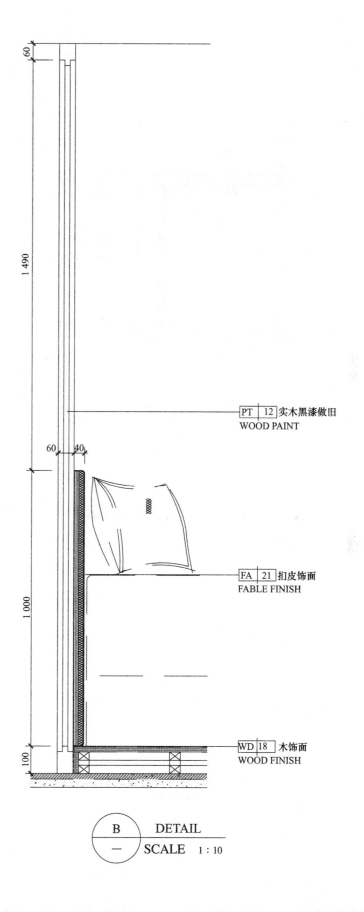

PT 12 实木黑漆做旧 WOOD PAINT

MT 01 不锈钢吊杆 METAL FINISH

FA 21 扣皮饰面 FABLE FINISH

FA 21 扣皮饰面 FABLE FINISH

1 550

2 650

250

350

400

100

800   200   2 000   200   800

4 000

WD 18 木饰面 WOOD FINISH

WD 18 木饰面 WOOD FINISH

WD 18 木饰面 WOOD FINISH

13 ELEVATION
IE-A1-04   SCALE   1 : 20

FA 21 扣皮饰面 FABLE FINISH

PT 12 实木黑漆做旧 WOOD PAINT

4 000

800   1 200   1 200   800

450   450

Legrand

Legrand

A DETAIL
—   SCALE   1 : 20

60

1 490

PT 12 实木黑漆做旧 WOOD PAINT

60   40

1 000

FA 21 扣皮饰面 FABLE FINISH

100

WD 18 木饰面 WOOD FINISH

B DETAIL
—   SCALE   1 : 10

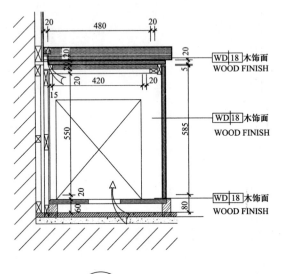

20 | 480 | 20

WD 18 木饰面
WOOD FINISH

420

WD 18 木饰面
WOOD FINISH

585

550

15

WD 18 木饰面
WOOD FINISH

60 80

A DETAIL
— SCALE 1 : 10

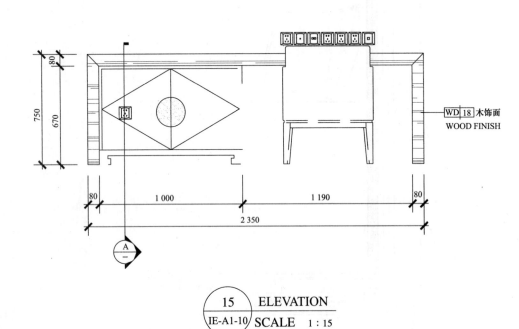

750 670

80 80

1 000 | 1 190

80 80

2 350

WD 18 木饰面
WOOD FINISH

15 ELEVATION
IE-A1-10 SCALE 1 : 15

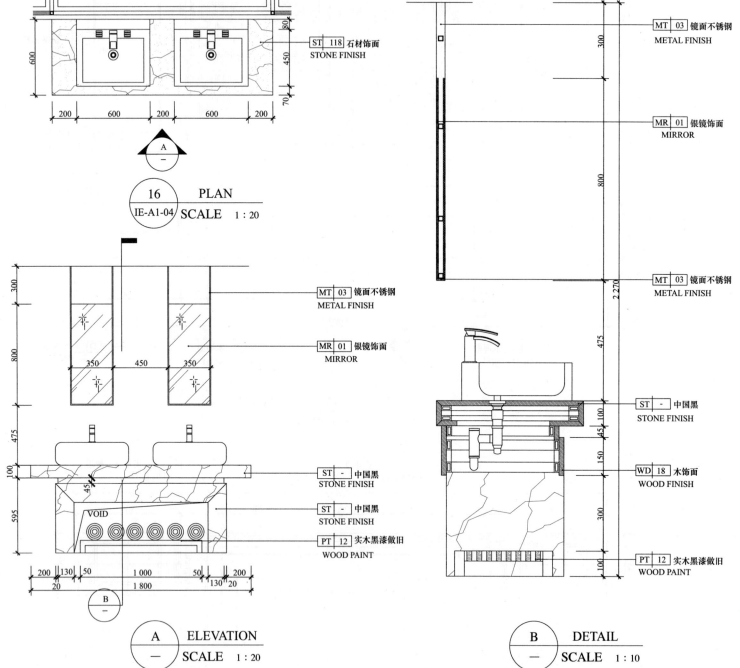

600

80

450

70

ST 118 石材饰面
STONE FINISH

200 | 600 | 200 | 600 | 200

16 PLAN
IE-A1-04 SCALE 1 : 20

300

800

475

100

595

350 | 450 | 350

MT 03 镜面不锈钢
METAL FINISH

MR 01 银镜饰面
MIRROR

ST - 中国黑
STONE FINISH

ST - 中国黑
STONE FINISH

VOID

PT 12 实木黑漆做旧
WOOD PAINT

200 130 50 | 1 000 | 50 130 200
20 130 20

1 800

A ELEVATION
— SCALE 1 : 20

MT 03 镜面不锈钢
METAL FINISH

300

800

2 270

MR 01 银镜饰面
MIRROR

475

MT 03 镜面不锈钢
METAL FINISH

ST - 中国黑
STONE FINISH

100

45 | 150

WD 18 木饰面
WOOD FINISH

300

PT 12 实木黑漆做旧
WOOD PAINT

100

B DETAIL
— SCALE 1 : 10

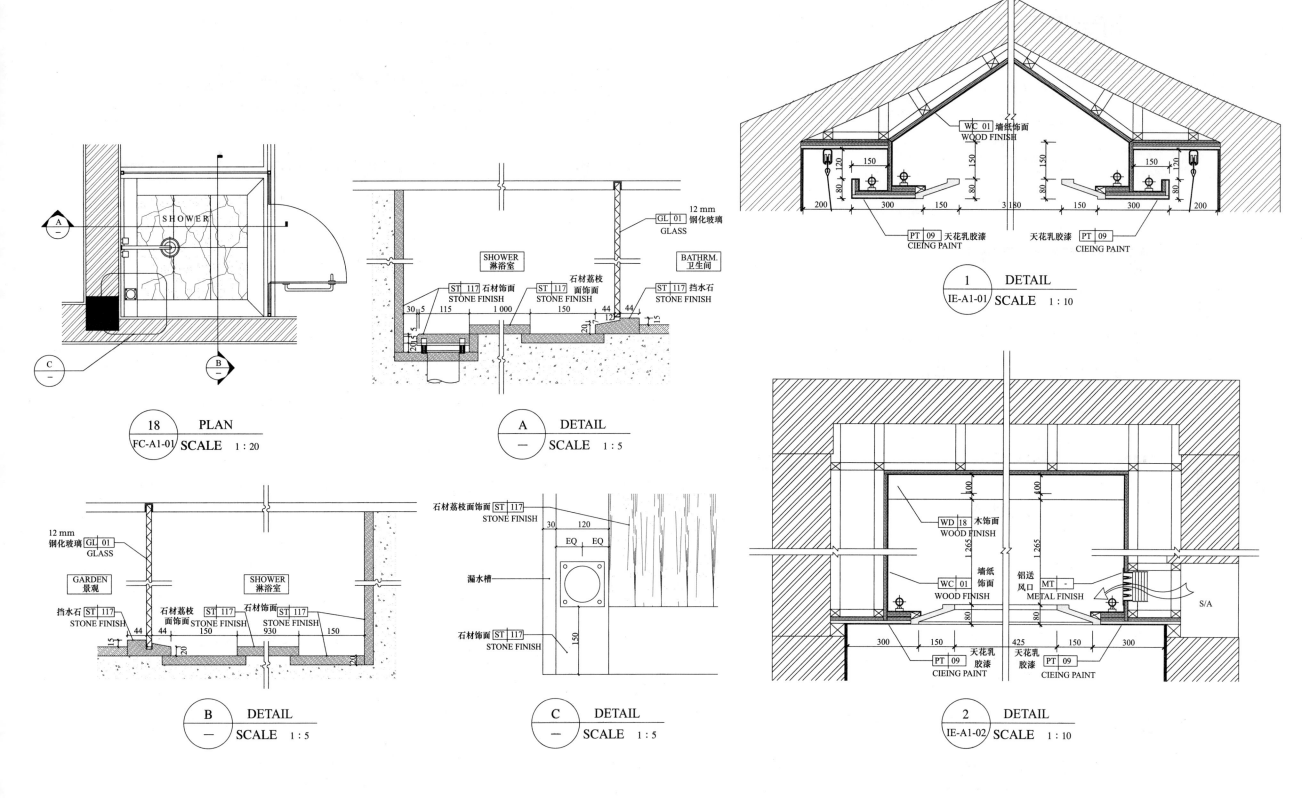

SHOWER

A
—

C
—

B
—

18 PLAN
FC-A1-01 SCALE 1 : 20

GL 01 12 mm 钢化玻璃
GLASS

SHOWER
淋浴室

石材荔枝
面石饰面
ST 117 STONE FINISH

ST 117 石材饰面
STONE FINISH

BATHRM.
卫生间

ST 117 挡水石
STONE FINISH

30 5 115 1 000 150 44 44
20 5 20 12 15

A DETAIL
— SCALE 1 : 5

WC 01 墙纸饰面
WOOD FINISH

150 120 150 120
80 80 80 80
200 300 150 3 180 150 300 200

PT 09 天花乳胶漆
CIEING PAINT

天花乳胶漆 PT 09
CIEING PAINT

1 DETAIL
IE-A1-01 SCALE 1 : 10

12 mm
钢化玻璃 GL 01
GLASS

GARDEN
景观

SHOWER
淋浴室

挡水石 ST 117
STONE FINISH

石材荔枝
面石饰面 ST 117
STONE FINISH

石材饰面 ST 117
STONE FINISH

44 150 930 150
15 20 20

B DETAIL
— SCALE 1 : 5

石材荔枝面石饰面 ST 117
STONE FINISH

30 120
EQ EQ

漏水槽

石材饰面 ST 117
STONE FINISH

150

C DETAIL
— SCALE 1 : 5

WD 18 木饰面
WOOD FINISH

100 100

1 265 1 265

WC 01 墙纸
饰面
WOOD FINISH

铝送
风口 MT -
METAL FINISH

S/A

80 80
300 150 425 150 300

PT 09 天花乳
胶漆
CIEING PAINT

天花乳
胶漆 PT 09
CIEING PAINT

2 DETAIL
IE-A1-02 SCALE 1 : 10

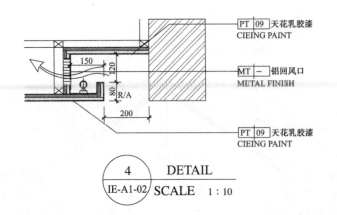

PT 09 天花乳胶漆
CIEING PAINT

MT — 铝回风口
METAL FINISH

150　120

80　R/A

200

PT 09 天花乳胶漆
CIEING PAINT

④ DETAIL
IE-A1-02 SCALE 1 : 10

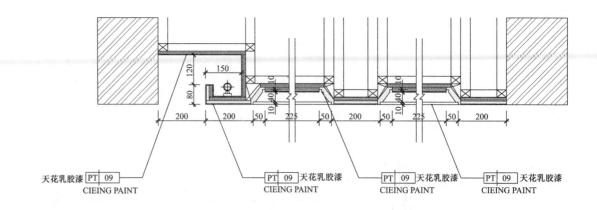

120　150

80

200　200　50　10　10　225　50　200　50　10　10　225　50　200

天花乳胶漆 PT 09
CIEING PAINT

PT 09 天花乳胶漆
CIEING PAINT

PT 09 天花乳胶漆
CIEING PAINT

PT 09 天花乳胶漆
CIEING PAINT

⑥ DETAIL
IE-A1-05 SCALE 1 : 10

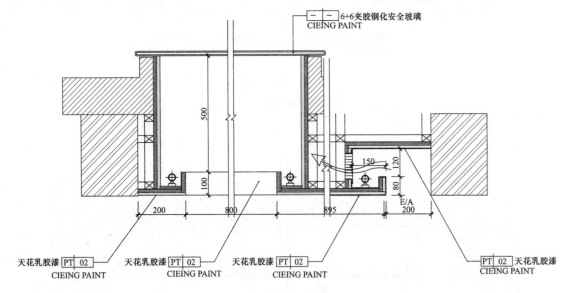

— — 6+6夹胶钢化安全玻璃
CIEING PAINT

500

100

150　120

80　E/A

200　800　895　200

天花乳胶漆 PT 02
CIEING PAINT

天花乳胶漆 PT 02
CIEING PAINT

天花乳胶漆 PT 02
CIEING PAINT

PT 02 天花乳胶漆
CIEING PAINT

③ DETAIL
IE-A1-02 SCALE 1 : 10

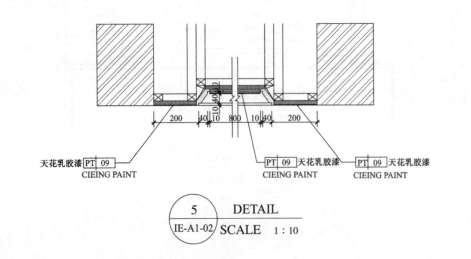

200　40　10　10　800　10　10　40　200

天花乳胶漆 PT 09
CIEING PAINT

PT 09 天花乳胶漆
CIEING PAINT

PT 09 天花乳胶漆
CIEING PAINT

⑤ DETAIL
IE-A1-02 SCALE 1 : 10

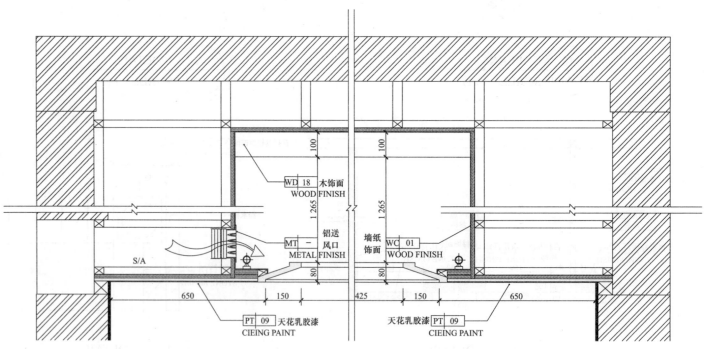

WD 18 木饰面
WOOD FINISH

100　100

1 265　1 265

MT — 铝送风口
METAL FINISH

WC 01 墙纸饰面
WOOD FINISH

S/A

80　80

650　150　425　150　650

PT 09 天花乳胶漆
CIEING PAINT

天花乳胶漆 PT 09
CIEING PAINT

⑦ DETAIL
IE-A1-05 SCALE 1 : 10

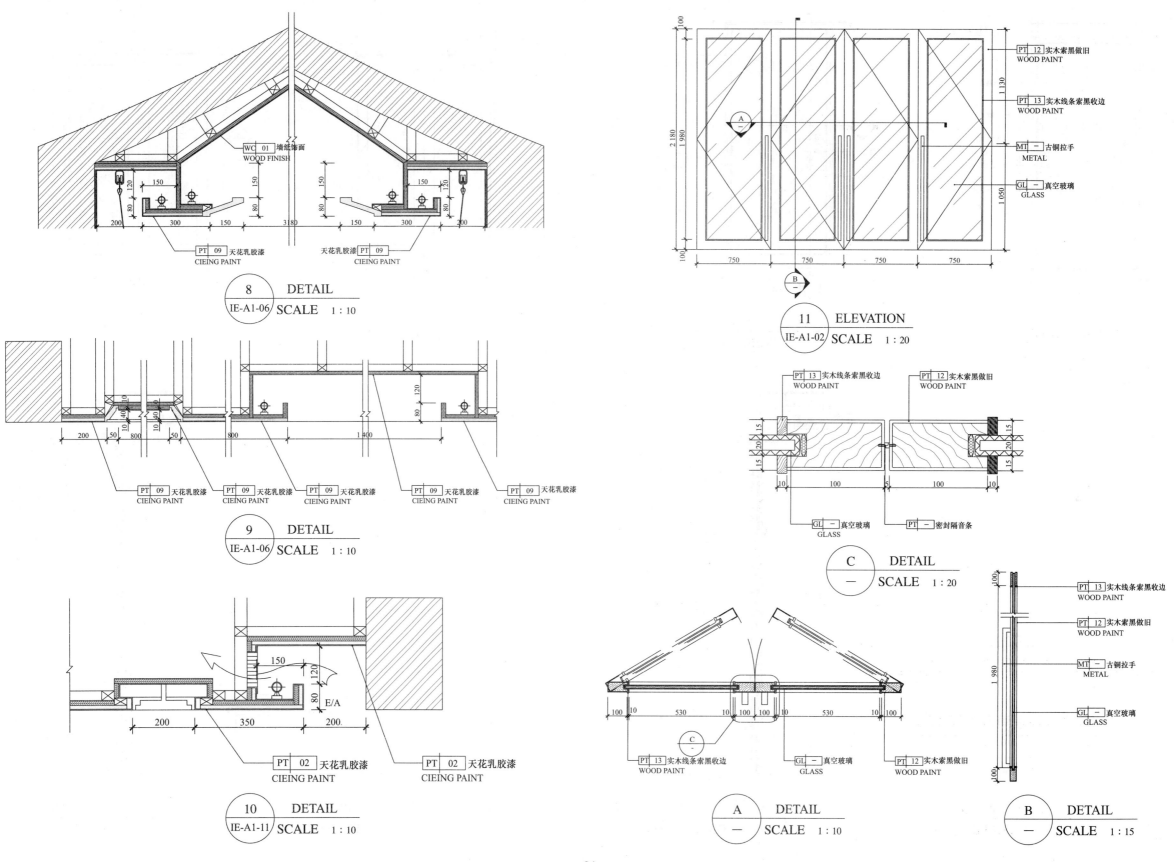

WC 01 墙纸饰面
WOOD FINISH

PT 09 天花乳胶漆
CIEING PAINT

天花乳胶漆 PT 09
CIEING PAINT

8 DETAIL
IE-A1-06 SCALE 1 : 10

PT 09 天花乳胶漆
CIEING PAINT

PT 09 天花乳胶漆
CIEING PAINT

PT 09 天花乳胶漆
CIEING PAINT

PT 09 天花乳胶漆
CIEING PAINT

PT 09 天花乳胶漆
CIEING PAINT

9 DETAIL
IE-A1-06 SCALE 1 : 10

E/A

PT 02 天花乳胶漆
CIEING PAINT

PT 02 天花乳胶漆
CIEING PAINT

10 DETAIL
IE-A1-11 SCALE 1 : 10

PT 12 实木索黑做旧
WOOD PAINT

PT 13 实木线条索黑收边
WOOD PAINT

MT 古铜拉手
METAL

GL 真空玻璃
GLASS

11 ELEVATION
IE-A1-02 SCALE 1 : 20

PT 13 实木线条索黑收边
WOOD PAINT

PT 12 实木索黑做旧
WOOD PAINT

GL 真空玻璃
GLASS

PT 密封隔音条

C DETAIL
— SCALE 1 : 20

PT 13 实木线条索黑收边
WOOD PAINT

GL 真空玻璃
GLASS

PT 12 实木索黑做旧
WOOD PAINT

A DETAIL
— SCALE 1 : 10

PT 13 实木线条索黑收边
WOOD PAINT

PT 12 实木索黑做旧
WOOD PAINT

MT 古铜拉手
METAL

GL 真空玻璃
GLASS

B DETAIL
— SCALE 1 : 15

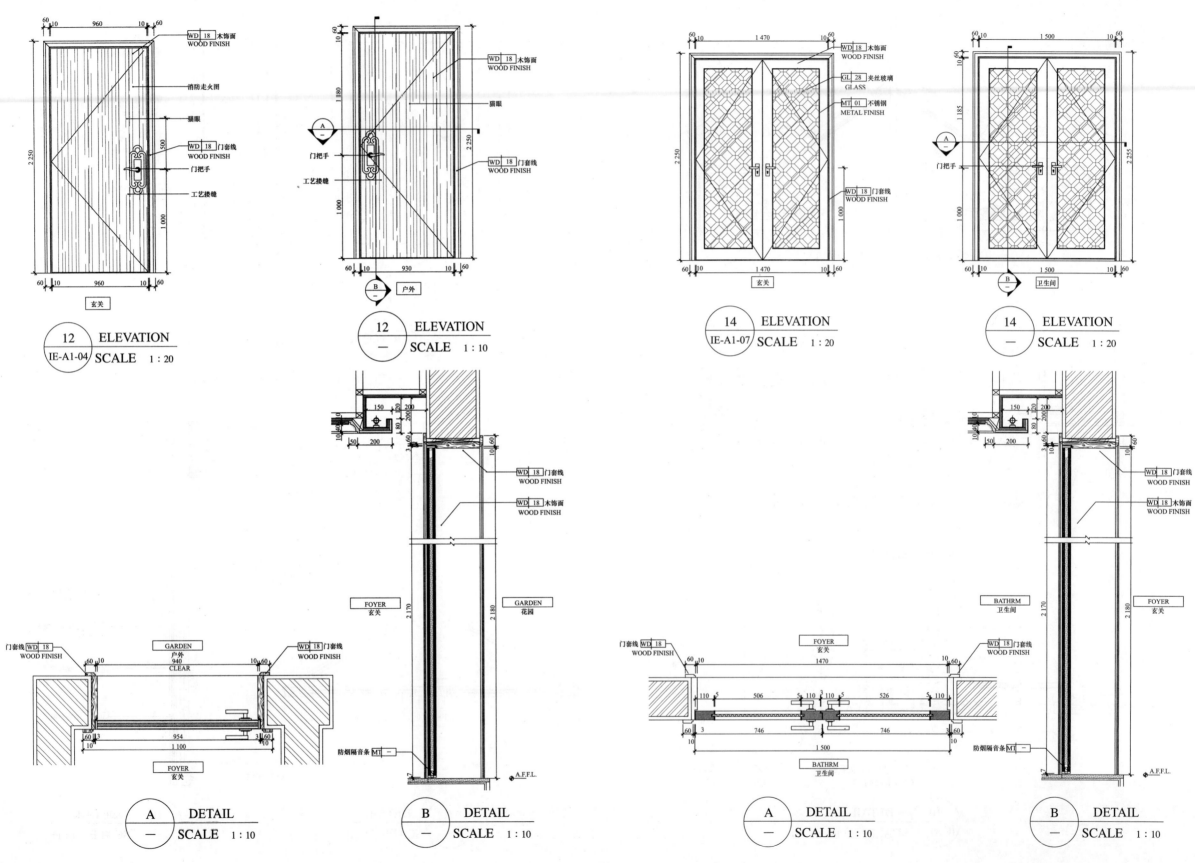

WD 18 木饰面
WOOD FINISH

消防走火图

猫眼

WD 18 门套线
WOOD FINISH

门把手

工艺接缝

2 250
500
1 000

60 10 960 10 60

玄关

12 ELEVATION
IE-A1-04 SCALE 1:20

WD 18 木饰面
WOOD FINISH

猫眼

WD 18 门套线
WOOD FINISH

门把手
工艺接缝

A

2 250
1 380
1 000

60 10 930 10 60

B 户外

12 ELEVATION
SCALE 1:10

WD 18 木饰面
WOOD FINISH

GL 28 夹丝玻璃
GLASS

MT 01 不锈钢
METAL FINISH

WD 18 门套线
WOOD FINISH

A

2 250
1 000

60 10 1 470 10 60

玄关

14 ELEVATION
IE-A1-07 SCALE 1:20

WD 18 木饰面
WOOD FINISH

门把手

A

2 255
1 185
1 000

60 10 1 500 10 60

B 卫生间

14 ELEVATION
SCALE 1:20

WD 18 门套线
WOOD FINISH

WD 18 木饰面
WOOD FINISH

150 120 200
80 60
150 200

FOYER
玄关

GARDEN
花园

2 170
2 180

防烟隔音条 MT

门套线 WD 18
WOOD FINISH

GARDEN
户外
940
CLEAR

WD 18 门套线
WOOD FINISH

60 10
954
1 100
10 60

FOYER
玄关

A.F.F.L.

A DETAIL
SCALE 1:10

B DETAIL
SCALE 1:10

WD 18 门套线
WOOD FINISH

WD 18 木饰面
WOOD FINISH

150 120 200
80 60
150 200

BATHRM
卫生间

FOYER
玄关

2 170
2 180

防烟隔音条 MT

门套线 WD 18
WOOD FINISH

FOYER
玄关

1470

110 5 506 5 110 3 110 5 526 5 110

WD 18 门套线
WOOD FINISH

60 3 746 1 500 746 3 60
10 10

BATHRM
卫生间

A.F.F.L.

A DETAIL
SCALE 1:10

B DETAIL
SCALE 1:10

第三节　一层大堂（室内部分）竣工图

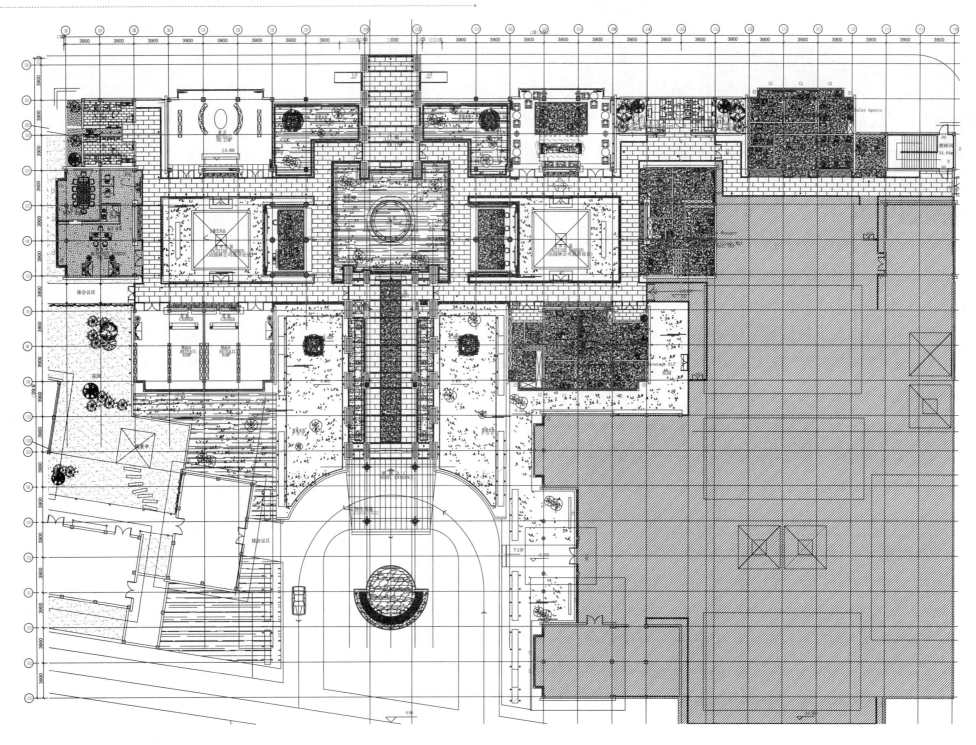

1/F LOBBY AREA FIXTURE & FURNISHING LEVEL

一层大堂平面布置图 SCALE　1 : 100

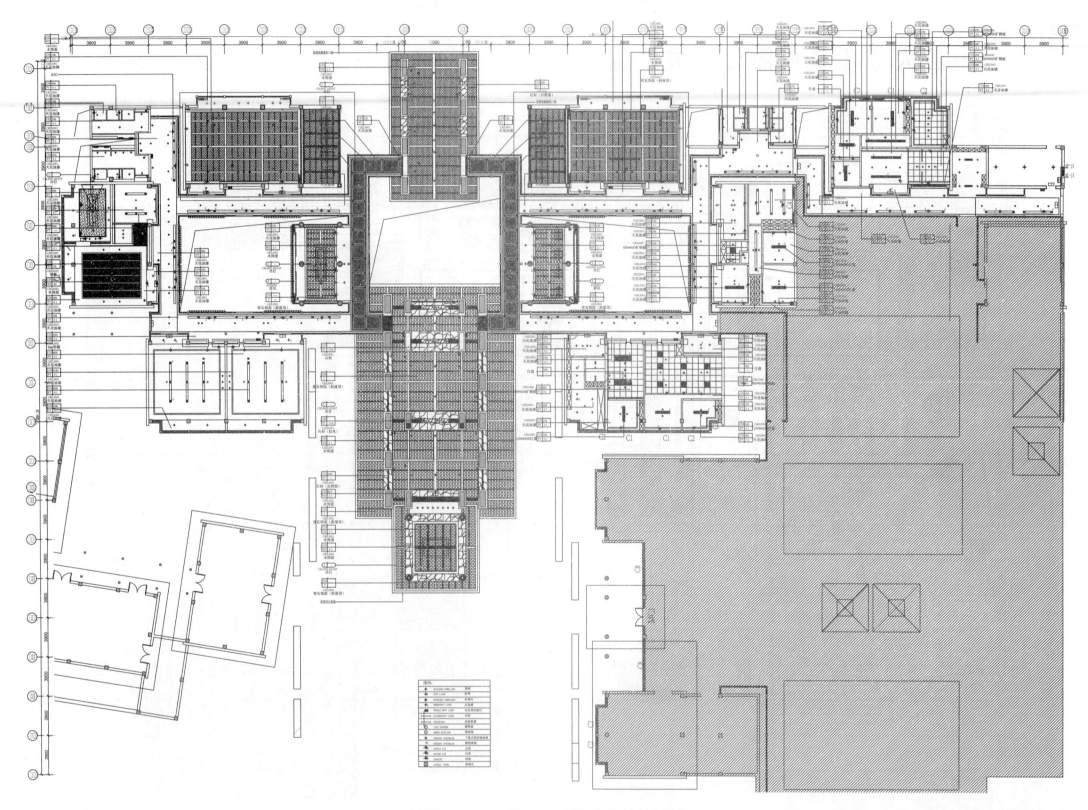

1/F LOBBY AREA REFLECTED CEILING LEVEL

一层大堂天花布置图 SCALE 1：100

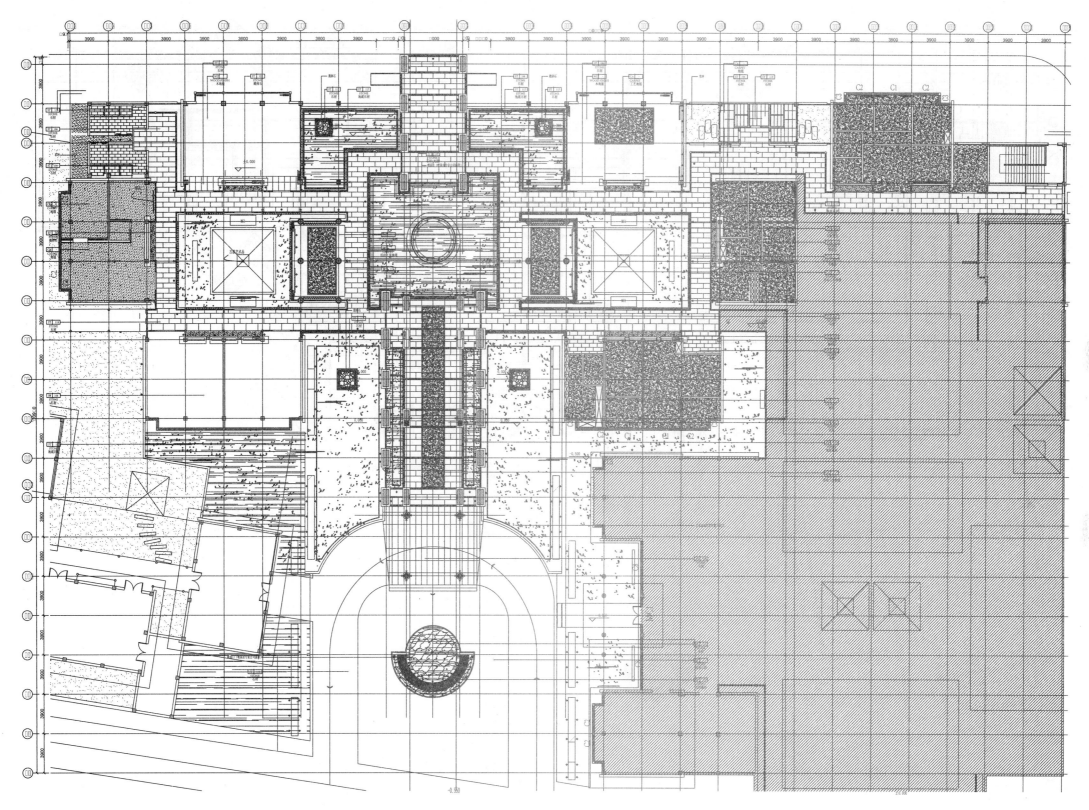

1/F LOBBY AREA FLOOR COVERING LEVEL

一层大堂地坪饰面图 SCALE 1：100

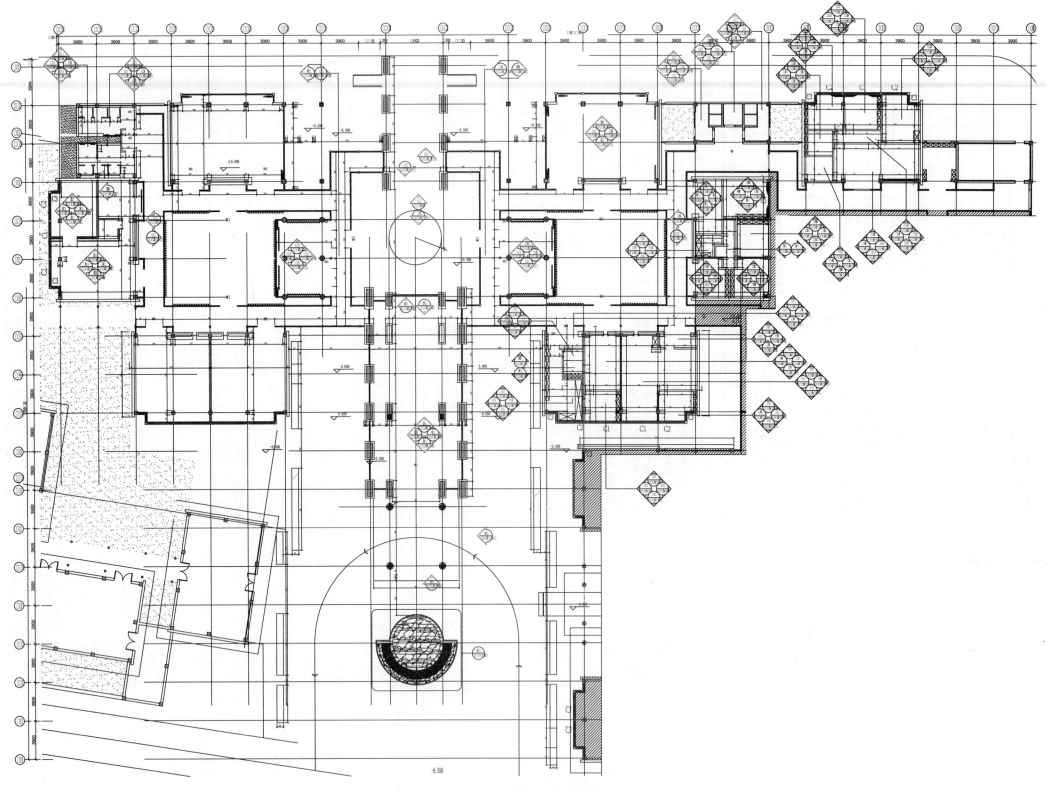

1/F LOBBY AREA ARCHITECTURAL INFO.LEVEL

一层大堂间墙尺寸图 SCALE   1∶100

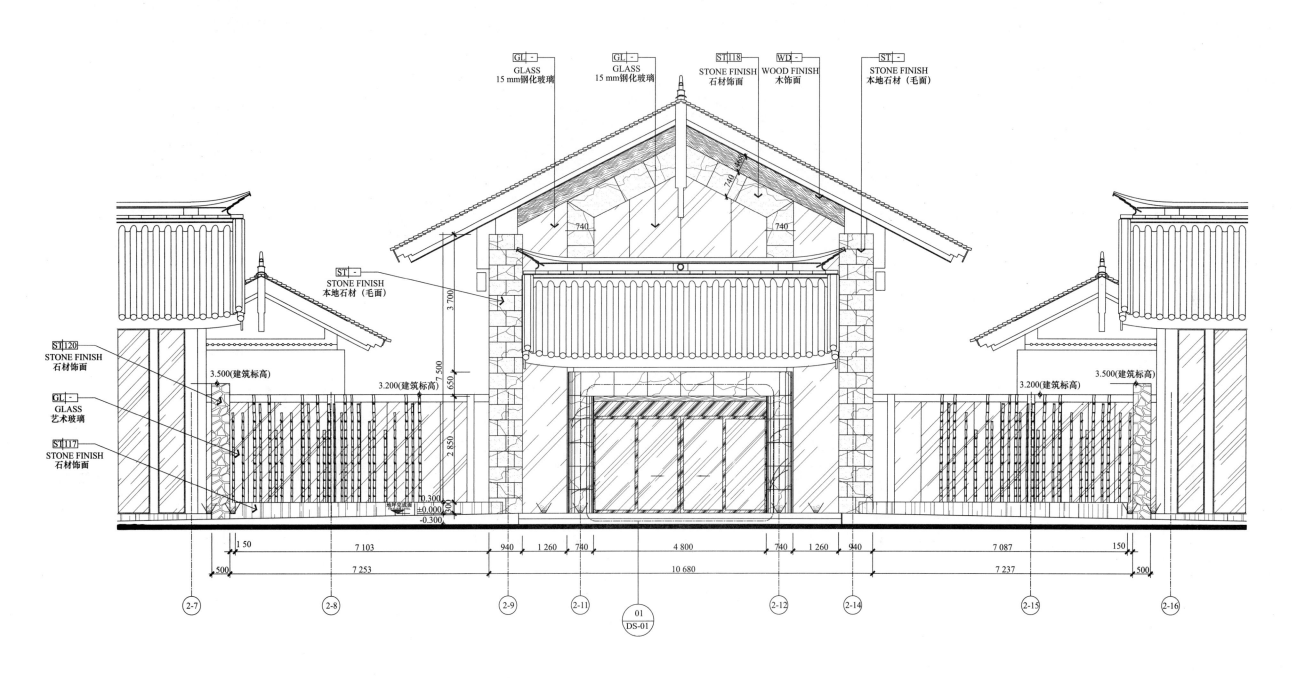

GL -
GLASS
15 mm钢化玻璃

GL -
GLASS
15 mm钢化玻璃

ST 118
STONE FINISH
石材饰面

WD -
WOOD FINISH
木饰面

ST -
STONE FINISH
本地石材（毛面）

ST -
STONE FINISH
本地石材（毛面）

ST 120
STONE FINISH
石材饰面

GL -
GLASS
艺术玻璃

ST 117
STONE FINISH
石材饰面

740

740

3.700

3.500(建筑标高)

3.200(建筑标高)

7.500

650

2.850

-0.300

±0.000

-0.300

3.200(建筑标高)

3.500(建筑标高)

1 50   7 103   940   1 260   740   4 800   740   1 260   940   7 087   150

500   7 253   10 680   7 237   500

2-7   2-8   2-9   2-11   01/DS-01   2-12   2-14   2-15   2-16

01   ELEVATION
AR-01   立面图 SCALE 1：50

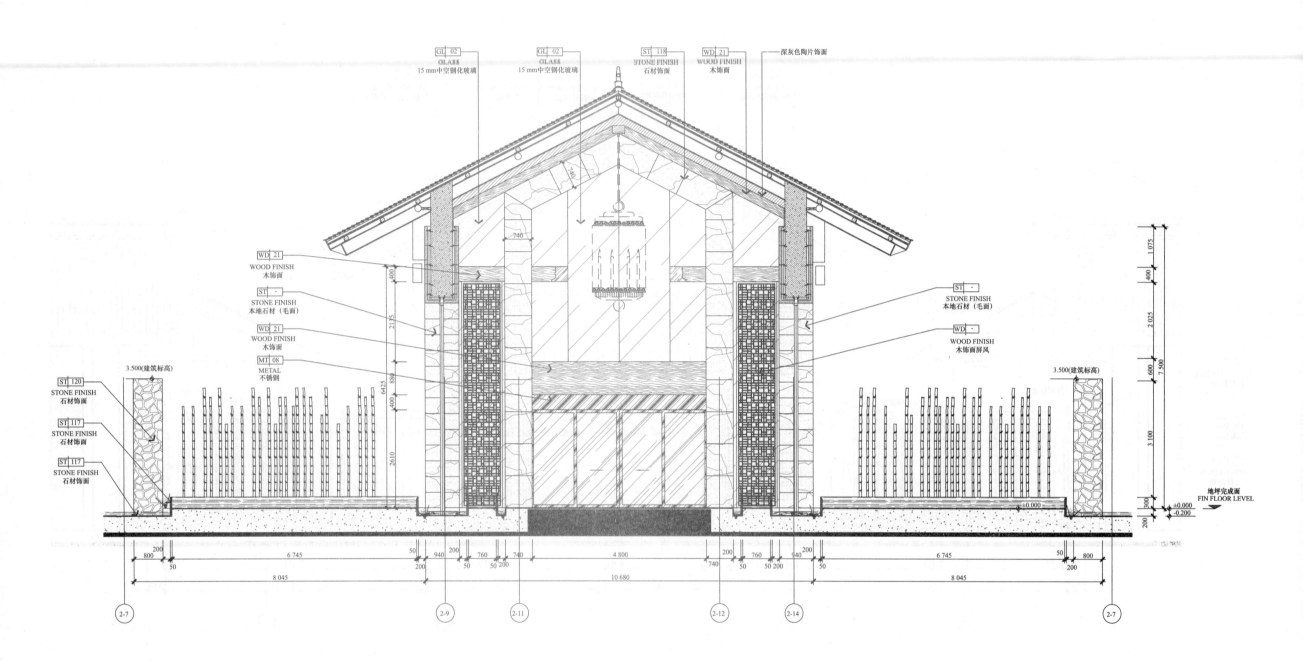

GL 02
GLASS
15 mm中空钢化玻璃

GL 02
GLASS
15 mm中空钢化玻璃

ST 118
STONE FINISH
石材饰面

WD 21
WOOD FINISH
木饰面

深灰色陶片饰面

WD 21
WOOD FINISH
木饰面

ST
STONE FINISH
本地石材（毛面）

WD 21
WOOD FINISH
木饰面

MT 08
METAL
不锈钢

ST
STONE FINISH
本地石材（毛面）

WD
WOOD FINISH
木饰面屏风

3.500(建筑标高)

ST 120
STONE FINISH
石材饰面

ST 117
STONE FINISH
石材饰面

ST 117
STONE FINISH
石材饰面

3.500(建筑标高)

地坪完成面
FIN FLOOR LEVEL

±0.000
-0.200

02   ELEVATION
AR-01 立面图 SCALE 1：50

• 98 •

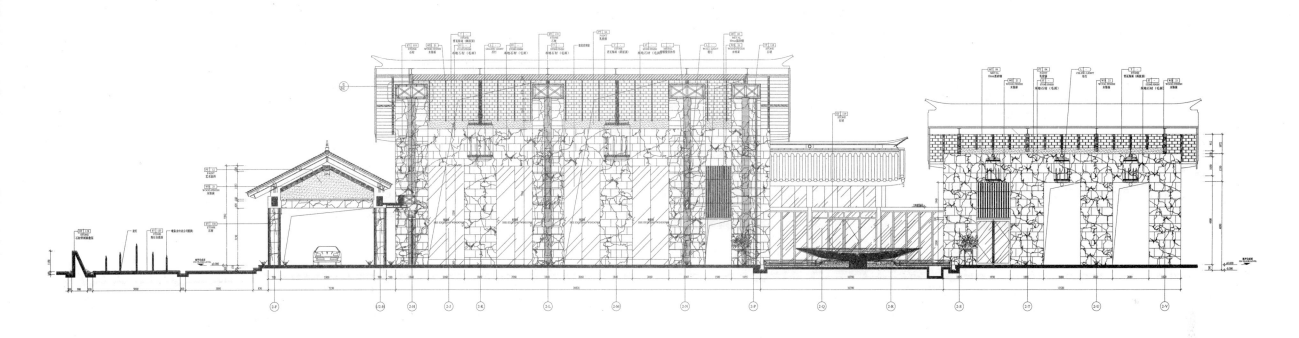

03 ELEVATION

AR-01 立面图 SCALE 1：50

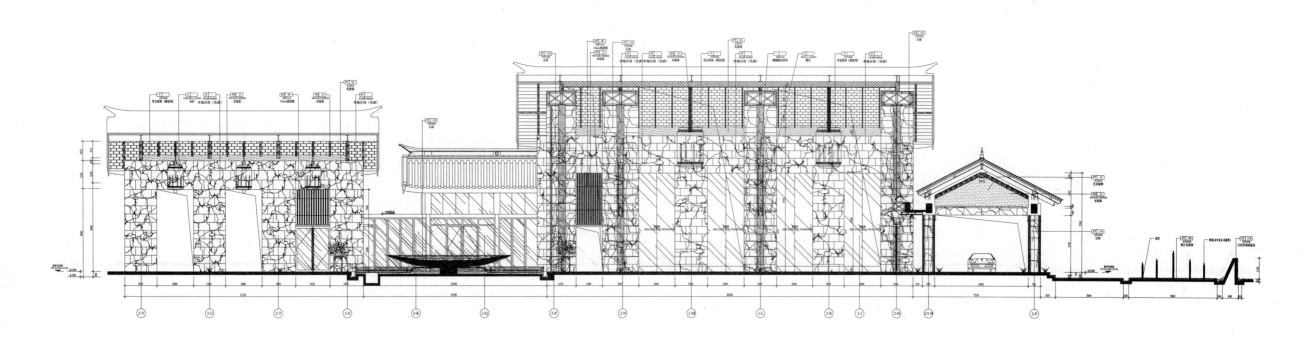

$$\dfrac{04}{\text{AR-01}}$$ ELEVATION

立面图 SCALE 1:50

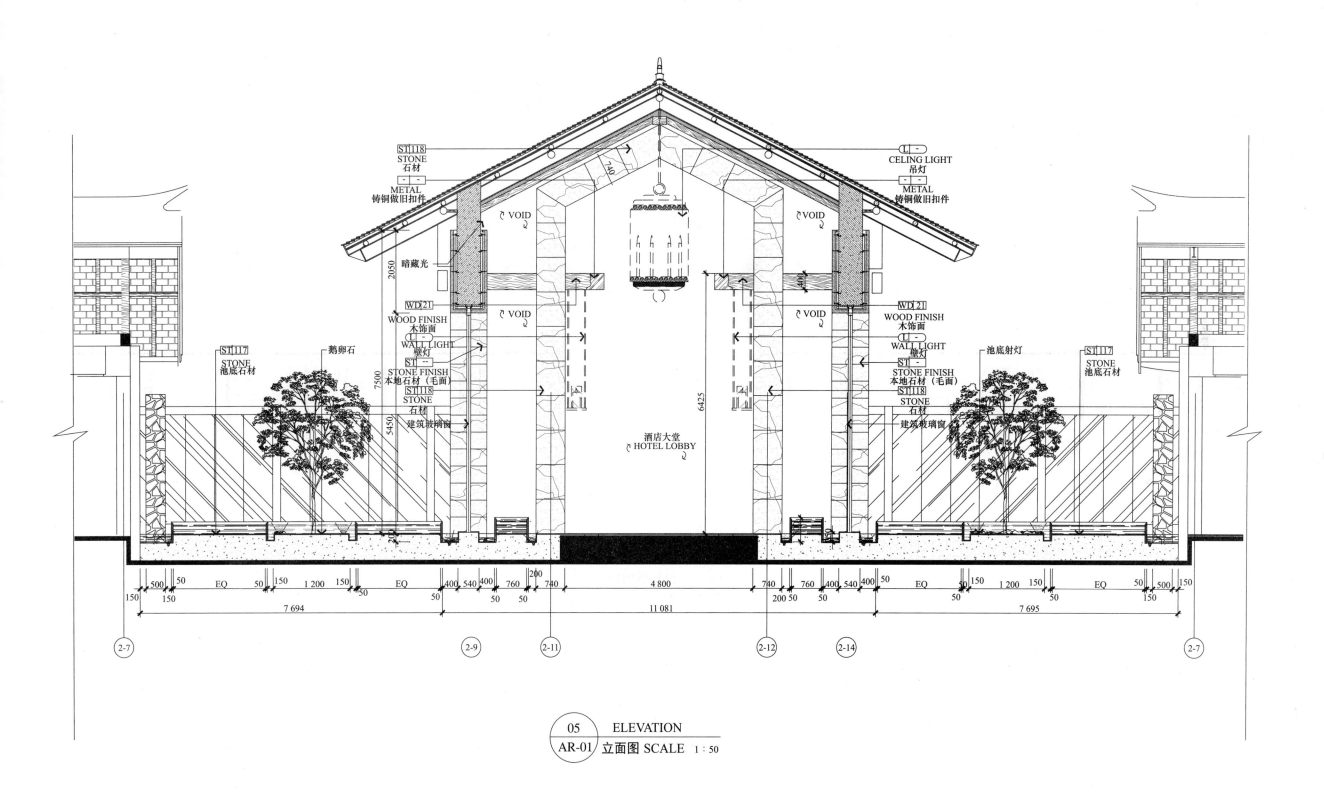

ST 118
STONE
石材

METAL
铸铜做旧扣件

WD 21
WOOD FINISH
木饰面

L
WALL LIGHT
壁灯

ST
STONE FINISH
本地石材（毛面）

ST 118
STONE
石材

CELING LIGHT
吊灯

METAL
铸铜做旧扣件

WD 21
WOOD FINISH
木饰面

L
WALL LIGHT
壁灯

ST
STONE FINISH
本地石材（毛面）

ST 118
STONE
石材

VOID

VOID

VOID

VOID

暗藏光

ST 117
STONE
池底石材

鹅卵石

建筑玻璃窗

酒店大堂
HOTEL LOBBY

池底射灯

建筑玻璃窗

ST 117
STONE
池底石材

2050

7500

5450

740

400

6425

200

150   500   50   EQ   50   150   1 200   150   EQ   400   540   400   760   200   740   4 800   740   760   400   540   400   50   EQ   50   150   1 200   150   EQ   50   500   150
      150   50   50   50   50   200 50   200 50   50   50   50   150

7 694   11 081   7 695

2-7   2-9   2-11   2-12   2-14   2-7

05   ELEVATION
AR-01 立面图 SCALE 1 : 50

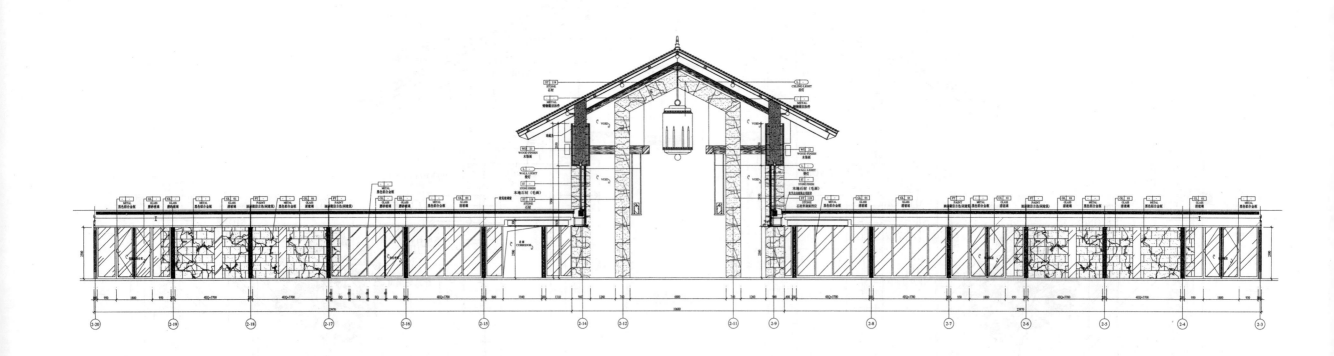

06 | ELEVATION
AR-01 | 立面图 SCALE 1 : 50

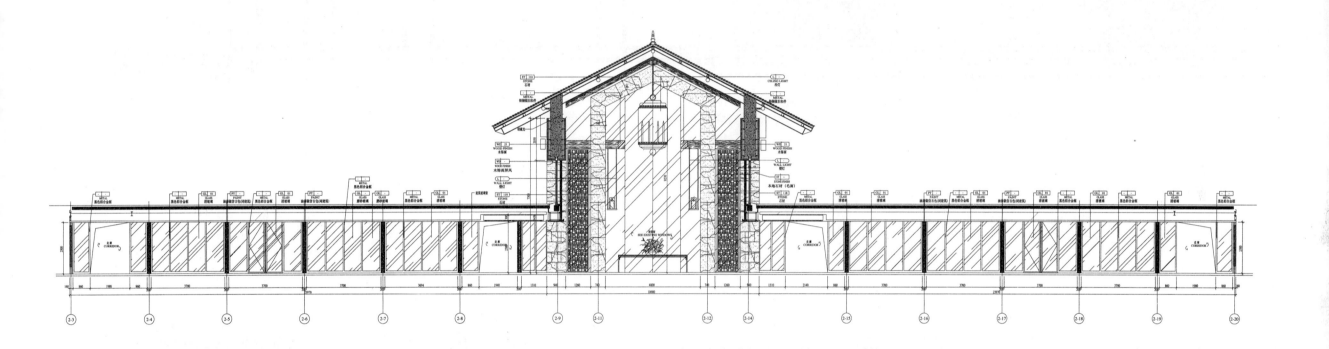

07 / ELEVATION

AR-01 / 立面图 SCALE 1:50

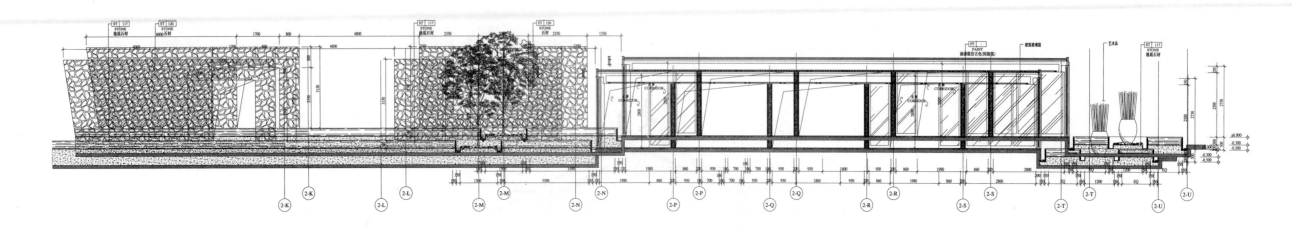

$$\underset{AR-01}{\underline{08}} \quad \text{ELEVATION} \\ \text{立面图 SCALE } 1:50$$

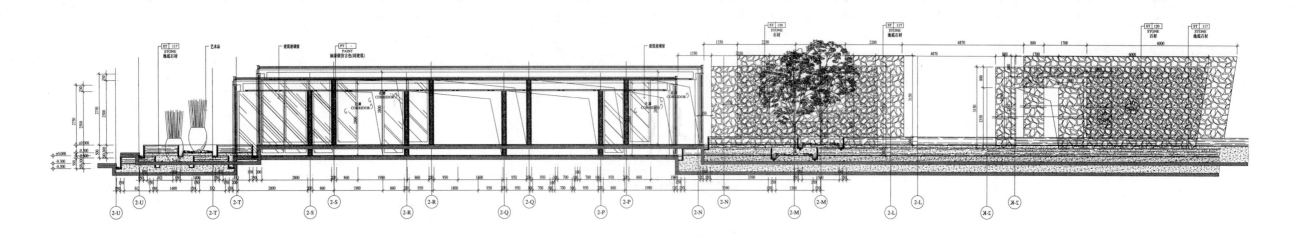

$$\underset{AR-01}{\underline{09}} \quad \text{ELEVATION} \\ \text{立面图 SCALE } 1:50$$

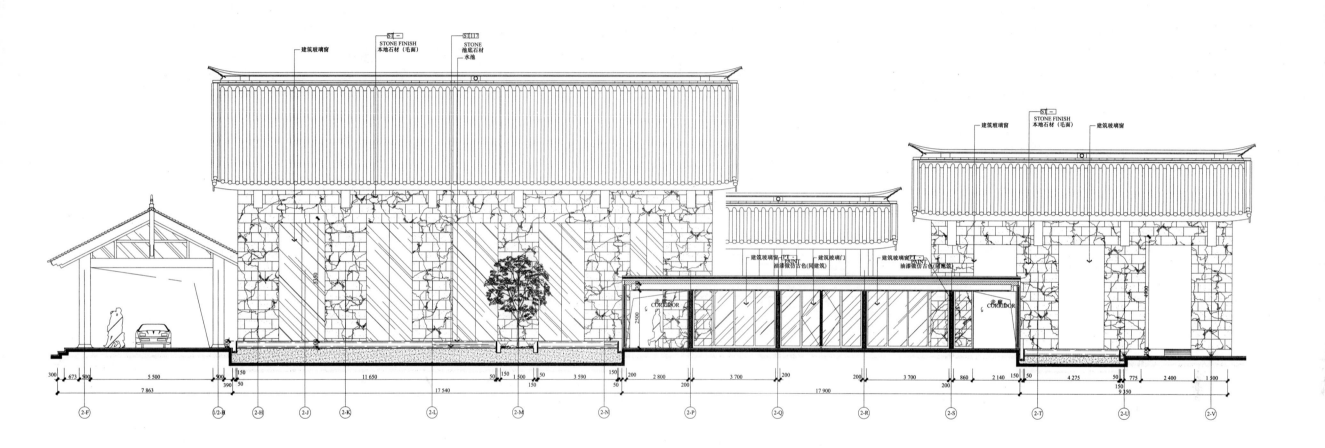

建筑玻璃窗   STONE FINISH   STONE
             本地石材（毛面） 池底石材
                             水池

建筑玻璃窗   STONE FINISH   建筑玻璃窗
             本地石材（毛面）

建筑玻璃窗   PAINT   建筑玻璃门   建筑玻璃窗   PAINT
油漆做仿古色(同建筑)   油漆做仿古色(同建筑)

CORRIDOR   CORRIDOR

300 673 500   5 500   500 150   11 650   50 150 1 500 50 3 590   150 200   2 800   3 700   200   200   3 700   860   2 140 150 50   4 275   50 775   2 400   1 500
                                           390 50   150   50 200   200   150 50
        7 863   17 540   17 900   150
                                                                                                                                                                       9 350

2-F   1/2-H 2-H   2-J   2-K   2-L   2-M   2-N   2-P   2-Q   2-R   2-S   2-T   2-U   2-V

⑩   ELEVATION
AR-01 立面图 SCALE 1：50

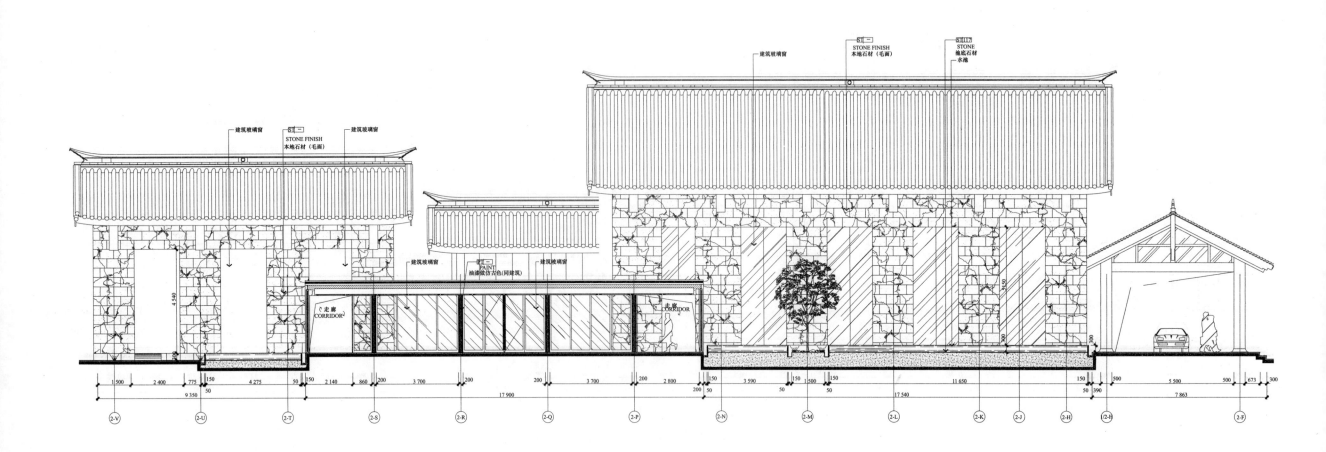

建筑玻璃窗　　STONE FINISH 本地石材（毛面）　　STONE 池底石材 水池

建筑玻璃窗　　STONE FINISH 本地石材（毛面）　　建筑玻璃窗

建筑玻璃窗　　PAINT 油漆做仿古色（同建筑）　　建筑玻璃窗

走廊 CORRIDOR　　走廊 CORRIDOR

4 540

1 500　2 400　775　150　50　4 275　50　150　2 140　860　200　3 700　200　200　3 700　200　2 800　200　150　3 590　150　1 500　150　50　11 650　150　50　390　500　5 500　500　673　300

9 350　17 900　17 540　7 863

2-V　2-U　2-T　2-S　2-R　2-Q　2-P　2-N　2-M　2-L　2-K　2-J　2-H　1/2-H　2-F

| 11 | ELEVATION |
| AR-01 | 立面图 SCALE 1：50 |

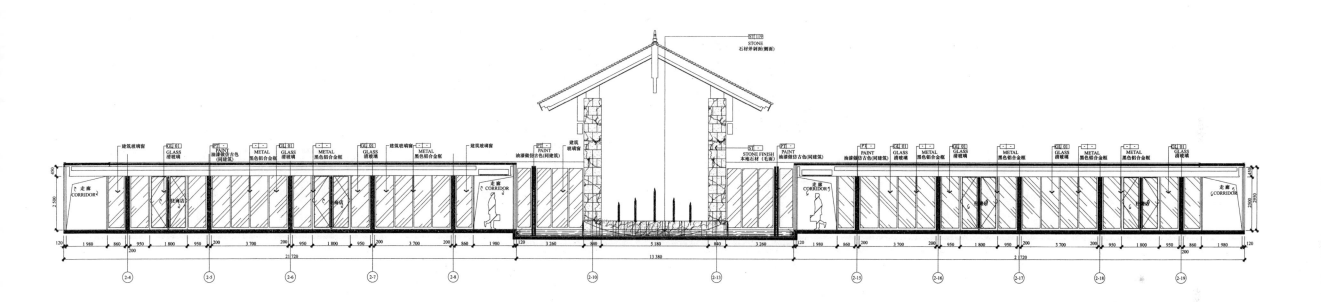

$$\frac{12}{\text{AR-01}}$$ ELEVATION 立面图 SCALE 1:50

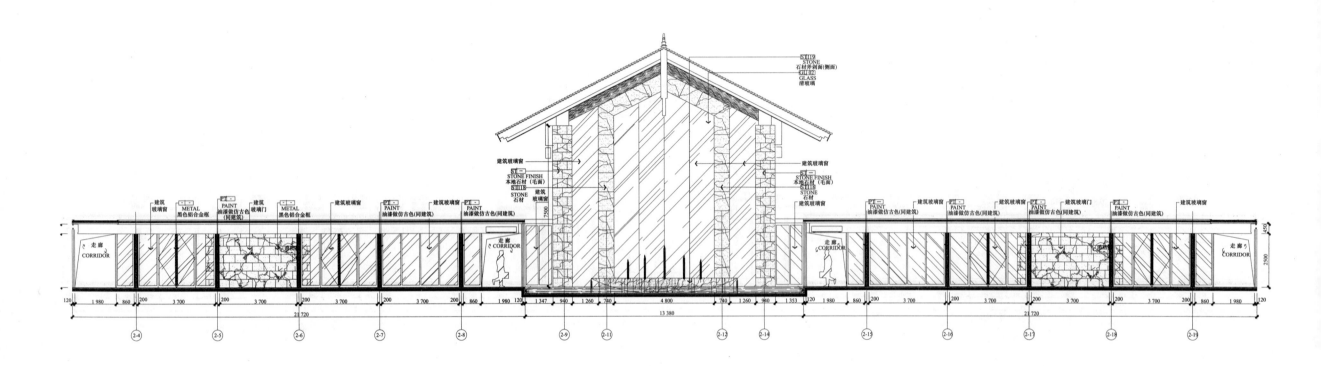

建筑玻璃窗
ST
STONE
石材净剖面(侧面)
GLI 02
GLASS
清玻璃

建筑玻璃窗
ST
STONE FINISH
本地石材（毛面）
ST 18
STONE
石材
建筑
玻璃窗

建筑玻璃窗
ST
STONE FINISH
本地石材（毛面）

建筑
玻璃窗
METAL
黑色铝合金框
PT
PAINT
油漆做仿古色
(同建筑)

建筑
玻璃门
METAL
黑色铝合金框

建筑玻璃窗

PT
PAINT
油漆做仿古色(同建筑)

PT
PAINT
油漆做仿古色(同建筑)

PT
PAINT
油漆做仿古色(同建筑)

建筑玻璃窗

PT
PAINT
油漆做仿古色(同建筑)

建筑玻璃门
油漆做仿古色(同建筑)

PT
PAINT
油漆做仿古色(同建筑)

建筑玻璃窗

走廊
CORRIDOR

走廊
CORRIDOR

走廊
CORRIDOR

走廊
CORRIDOR

走廊
CORRIDOR

120 | 1 980 | 860 | 200 | 3 700 | 200 | 3 700 | 200 | 3 700 | 200 | 860 | 1 980 | 120 | 1 347 | 940 | 1 260 | 780 | 4 800 | 780 | 1 260 | 940 | 1 353 | 120 | 1 980 | 860 | 200 | 3 700 | 200 | 3 700 | 200 | 3 700 | 200 | 860 | 1 980 | 120

21 720

13 380

21 720

2-4 | 2-5 | 2-6 | 2-7 | 2-8 | 2-9 | 2-11 | 2-12 | 2-14 | 2-15 | 2-16 | 2-17 | 2-18 | 2-19

13 ELEVATION
AR-01 立面图 SCALE 1：50

· 108 ·

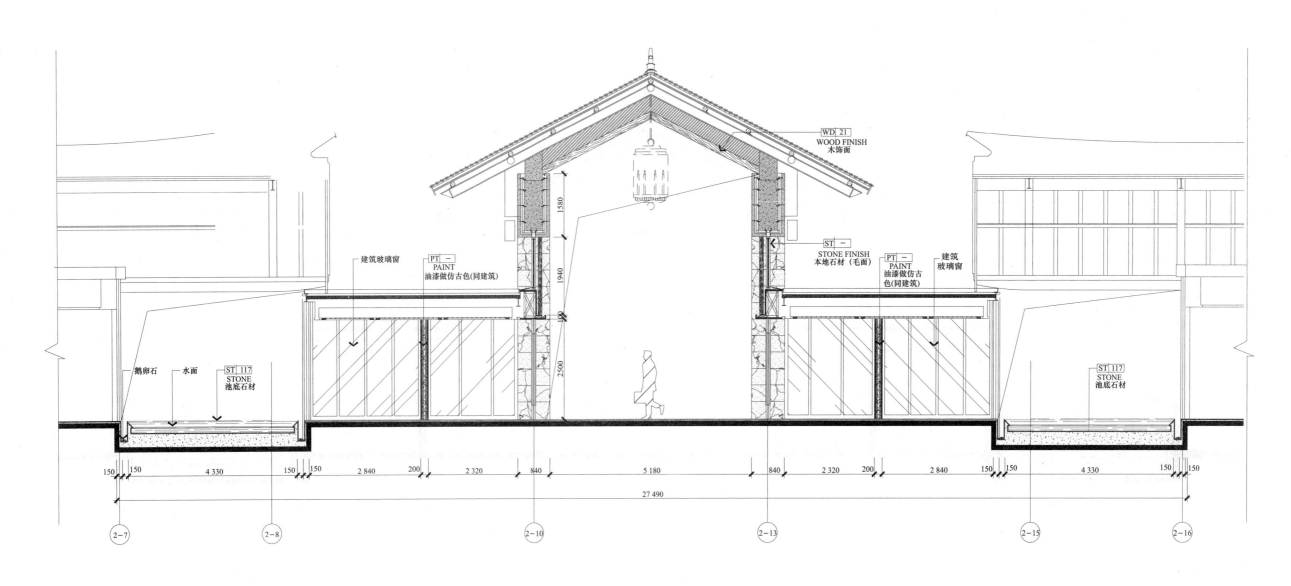

建筑玻璃窗

PT —
PAINT
油漆做仿古色(同建筑)

WD 21
WOOD FINISH
木饰面

ST —
STONE FINISH
本地石材（毛面）

PT —
PAINT
油漆做仿古色(同建筑)

建筑玻璃窗

1580

1940

2500

鹅卵石　水面　ST 117
STONE
池底石材

ST 117
STONE
池底石材

150　150　　4 330　　150　150　　2 840　　200　　2 320　　840　　　5 180　　　840　　2 320　200　　2 840　　150　150　　4 330　　150　150

27 490

(2-7)　　(2-8)　　　　(2-10)　　　　　(2-13)　　　　(2-15)　　(2-16)

14　　ELEVATION
AR-01　立面图 SCALE　1：50

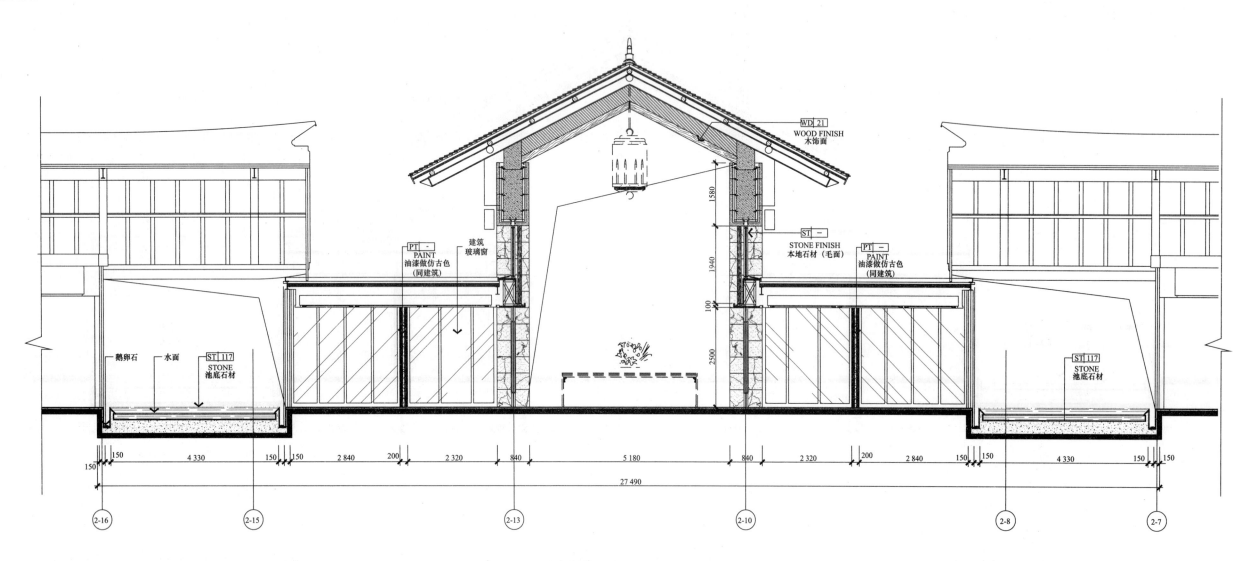

WD 21
WOOD FINISH
木饰面

PT ─
PAINT
油漆做仿古色
(同建筑)

建筑
玻璃窗

ST ─
STONE FINISH
本地石材(毛面)

PT ─
PAINT
油漆做仿古色
(同建筑)

1580

1940

100

2500

鹅卵石 水面 ST 117
STONE
池底石材

ST 117
STONE
池底石材

150 150 4 330 150 150 2 840 200 2 320 840 5 180 840 2 320 200 2 840 150 150 4 330 150 150

27 490

2-16 2-15 2-13 2-10 2-8 2-7

15
───── ELEVATION
AR-01 立面图 SCALE 1:50

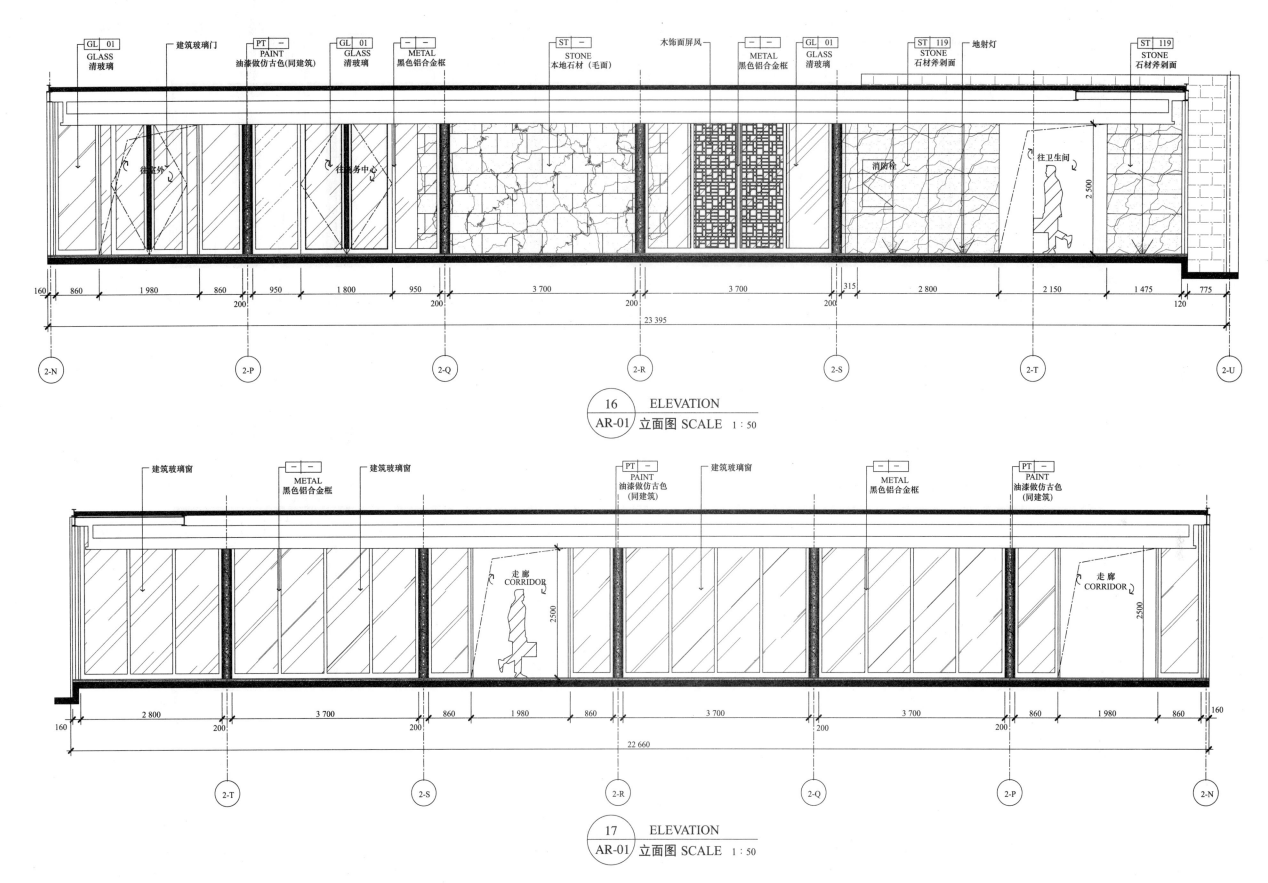

GLASS 清玻璃 | 建筑玻璃门 | PAINT 油漆做仿古色(同建筑) | GLASS 清玻璃 | METAL 黑色铝合金框 | STONE 本地石材（毛面) | 木饰面屏风 | METAL 黑色铝合金框 | GLASS 清玻璃 | STONE 石材斧剁面 | 地射灯 | STONE 石材斧剁面

往室外 | 往商务中心 | 消防栓 | 往卫生间

160 | 860 | 1 980 | 860 | 950 | 1 800 | 950 | 3 700 | 3 700 | 315 | 2 800 | 2 150 | 1 475 | 775
200 | 200 | 200 | 200 | 120

23 395

2-N | 2-P | 2-Q | 2-R | 2-S | 2-T | 2-U

16 ELEVATION
AR-01 立面图 SCALE 1：50

建筑玻璃窗 | METAL 黑色铝合金框 | 建筑玻璃窗 | PAINT 油漆做仿古色(同建筑) | 建筑玻璃窗 | METAL 黑色铝合金框 | PAINT 油漆做仿古色(同建筑)

走廊 CORRIDOR | 走廊 CORRIDOR

160 | 2 800 | 3 700 | 860 | 1 980 | 860 | 3 700 | 3 700 | 860 | 1 980 | 860 | 160
200 | 200 | 200 | 200

22 660

2-T | 2-S | 2-R | 2-Q | 2-P | 2-N

17 ELEVATION
AR-01 立面图 SCALE 1：50

· 111 ·

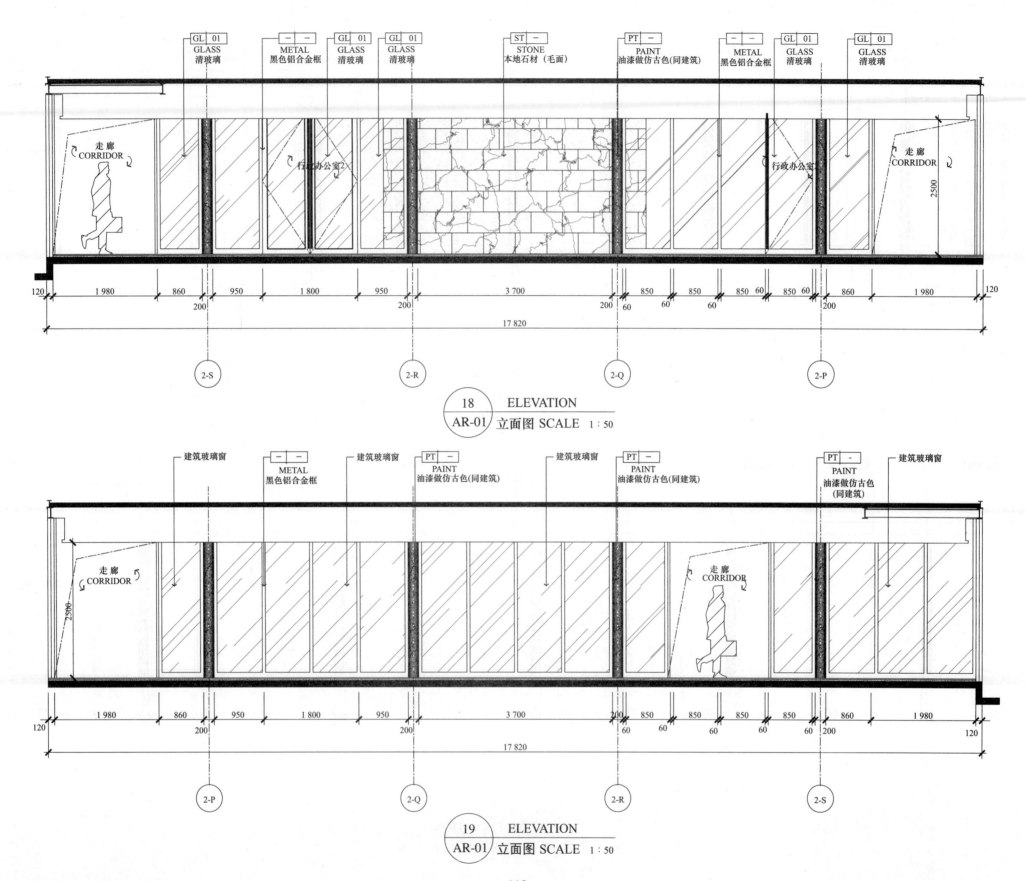

GL | 01
GLASS
清玻璃

METAL
黑色铝合金框

GL | 01
GLASS
清玻璃

GL | 01
GLASS
清玻璃

ST | –
STONE
本地石材（毛面）

PT | –
PAINT
油漆做仿古色(同建筑)

METAL
黑色铝合金框

GL | 01
GLASS
清玻璃

GL | 01
GLASS
清玻璃

走廊
CORRIDOR

行政办公室2

走廊
CORRIDOR

行政办公室

走廊
CORRIDOR

2500

120   1 980   860   950   1 800   950   3 700   850   850   850   850 60   860   1 980   120

200   200   200   60   60   60

17 820

2-S   2-R   2-Q   2-P

18
AR-01   ELEVATION
立面图 SCALE 1 : 50

建筑玻璃窗

METAL
黑色铝合金框

建筑玻璃窗

PT | –
PAINT
油漆做仿古色(同建筑)

建筑玻璃窗

PT | –
PAINT
油漆做仿古色(同建筑)

PT | –
PAINT
油漆做仿古色
(同建筑)

建筑玻璃窗

走廊
CORRIDOR

走廊
CORRIDOR

2500

120   1 980   860   950   1 800   950   3 700   850   850   850   850   860   1 980   120

200   200   200   60   60   60   60

17 820

2-P   2-Q   2-R   2-S

19
AR-01   ELEVATION
立面图 SCALE 1 : 50

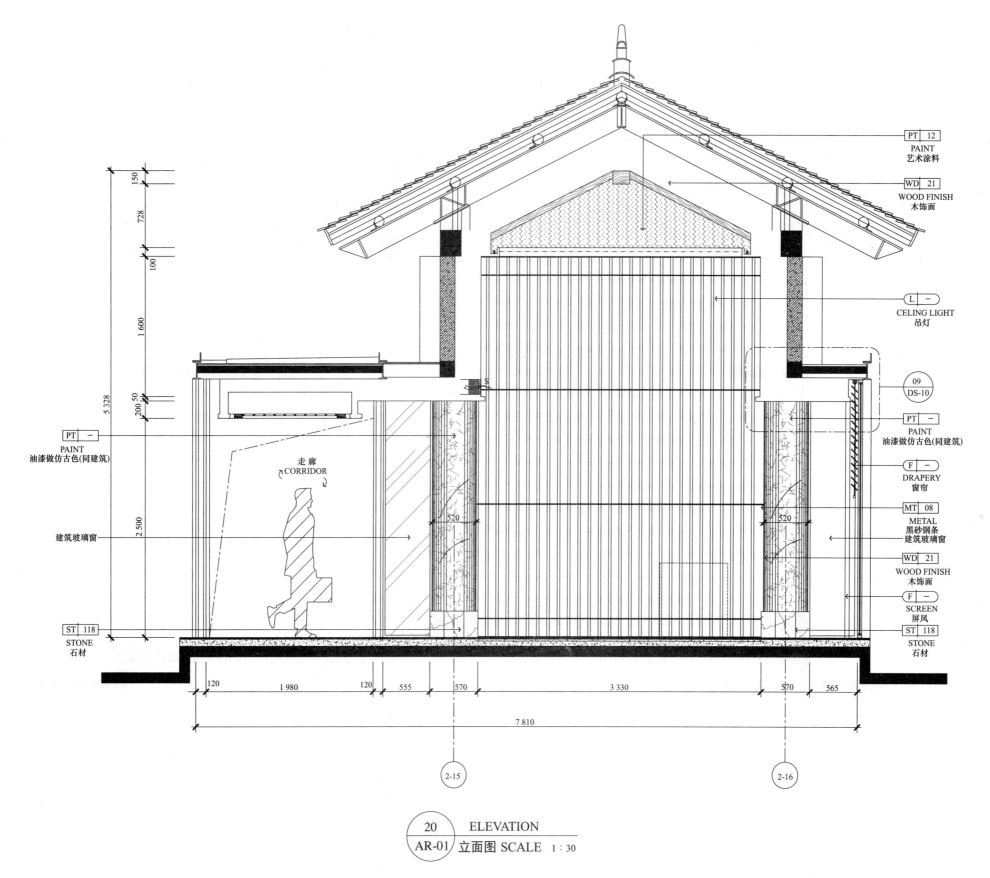

PT 12
PAINT
艺术涂料

WD 21
WOOD FINISH
木饰面

L —
CELING LIGHT
吊灯

09
DS-10

PT —
PAINT
油漆做仿古色(同建筑)

F —
DRAPERY
窗帘

MT 08
METAL
黑砂钢条
建筑玻璃窗

WD 21
WOOD FINISH
木饰面

F —
SCREEN
屏风

ST 118
STONE
石材

PT —
PAINT
油漆做仿古色(同建筑)

建筑玻璃窗

ST 118
STONE
石材

走廊
CORRIDOR

150
728
100
1 600
5 328
200 50
2 500

120   1 980   120   555   570   3 330   570   565

7 810

520   520

2-15   2-16

20 ELEVATION
AR-01 立面图 SCALE 1：30

· 113 ·

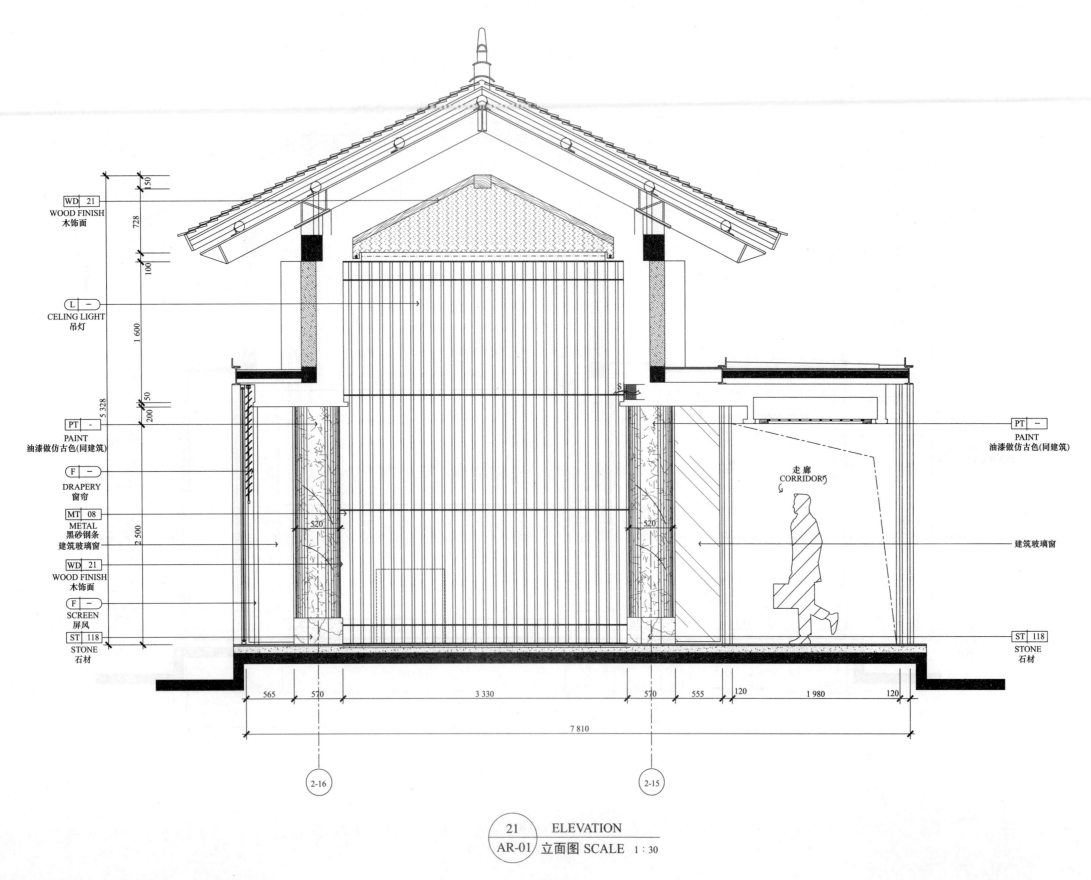

WD 21
WOOD FINISH
木饰面

L —
CELING LIGHT
吊灯

PT —
PAINT
油漆做仿古色(同建筑)

F —
DRAPERY
窗帘

MT 08
METAL
黑砂钢条
建筑玻璃窗

WD 21
WOOD FINISH
木饰面

F —
SCREEN
屏风

ST 118
STONE
石材

PT —
PAINT
油漆做仿古色(同建筑)

建筑玻璃窗

ST 118
STONE
石材

走廊
CORRIDOR

150
728
100
1 600
5 328
50
200
2 500
520
520

565　570　3 330　570　555　120　1 980　120

7 810

2-16　　2-15

21　ELEVATION
AR-01　立面图 SCALE　1:30

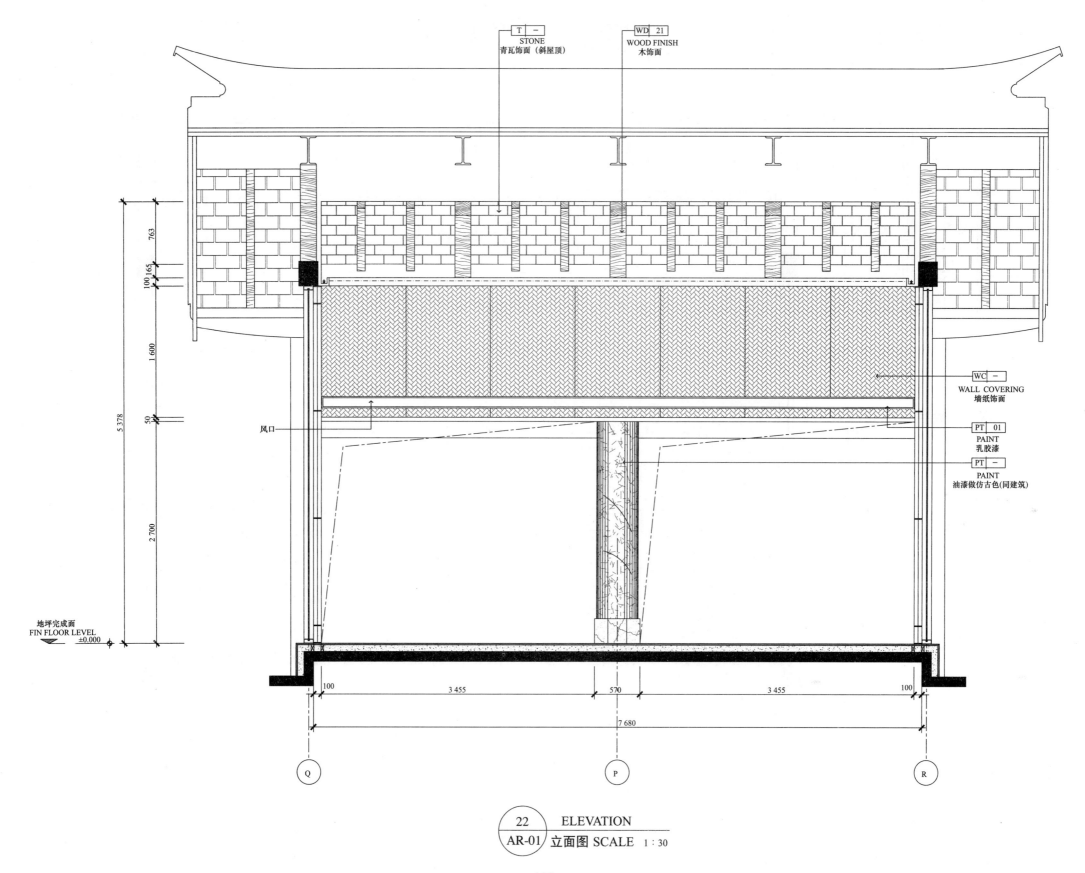

T —
STONE
青瓦饰面（斜屋顶）

WD 21
WOOD FINISH
木饰面

763
100 165
1 600
50
5 378
2 700

WC —
WALL COVERING
墙纸饰面

风口

PT 01
PAINT
乳胶漆

PT —
PAINT
油漆做仿古色(同建筑)

地坪完成面
FIN FLOOR LEVEL
±0.000

100
3 455
570
3 455
100
7 680

Q
P
R

22 ELEVATION
AR-01 立面图 SCALE 1：30

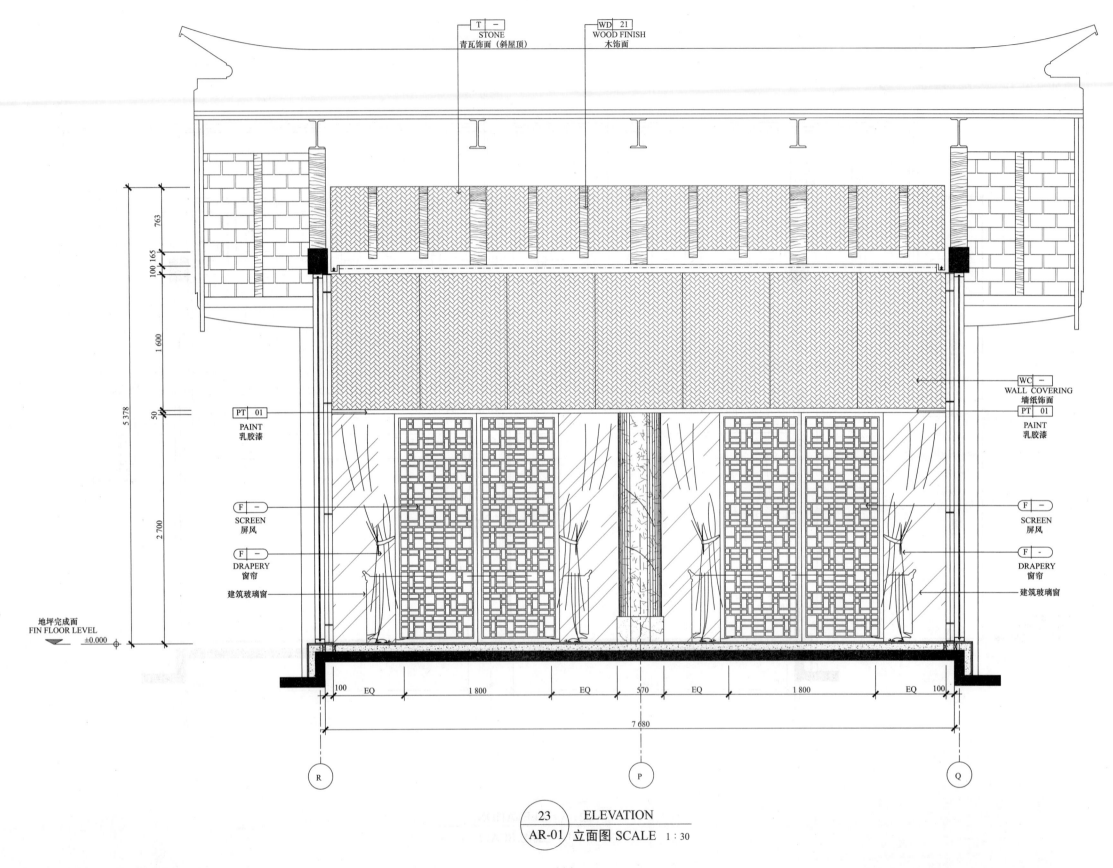

STONE
青瓦饰面（斜屋顶）
T −

WD 21
WOOD FINISH
木饰面

WC −
WALL COVERING
墙纸饰面

PT 01
PAINT
乳胶漆

PT 01
PAINT
乳胶漆

F −
SCREEN
屏风

F −
SCREEN
屏风

F −
DRAPERY
窗帘

F −
DRAPERY
窗帘

建筑玻璃窗

建筑玻璃窗

地坪完成面
FIN FLOOR LEVEL
±0.000

763

100 165

1 600

50

2 700

5 378

100 EQ 1 800 EQ 570 EQ 1 800 EQ 100

7 680

R

P

Q

23
AR-01   ELEVATION
立面图 SCALE 1：30

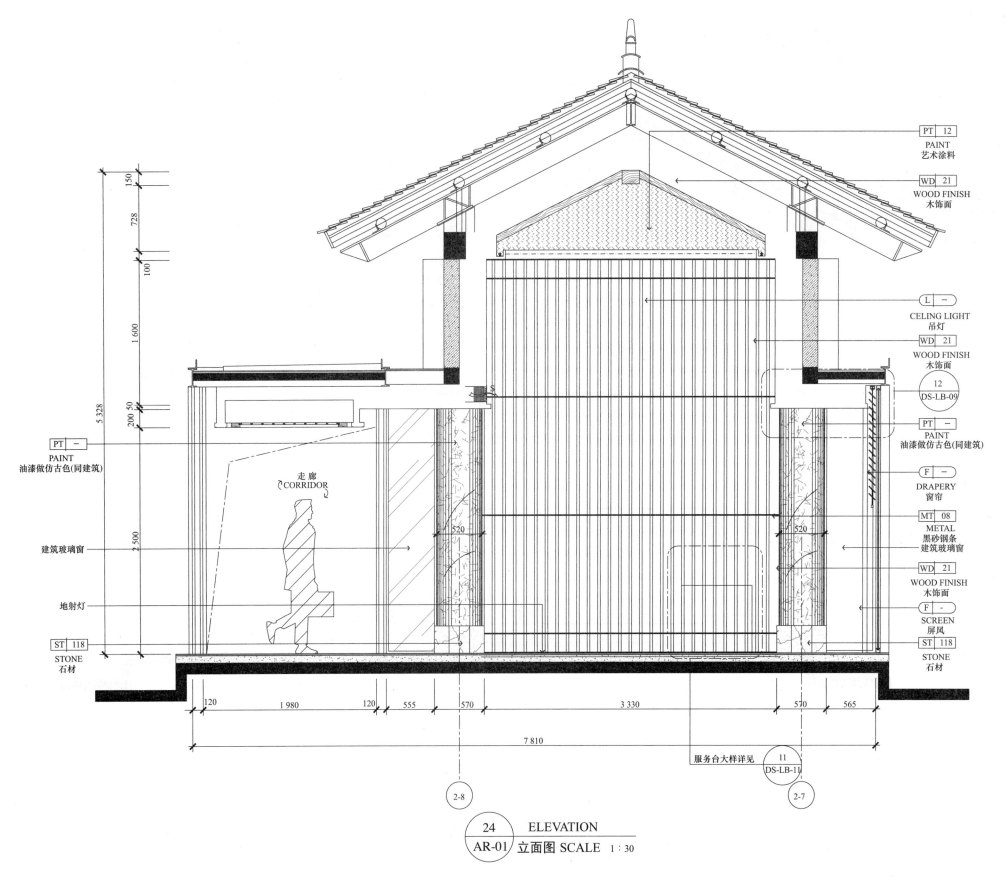

PT 12
PAINT
艺术涂料

WD 21
WOOD FINISH
木饰面

L —
CELING LIGHT
吊灯

WD 21
WOOD FINISH
木饰面

12
DS-LB-09

PT —
PAINT
油漆做仿古色(同建筑)

F —
DRAPERY
窗帘

MT 08
METAL
黑砂钢条
建筑玻璃窗

WD 21
WOOD FINISH
木饰面

F —
SCREEN
屏风

ST 118
STONE
石材

PT —
PAINT
油漆做仿古色(同建筑)

建筑玻璃窗

地射灯

ST 118
STONE
石材

走廊
CORRIDOR

150
728
100
1 600
200 50
5 328
2 500

520
520

120 1 980 120 555 570 3 330 570 565

7 810

服务台大样详见 11
DS-LB-11

2-8 2-7

24
AR-01 立面图 SCALE 1:30

ELEVATION

· 117 ·

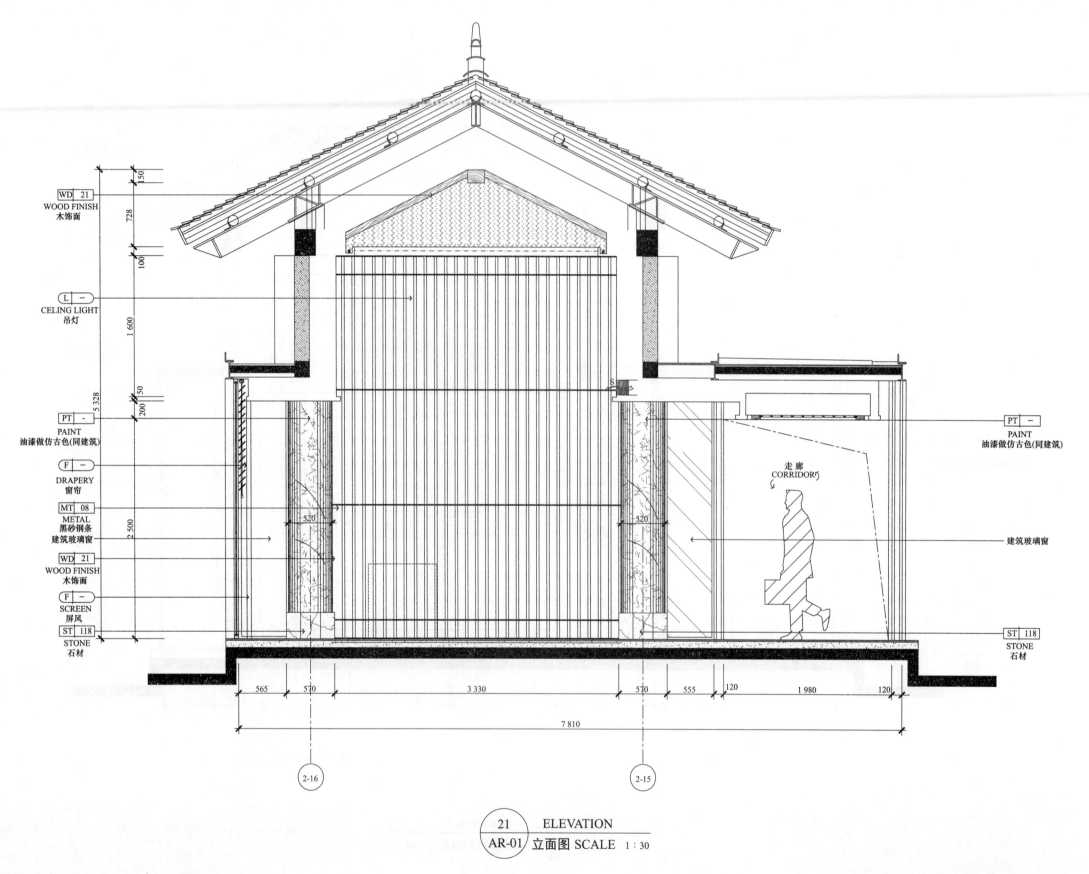

WD | 21
WOOD FINISH
木饰面

L | —
CELING LIGHT
吊灯

PT | —
PAINT
油漆做仿古色(同建筑)

F | —
DRAPERY
窗帘

MT | 08
METAL
黑砂钢条
建筑玻璃窗

WD | 21
WOOD FINISH
木饰面

F | —
SCREEN
屏风

ST | 118
STONE
石材

PT | —
PAINT
油漆做仿古色(同建筑)

建筑玻璃窗

走廊
CORRIDOR门

ST | 118
STONE
石材

150

728

100

1 600

5 328

50

200

2 500

520

520

565   570   3 330   570   555   120   1 980   120

7 810

2-16   2-15

21   ELEVATION
AR-01 立面图 SCALE 1 : 30

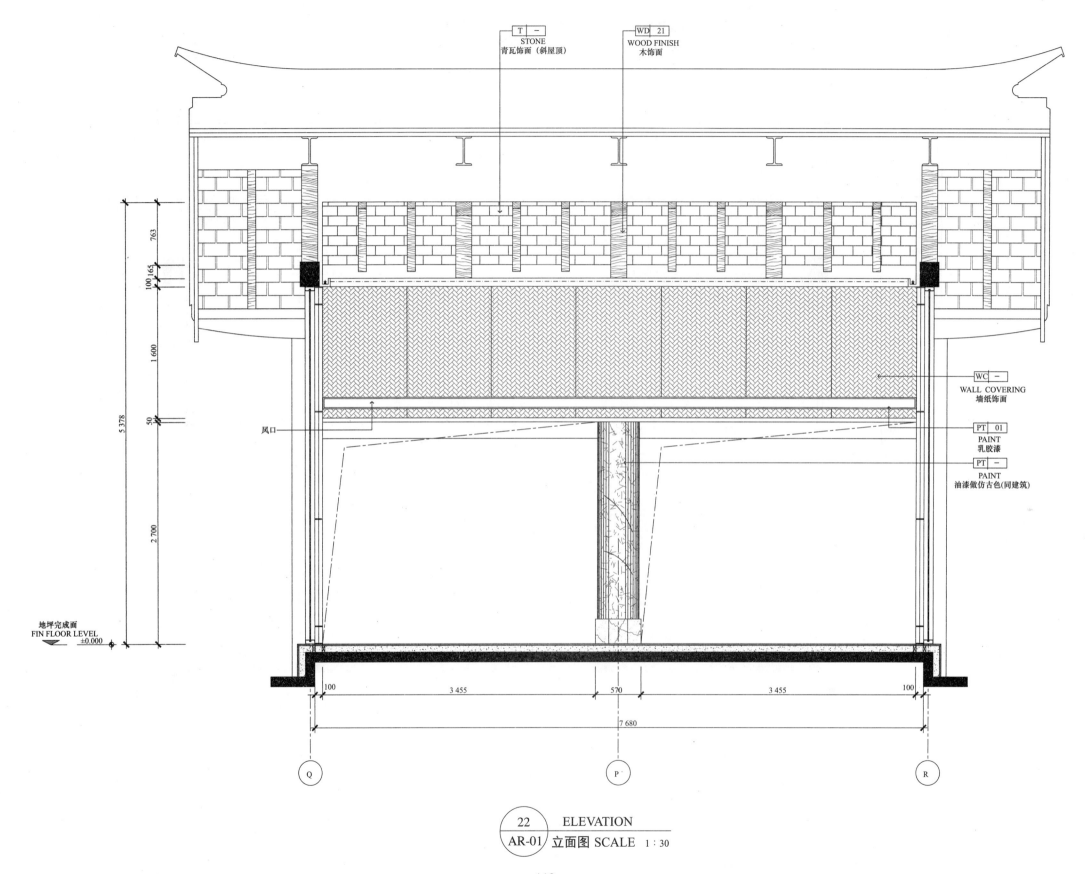

763

100 | 165

1 600

5 378

50

2 700

WC | —
WALL COVERING
墙纸饰面

风口

PT | 01
PAINT
乳胶漆

PT | —
PAINT
油漆做仿古色(同建筑)

地坪完成面
FIN FLOOR LEVEL
±0.000

100   3 455   570   3 455   100

7 680

Q   P   R

22 | ELEVATION
AR-01 | 立面图 SCALE 1：30

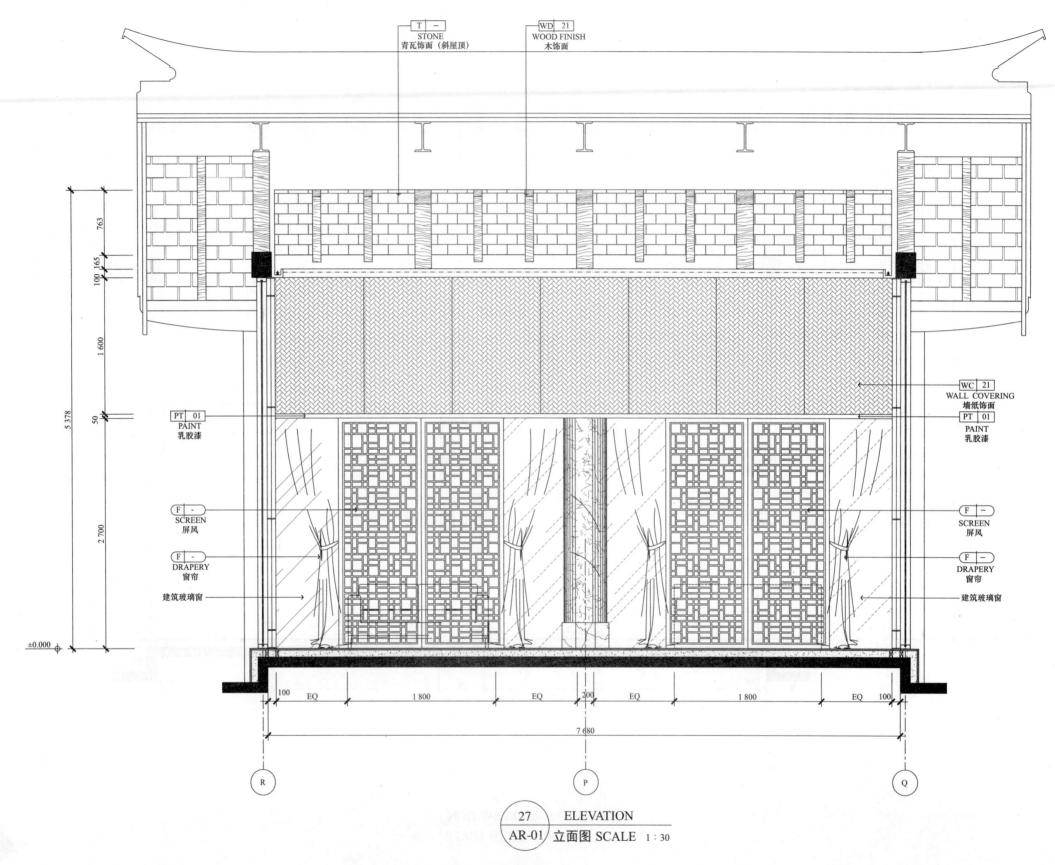

STONE
青瓦饰面（斜屋顶）
T　－

WD　21
WOOD FINISH
木饰面

WC　21
WALL COVERING
墙纸饰面

PT　01
PAINT
乳胶漆

PT　01
PAINT
乳胶漆

F　－
SCREEN
屏风

F　－
SCREEN
屏风

F　－
DRAPERY
窗帘

F　－
DRAPERY
窗帘

建筑玻璃窗

建筑玻璃窗

763
100 165
1 600
50
2 700
5 378
±0.000

100　EQ　1 800　EQ　200　EQ　1 800　EQ　100
7 680

R　P　Q

27　ELEVATION
AR-01　立面图 SCALE 1 : 30

· 120 ·

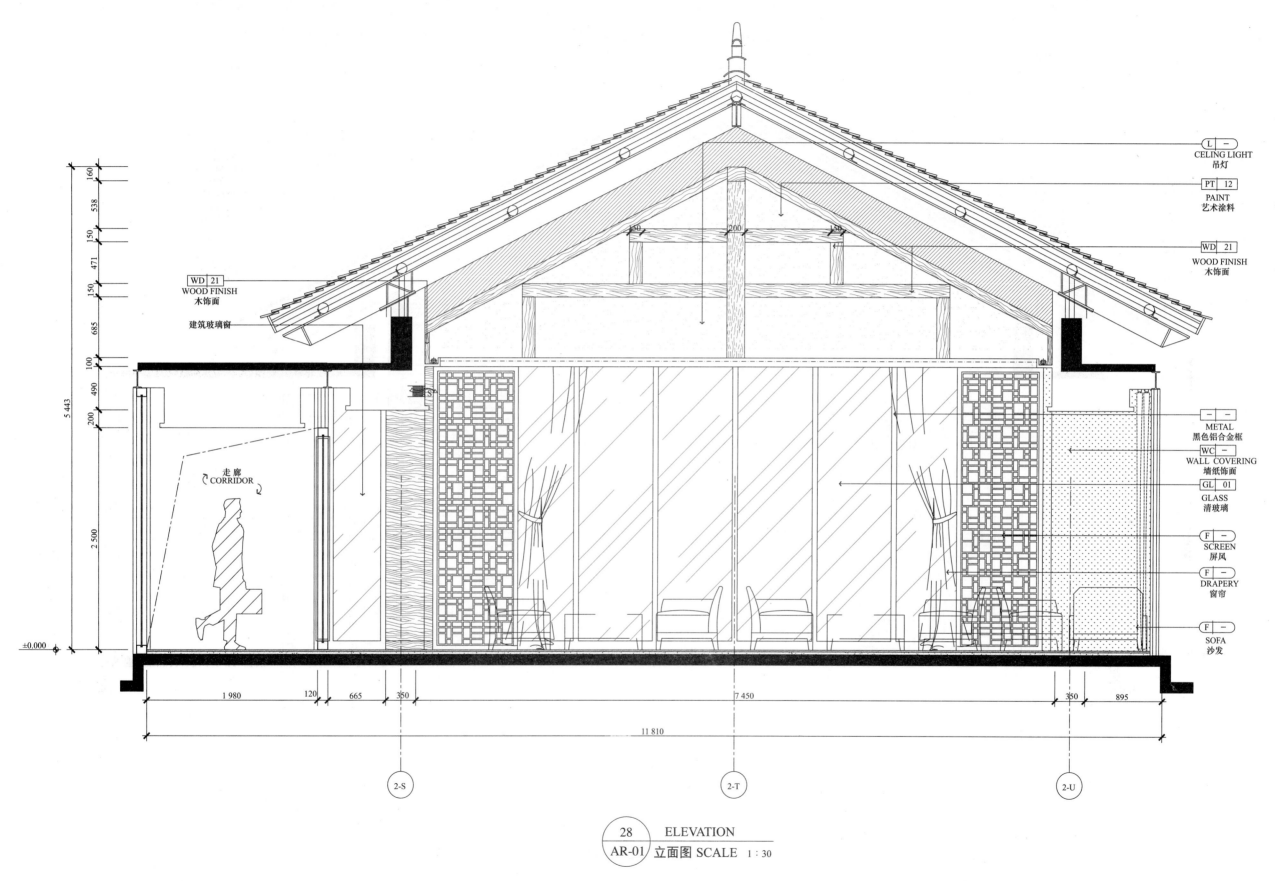

CELING LIGHT
吊灯

PT | 12
PAINT
艺术涂料

WD | 21
WOOD FINISH
木饰面

WD | 21
WOOD FINISH
木饰面

建筑玻璃窗

METAL
黑色铝合金框

WC | —
WALL COVERING
墙纸饰面

GL | 01
GLASS
清玻璃

走廊
CORRIDOR

SCREEN
屏风

DRAPERY
窗帘

SOFA
沙发

±0.000

1 980   120   665   350   7 450   350   895

11 810

2-S   2-T   2-U

28   ELEVATION
AR-01 立面图 SCALE 1：30

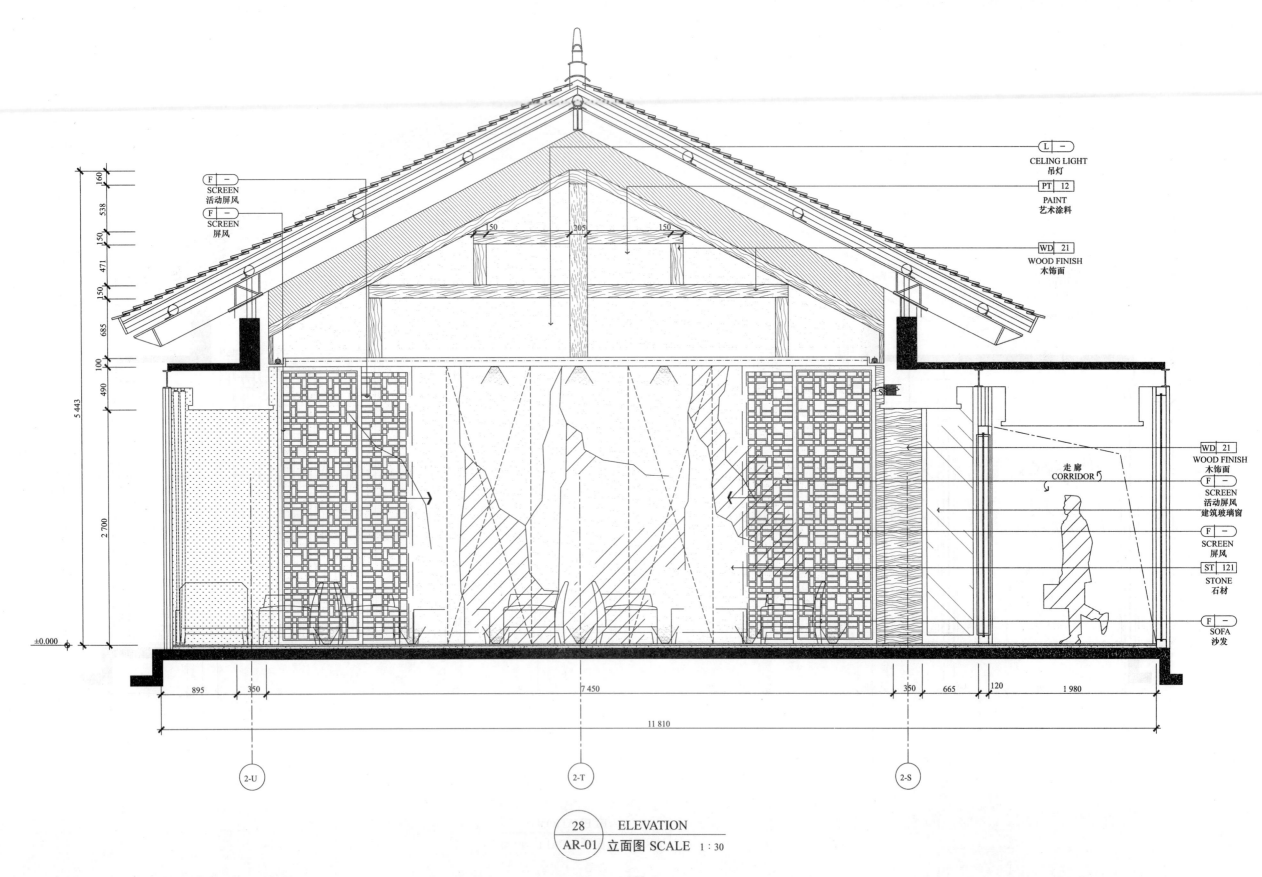

走廊
CORRIDOR

28 ELEVATION
AR-01 立面图 SCALE 1：30

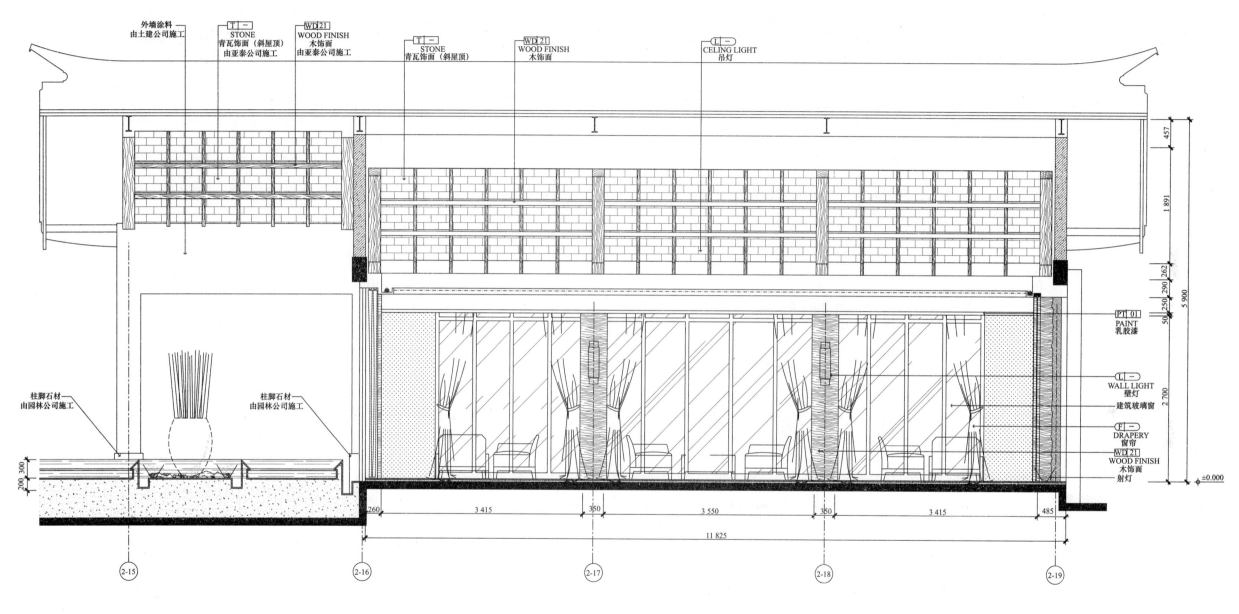

外墙涂料
由土建公司施工

<u>T —</u>
STONE
青瓦饰面（斜屋顶）
由亚泰公司施工

<u>WD 21</u>
WOOD FINISH
木饰面
由亚泰公司施工

<u>T —</u>
STONE
青瓦饰面（斜屋顶）

<u>WD 21</u>
WOOD FINISH
木饰面

<u>L —</u>
CELING LIGHT
吊灯

457

1 891

50 | 250 | 290 | 262

5 900

<u>PT 01</u>
PAINT
乳胶漆

<u>L —</u>
WALL LIGHT
壁灯

建筑玻璃窗

2 700

<u>F —</u>
DRAPERY
窗帘

<u>WD 21</u>
WOOD FINISH
木饰面
射灯

±0.000

柱脚石材
由园林公司施工

柱脚石材
由园林公司施工

200 | 300

260   3 415   350   3 550   350   3 415   485

11 825

2-15   2-16   2-17   2-18   2-19

30
AR-01   ELEVATION
立面图 SCALE 1：30

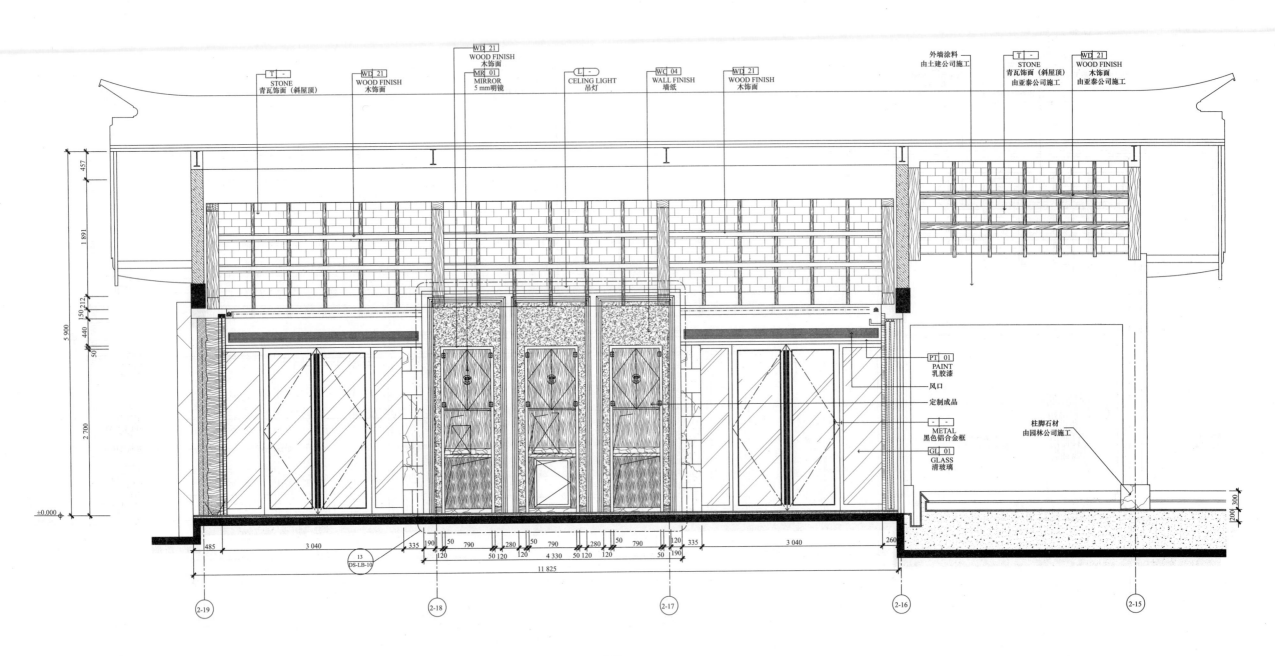

STONE
青瓦饰面（斜屋顶）

WD 21
WOOD FINISH
木饰面

WD 21
WOOD FINISH
木饰面

MR 01
MIRROR
5 mm明镜

L
CELING LIGHT
吊灯

WC 04
WALL FINISH
墙纸

WD 21
WOOD FINISH
木饰面

外墙涂料
由土建公司施工

T
STONE
青瓦饰面（斜屋顶）
由亚泰公司施工

WD 21
WOOD FINISH
木饰面
由亚泰公司施工

PT 01
PAINT
乳胶漆

风口

定制成品

METAL
黑色铝合金框

GL 01
GLASS
清玻璃

柱脚石材
由园林公司施工

457

1 891

150 212

440

50

2 700

5 900

±0.000

485

3 040

335 190

50 790

280 50

790

280 50

790

120

335

3 040

260

120

50 120

120

4 330

50 120

120

50

190

11 825

13
DS-LB-10

200 300

2-19

2-18

2-17

2-16

2-15

31
AR-01

ELEVATION
立面图 SCALE 1：30

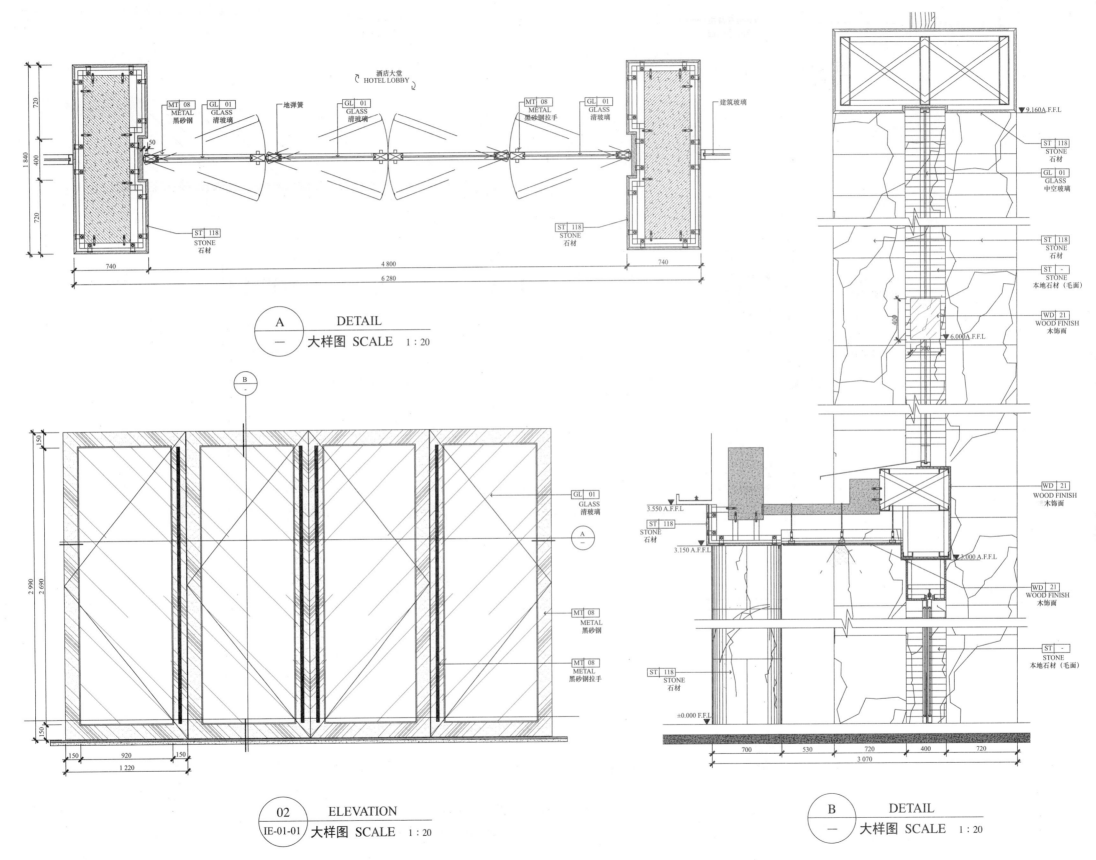

酒店大堂
HOTEL LOBBY

MT 08
METAL
黑砂钢

GL 01
GLASS
清玻璃

地弹簧

GL 01
GLASS
清玻璃

MT 08
METAL
黑砂钢拉手

GL 01
GLASS
清玻璃

建筑玻璃

ST 118
STONE
石材

ST 118
STONE
石材

720   400   720

1 840

740   4 800   740

6 280

A   DETAIL
一   大样图 SCALE   1 : 20

B

GL 01
GLASS
清玻璃

MT 08
METAL
黑砂钢

MT 08
METAL
黑砂钢拉手

A
一

150   2 990   2 690   150

150   920   150
1 220

02   ELEVATION
IE-01-01   大样图 SCALE   1 : 20

▽ 9.160A.F.F.L

ST 118
STONE
石材

GL 01
GLASS
中空玻璃

ST 118
STONE
石材

ST -
STONE
本地石材（毛面）

WD 21
WOOD FINISH
木饰面

▽ 6.000A.F.F.L

3.550 A.F.F.L

ST 118
STONE
石材

WD 21
WOOD FINISH
木饰面

3.150 A.F.F.L

3.000 A.F.F.L

WD 21
WOOD FINISH
木饰面

ST 118
STONE
石材

ST -
STONE
本地石材（毛面）

±0.000 F.F.L

700   530   720   400   720

3 070

B   DETAIL
一   大样图 SCALE   1 : 20

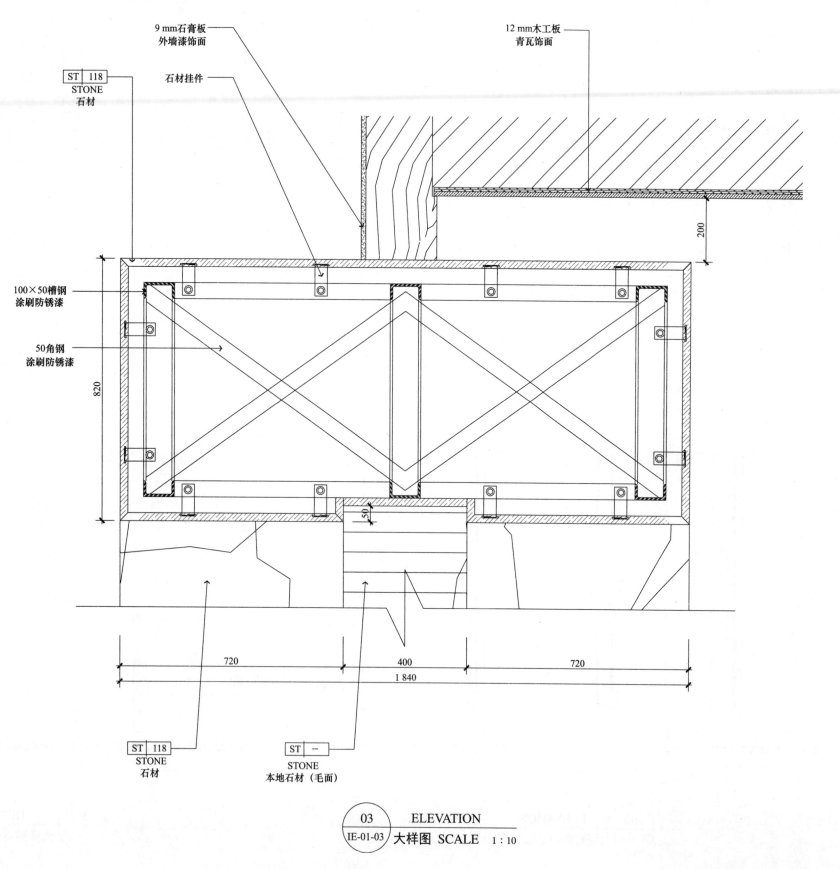

9 mm石膏板
外墙漆饰面

12 mm木工板
青瓦饰面

石材挂件

ST | 118
STONE
石材

100×50槽钢
涂刷防锈漆

50角钢
涂刷防锈漆

200

820

50

720   400   720
1 840

ST | 118
STONE
石材

ST | —
STONE
本地石材（毛面）

03   **ELEVATION**
IE-01-03 大样图 SCALE   1：10

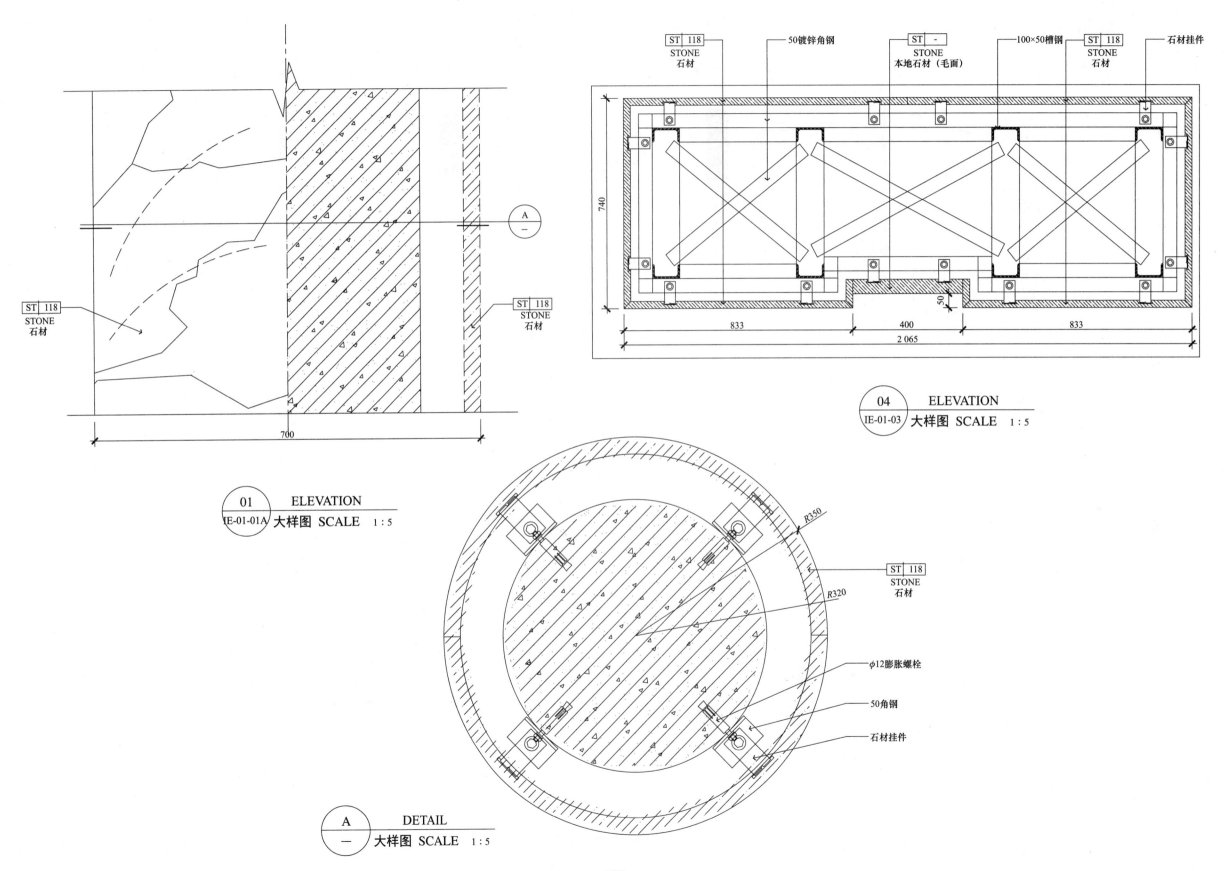

ST 118
STONE
石材

ST 118
STONE
石材

700

ST 118
STONE
石材

50镀锌角钢

ST -
STONE
本地石材（毛面）

100×50槽钢

ST 118
STONE
石材

石材挂件

740

50

833   400   833

2 065

04 ELEVATION
IE-01-03 大样图 SCALE 1:5

01 ELEVATION
IE-01-01A 大样图 SCALE 1:5

R350

R320

ST 118
STONE
石材

φ12膨胀螺栓

50角钢

石材挂件

A DETAIL
— 大样图 SCALE 1:5

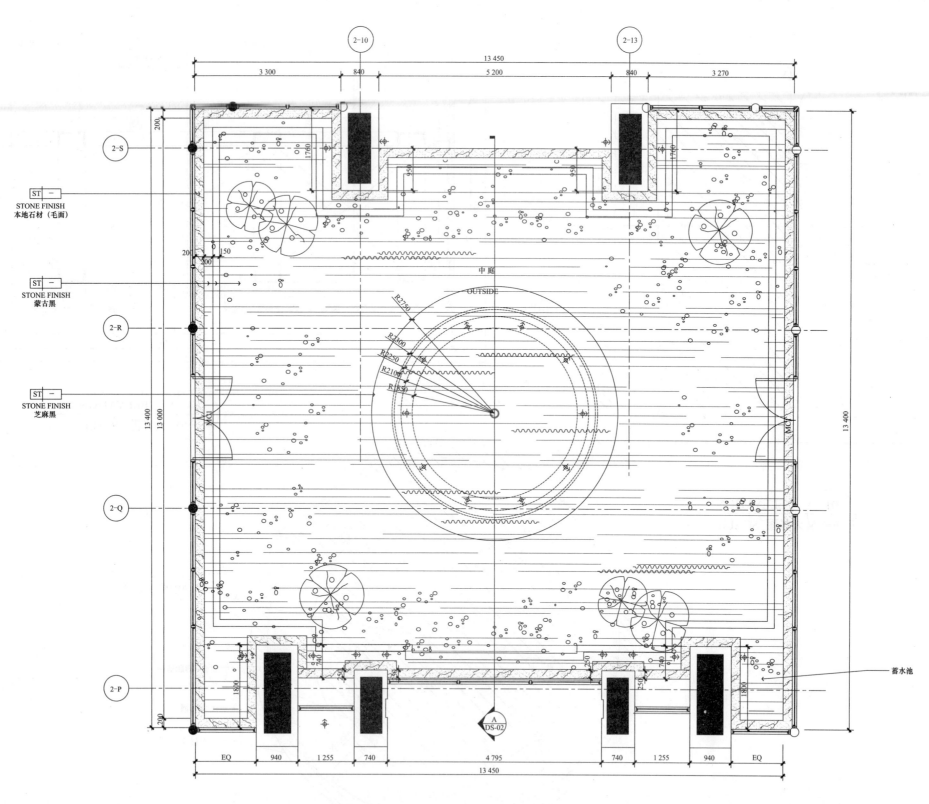

STONE FINISH
本地石材（毛面）

STONE FINISH
蒙古黑

STONE FINISH
芝麻黑

中庭
OUTSIDE

蓄水池

04   DETAILS
DS-01-03 大样图 SCALE 1：50

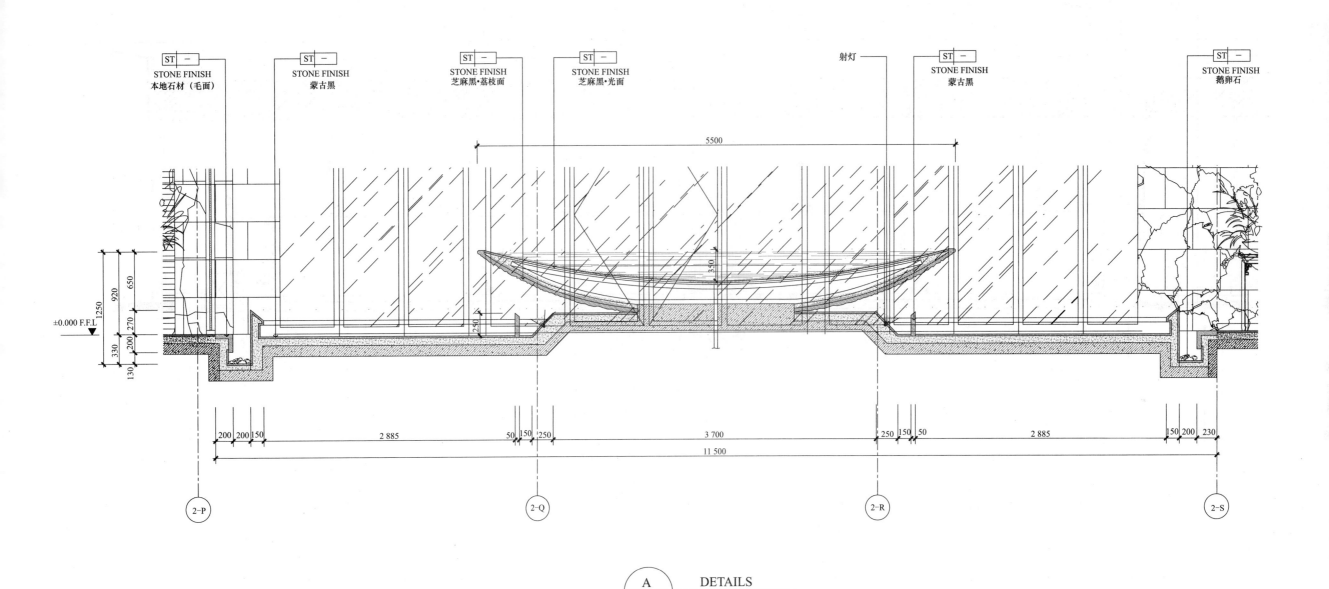

STONE FINISH
本地石材（毛面）

ST —

ST —
STONE FINISH
蒙古黑

ST —
STONE FINISH
芝麻黑·荔枝面

ST —
STONE FINISH
芝麻黑·光面

射灯

ST —
STONE FINISH
蒙古黑

ST —
STONE FINISH
鹅卵石

5500

±0.000 F.F.L ▼

350

250

1250
920
650
270
200
330
130

200 200 150

2 885

50 150 250

3 700

250 150 50

2 885

150 200 230

11 500

2-P

2-Q

2-R

2-S

A
DS-04
DETAILS
大样图 SCALE 1 : 30

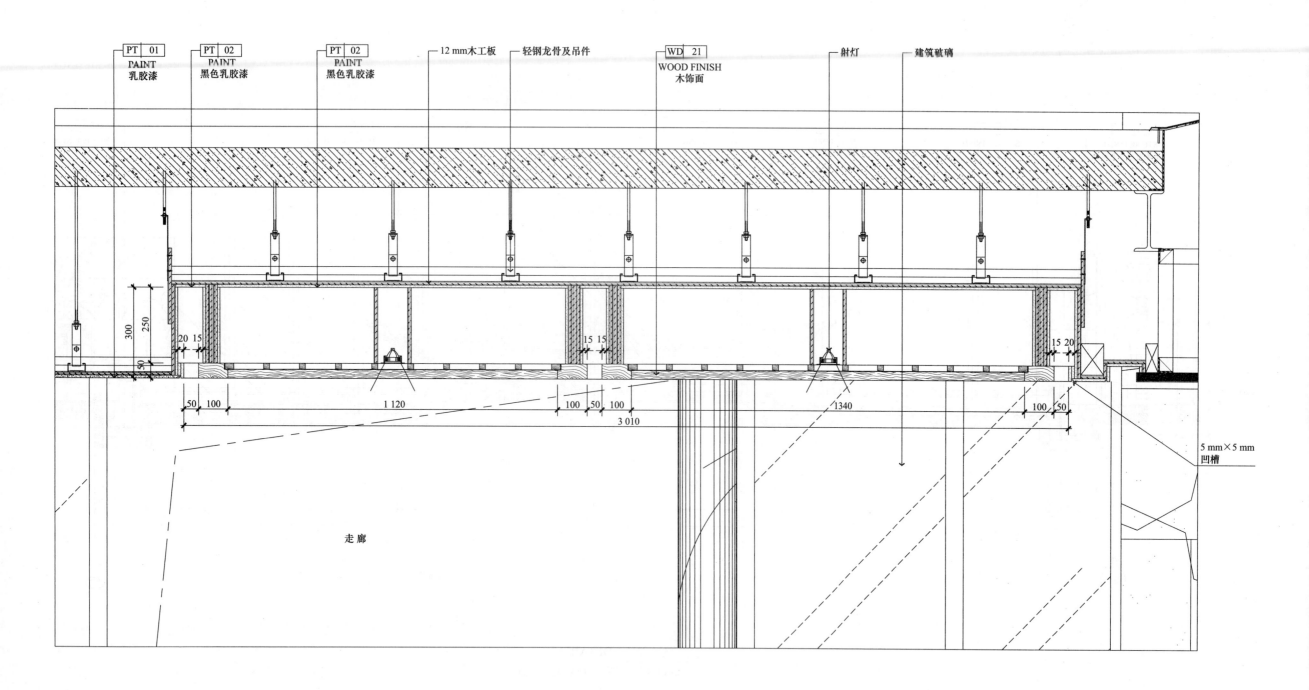

PT 01 PAINT 乳胶漆
PT 02 PAINT 黑色乳胶漆
PT 02 PAINT 黑色乳胶漆
12 mm木工板
轻钢龙骨及吊件
WD 21 WOOD FINISH 木饰面
射灯
建筑玻璃

300
250
50
20 15
15 15
15 20

50 100
1 120
100 50 100
1340
100 50
3 010

走 廊

5 mm×5 mm
凹槽

06   DETAILS
IE-01-06   大样图 SCALE   1 : 10

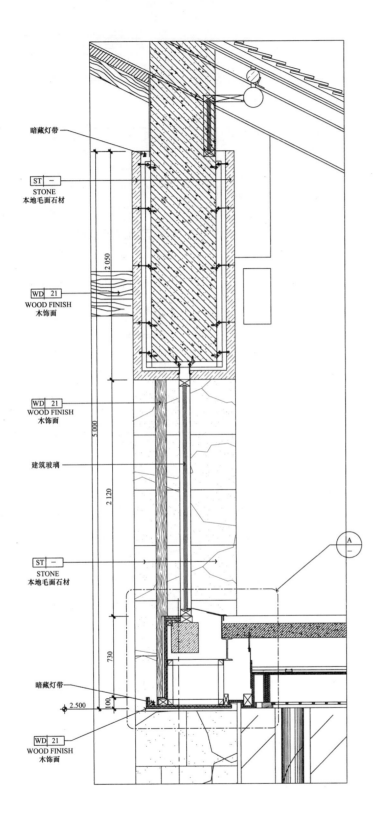

暗藏灯带

ST —
STONE
本地毛面石材

WD 21
WOOD FINISH
木饰面

WD 21
WOOD FINISH
木饰面

建筑玻璃

ST —
STONE
本地毛面石材

暗藏灯带

WD 21
WOOD FINISH
木饰面

07 DETAILS
IE-01-06 大样图 SCALE 1：20

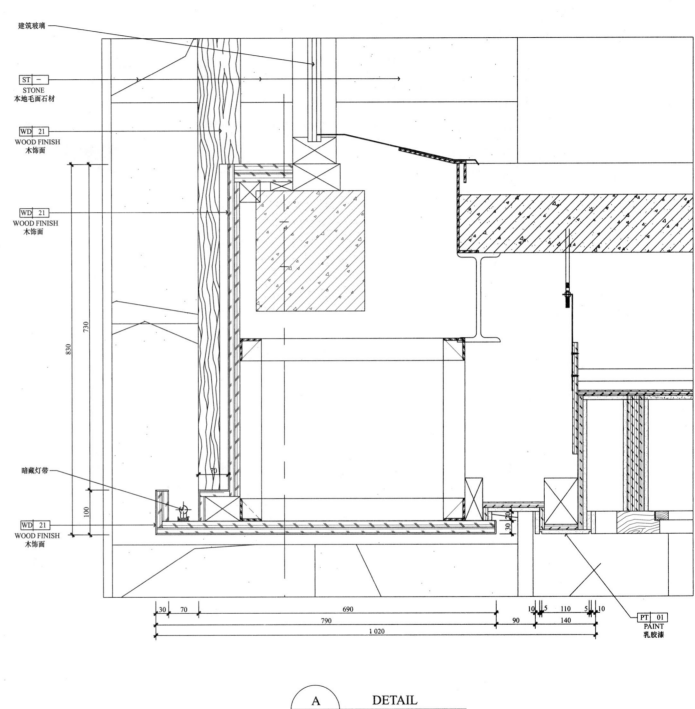

建筑玻璃

ST —
STONE
本地毛面石材

WD 21
WOOD FINISH
木饰面

WD 21
WOOD FINISH
木饰面

暗藏灯带

WD 21
WOOD FINISH
木饰面

PT 01
PAINT
乳胶漆

A DETAIL
— 大样图 SCALE 1：5

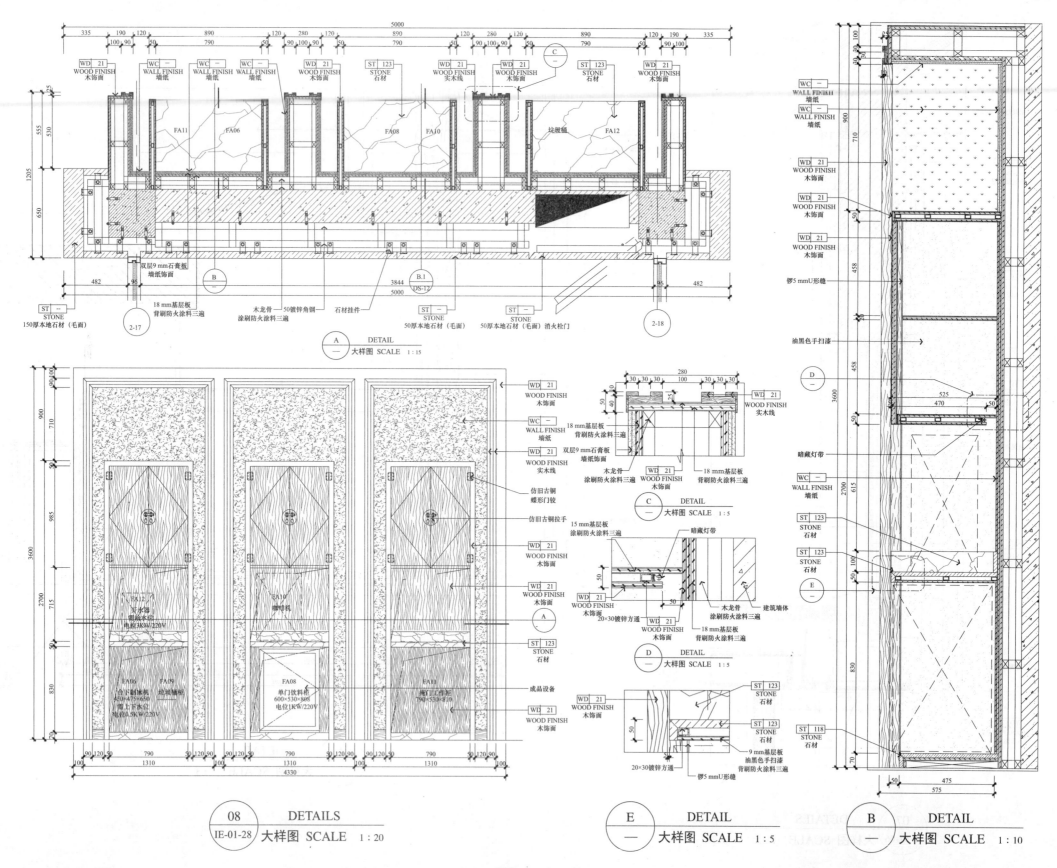

WD 21 WOOD FINISH 木饰面
WC — WALL FINISH 墙纸
WC — WALL FINISH 墙纸
WC — WALL FINISH 墙纸
WD 21 WOOD FINISH 木饰面
ST 123 STONE 石材
WD 21 WOOD FINISH 实木线
WD 21 WOOD FINISH 木饰面
ST 123 STONE 石材
WD 21 WOOD FINISH 木饰面

C

FA11 FA06   FA08 FA10   垃圾桶   FA12

双层9 mm石膏板
墙纸饰面

B
—

B.1
—

3844
5000
DS-12

18 mm基层板
背刷防火涂料三遍

木龙骨
涂刷防火涂料三遍

50镀锌角钢   石材挂件

ST —
STONE
150厚本地石材（毛面）

2-17

ST —
STONE
50厚本地石材（毛面）

ST —
STONE
50厚本地石材（毛面）消火栓门

2-18

A DETAIL
— 大样图 SCALE 1:15

WC — WALL FINISH 墙纸
WC — WALL FINISH 墙纸

WD 21 WOOD FINISH 木饰面

WD 21 WOOD FINISH 木饰面

锣5 mmU形缝

油黑色手扫漆

D
—

暗藏灯带

WC — WALL FINISH 墙纸

ST 123 STONE 石材

ST 123 STONE 石材

E
—

ST 118 STONE 石材

WD 21 WOOD FINISH 木饰面
WC — WALL FINISH 墙纸
WD 21 WOOD FINISH 木饰面
WD 21 WOOD FINISH 实木线

仿旧古铜蝶形门铰

仿旧古铜拉手

WD 21 WOOD FINISH 木饰面

WD 21 WOOD FINISH 木饰面

ST 123 STONE 石材

FA12
开水器
嵌线水位
电位3KW/220V

FA06   FA09
台下制冰机
650×475×650
锣上下水位
电位0.9KW/220V

FA10
咖啡机

FA08
单门饮料柜
600×530×808
电位1KW/220V

FA11
咖啡工作车
790×530×910

WD 21 WOOD FINISH 木饰面

成品设备

WD 21 WOOD FINISH 木饰面

280
30 30 30   100   30 30 30

WD 21 WOOD FINISH 实木线

18 mm基层板
背刷防火涂料三遍

双层9 mm石膏板
墙纸饰面

木龙骨
涂刷防火涂料三遍

WD 21 WOOD FINISH 木饰面

WD 21 WOOD FINISH 木饰面

18 mm基层板
背刷防火涂料三遍

C DETAIL
— 大样图 SCALE 1:5

15 mm基层板
涂刷防火涂料三遍

暗藏灯带

WD 21 WOOD FINISH 木饰面

20×30镀锌方通

WD 21 WOOD FINISH 木饰面

木龙骨
涂刷防火涂料三遍

建筑墙体

18 mm基层板
背刷防火涂料三遍

D DETAIL
— 大样图 SCALE 1:5

WD 21 WOOD FINISH 木饰面

ST 123 STONE 石材

ST 123 STONE 石材

9 mm基层板
油黑色手扫漆
背刷防火涂料三遍

20×30镀锌方通   锣5 mmU形缝

08 DETAILS
IE-01-28 大样图 SCALE 1:20

E DETAIL
— 大样图 SCALE 1:5

B DETAIL
— 大样图 SCALE 1:10

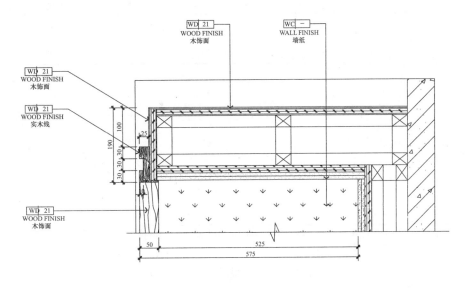

WD 21
WOOD FINISH
木饰面

WD 21
WOOD FINISH
实木线

WD 21
WOOD FINISH
木饰面

WD 21
WOOD FINISH
木饰面

WC —
WALL FINISH
墙纸

190 100
25
190
30 30
30 30
30

50   525
575

F — DETAIL
大样图 SCALE 1:5

ST 123
STONE
石材

1 690
280   120   890   120   280
30 30 30 100 30 30 30   50 90   610   90 50   30 30 30 100 30 30 30

50
45
575
525   525 475

G — DETAIL
大样图 SCALE 1:8

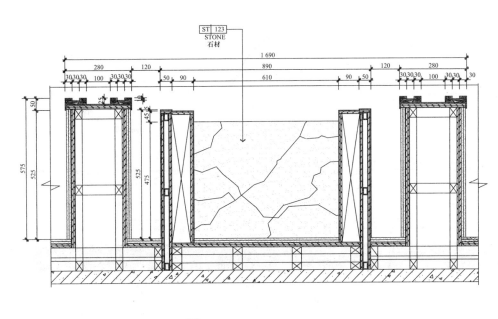

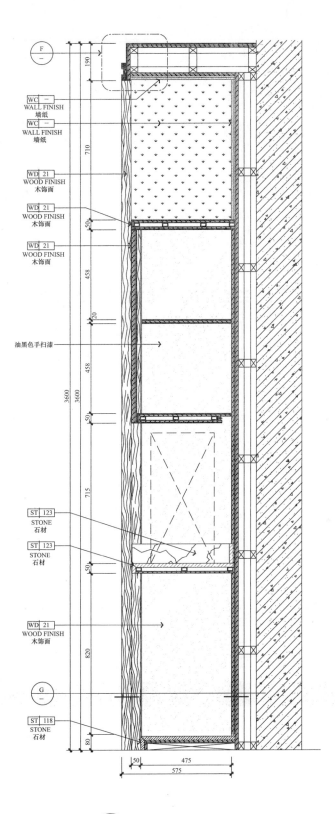

F —

WC —
WALL FINISH
墙纸

WC —
WALL FINISH
墙纸

WD 21
WOOD FINISH
木饰面

WD 21
WOOD FINISH
木饰面

WD 21
WOOD FINISH
木饰面

油黑色手扫漆

ST 123
STONE
石材

ST 123
STONE
石材

WD 21
WOOD FINISH
木饰面

G —

ST 118
STONE
石材

190
710
50
458
50
3600 3600
458
715
50
50
820
80

50   475
575

B.1   DETAILS
DS-11 大样图 SCALE 1:10

· 133 ·

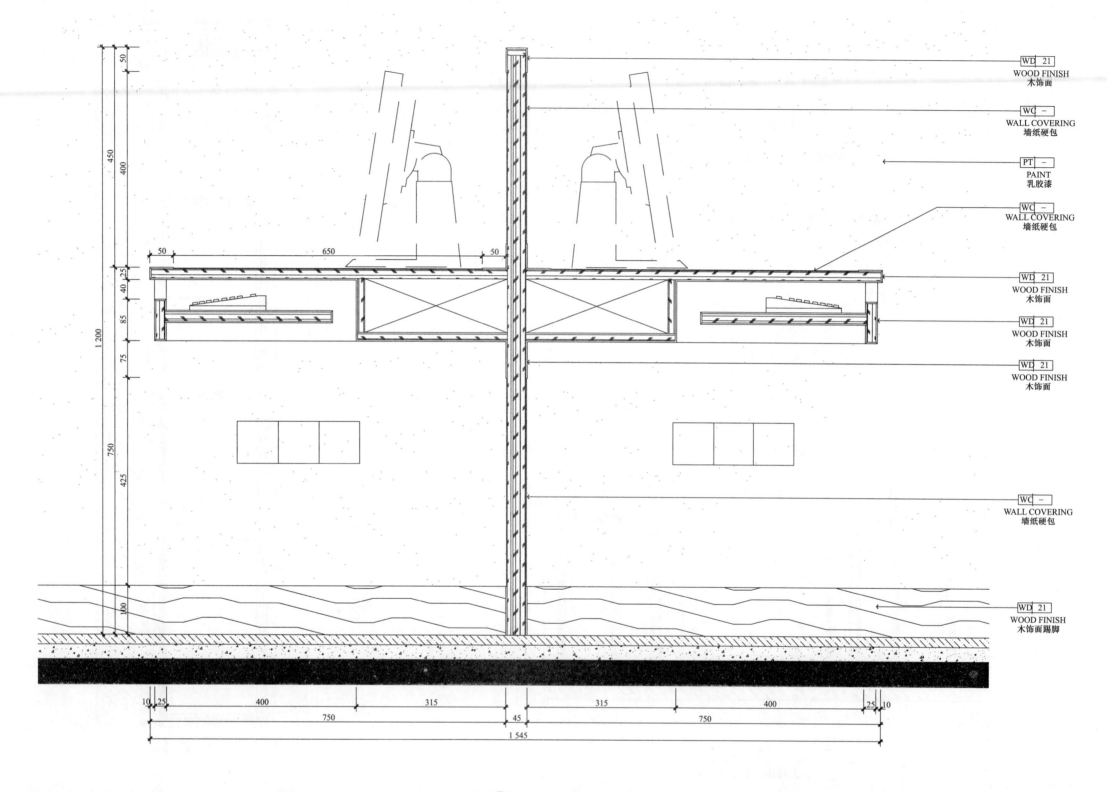

WD 21
WOOD FINISH
木饰面

WC –
WALL COVERING
墙纸硬包

PT –
PAINT
乳胶漆

WC –
WALL COVERING
墙纸硬包

WD 21
WOOD FINISH
木饰面

WD 21
WOOD FINISH
木饰面

WD 21
WOOD FINISH
木饰面

WC –
WALL COVERING
墙纸硬包

WD 21
WOOD FINISH
木饰面踢脚

10 DETAILS
IE-01-36 大样图 SCALE 1:5

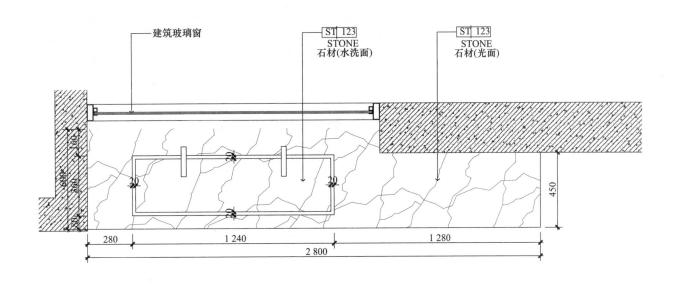

建筑玻璃窗

ST 123
STONE
石材(水洗面)

ST 123
STONE
石材(光面)

280 1 240 1 280
2 800

450

13 DETAILS
IE-01-37 平面图 SCALE 1 : 15

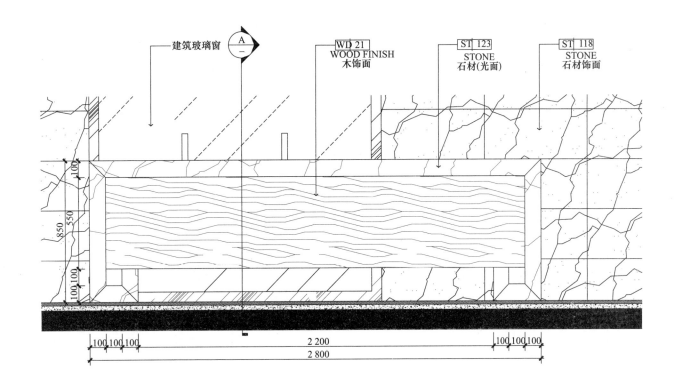

建筑玻璃窗

A

WD 21
WOOD FINISH
木饰面

ST 123
STONE
石材(光面)

ST 118
STONE
石材饰面

850 550

100 100 100 2 200 100 100 100
2 800

11 DETAILS
IE-01-37 立面图 SCALE 1 : 15

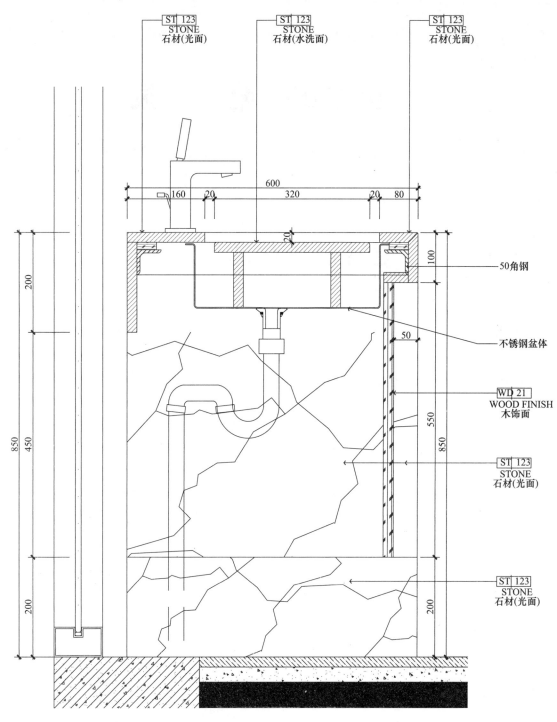

ST 123
STONE
石材(光面)

ST 123
STONE
石材(水洗面)

ST 123
STONE
石材(光面)

160 20 600 320 20 80

100

200

850 450

200

50角钢

不锈钢盆体

WD 21
WOOD FINISH
木饰面

550 850

ST 123
STONE
石材(光面)

ST 123
STONE
石材(光面)

200

50

A DETAIL
— 剖面图 SCALE 1 : 5

第五章 附 录

附录1 建筑制图标准

一、一般规定

1. 图线

建筑专业、室内设计专业制图采用的各种图线，应符合表5-1的规定。

表5-1 图线

名称		线 型	线宽	用 途
实线	粗	——————	b	1. 平、剖面图中被剖切的主要建筑构造（包括构配件）的轮廓线 2. 建筑立面图或室内立面图的外轮廓线 3. 建筑构造详图中被剖切的主要部分的轮廓线 4. 建筑构配件详图中的外轮廓线 5. 平、立、剖面的剖切符号
	中粗	——————	0.7b	1. 平、剖面图中被剖切的次要建筑构造（包括构配件）的轮廓线 2. 建筑平、立、剖面图中建筑构配件的轮廓线 3. 建筑构造详图及建筑构配件详图中的一般轮廓线
	中	——————	0.5b	小于0.7b的图形线、尺寸线、尺寸界限、索引符号、标高符号、详图材料做法引出线、粉刷线、保温层线、地面、墙面的高差分界线等
	细	——————	0.25b	图例填充线、家具线、纹样线等
虚线	中粗	— — — — —	0.7b	1. 建筑构造详图及建筑构配件不可见的轮廓线 2. 平面图中的起重机（吊车）轮廓线 3. 拟建、扩建建筑物轮廓线
	中	— — — — —	0.5b	投影线、小于0.5b的不可见轮廓线
	细	— — — — —	0.25b	图例填充线、家具线等

续表

名称		线 型	线宽	用 途
单点长画线	粗	—·——·——	b	起重机（吊车）轨道线
	细	—·——·—	0.25b	中心线、对称线、定位轴线
折断线	细	——√——	0.25b	部分省略表示时的断开界线
波浪线	细	～～～	0.25b	部分省略表示时的断开界线、曲线形构件断开界限、构造层次的断开界限

注：地坪线宽可用1.4b。

2. 比例

建筑专业、室内设计专业制图选用的各种比例，应符合表5-2的规定。

表5-2 比例

图名	比例
建筑物或构筑物的平面图、立面图、剖面图	1∶50、1∶100、1∶150、1∶200、1∶300
建筑物或构筑物的局部放大图	1∶10、1∶20、1∶25、1∶30、1∶50
配件及构造详图	1∶1、1∶2、1∶5、1∶10、1∶15、1∶20、1∶25、1∶30、1∶50

二、图例

（1）构造及配件图例应符合表5-3的规定。

表5-3 构造及配件图例

序号	名称	图 例	备 注
1	墙体		1. 上图为外墙，下图为内墙 2. 外墙粗线表示有保温层或有幕墙 3. 应加注文字或涂色或图案填充表示各种材料的墙体 4. 在各层平面图中防火墙宜着重以特殊图案填充表示
2	隔断		1. 加注文字或涂色或图案填充表示各种材料的轻质隔断 2. 适用于到顶与不到顶隔断
3	玻璃幕墙		幕墙龙骨是否表示由项目设计决定
4	栏杆		—

续表

序号	名称	图例	备注
5	楼梯	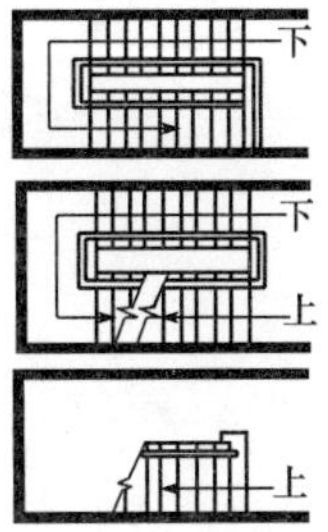下 下 上 上	1．上图为顶层楼梯平面，中图为中间层楼梯平面，下图为底层楼梯平面 2．需设置靠墙扶手或中间扶手时，应在图中表示
6	坡道	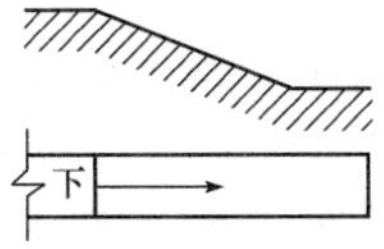下	长坡道
		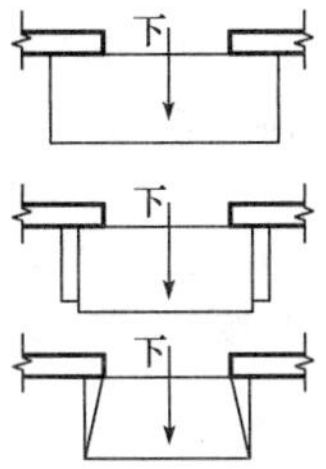下 下 下	上图为两侧垂直的门口坡道，中图为有挡墙的门口坡道，下图为两侧找坡的门口坡道
7	台阶	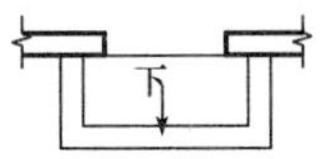下	—
8	平面高差	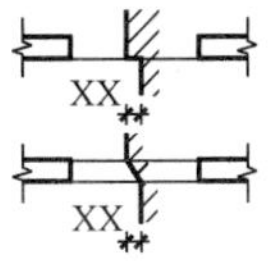XX XX	用于高差小的地面或楼面交接处，并应与门的开启方向协调
9	检查口		左图为可见检查口，右图为不可见检查口
10	孔洞		阴影部分亦可填充灰度或涂色代替
11	坑槽		—
12	墙预留洞、槽	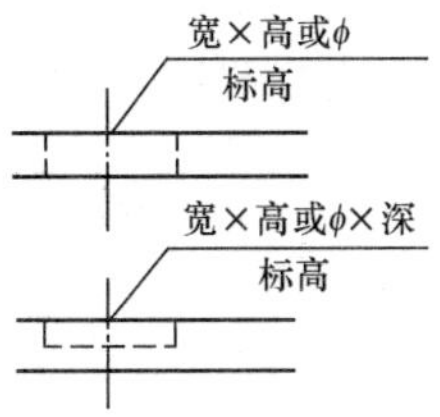宽×高或φ 标高 宽×高或φ×深 标高	1．上图为预留洞，下图为预留槽 2．平面以洞（槽）中心定位 3．标高以洞（槽）底或中心定位 4．宜以涂色区别墙体和预留洞（槽）

续表

序号	名称	图例	备注
13	地沟	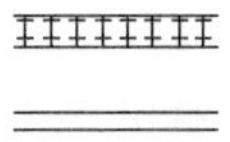	上图为有盖板地沟，下图为无盖板明沟
14	烟道	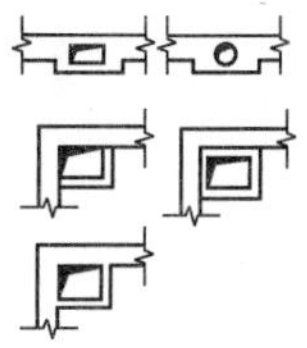	1．阴影部分亦可填充灰度或涂色代替 2．烟道、风道与墙体为相同材料，其相接处墙身线应连通 3．烟道、风道根据需要增加不同材料的内衬
15	风道	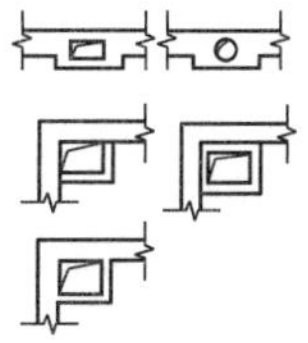	
16	新建的墙和窗	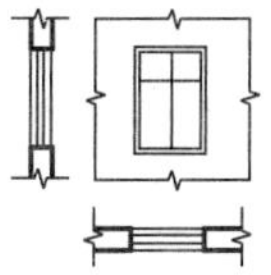	—
17	改建时保留的墙和窗	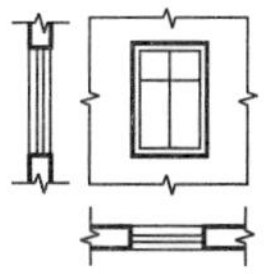	只更换窗，应加粗窗的轮廓线
18	拆除的墙	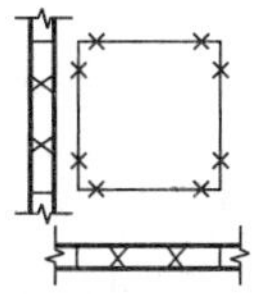	—
19	改建时在原有墙或楼板上新开的洞	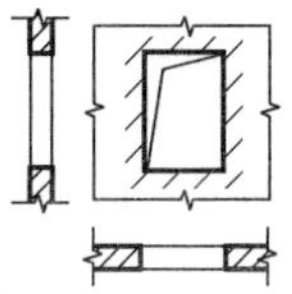	—

序号	名称	图　例	备　注
20	在原有墙或楼板洞旁扩大的洞	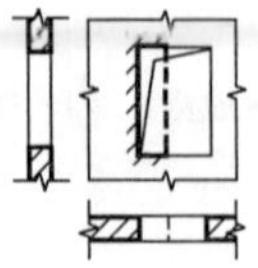	图示为洞口向左边扩大
21	在原有墙或楼板上全部填塞的洞	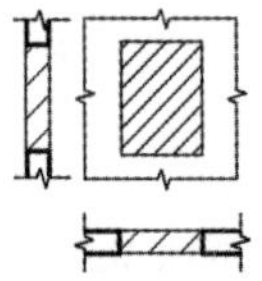	全部填塞的洞 图中立面填充灰度或涂色
22	在原有墙或楼板上局部填塞的洞	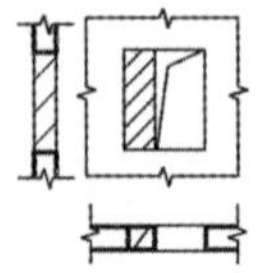	左侧为局部填塞的洞 图中立面图填充灰度或涂色
23	空门洞	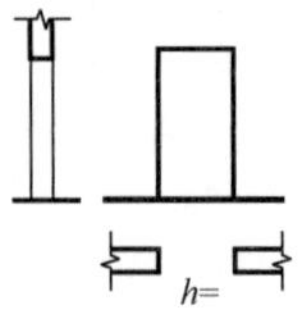	h为门洞高度
24	单面开启单扇门（包括平开或单面弹簧） 双面开启单扇门（包括双面平开或双面弹簧） 双层单扇平开门	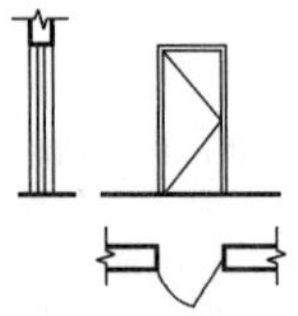	1. 门的名称代号用M表示 2. 平面图中，下为外，上为内 内开启线为90°、60°或45°，开启弧线宜绘出 3. 立面图中，开启线实线为外开，虚线为内开，开启线交角的一侧为安装合页一侧。开启线在建筑立面图中可不表示，在立面大样图中可根据需要绘出 4. 剖面图中，左为外，右为内 5. 附加纱扇应以文字说明，在平、立、剖面图中均不表示 6. 立面形式应按实际情况绘制

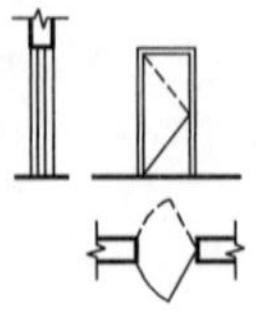

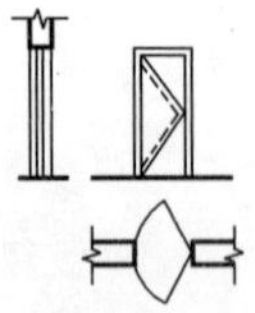

序号	名称	图　例	备　注
25	单面开启双扇门（包括平开或单面弹簧） 双面开启双扇门（包括双面平开或双面弹簧） 双层双扇平开门	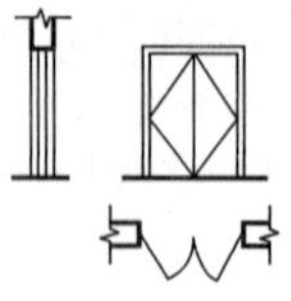	1. 门的名称代号用M表示 2. 平面图中，下为外，上为内 内开启线为90°、60°或45°，开启弧线宜绘出 3. 立面图中，开启线实线为外开，虚线为内开，开启线交角的一侧为安装合页一侧。开启线在建筑立面图中可不表示，在立面大样图中可根据需要绘出 4. 剖面图中，左为外，右为内 5. 附加纱扇应以文字说明，在平、立、剖面图中均不表示 6. 立面形式应按实际情况绘制
26	折叠门 推拉折叠门	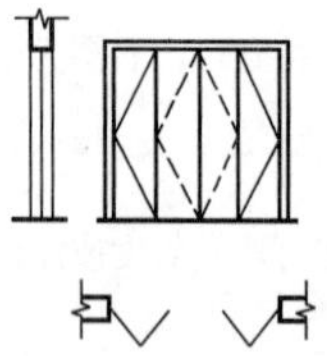	1. 门的名称代号用M表示 2. 平面图中，下为外，上为内 3. 立面图中，开启线实线为外开，虚线为内开，开启线交角的一侧为安装合页一侧 4. 剖面图中，左为外，右为内 5. 立面形式应按实际情况绘制

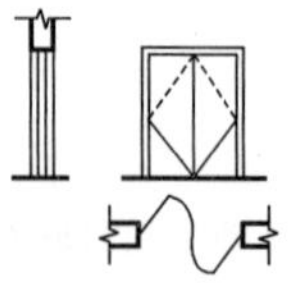

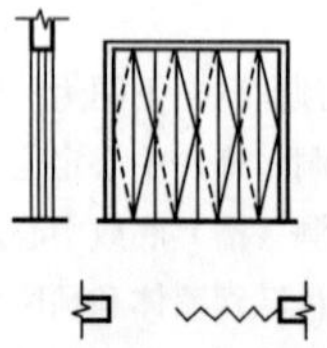

序号	名称	图 例	备 注
27	墙洞外单扇推拉门	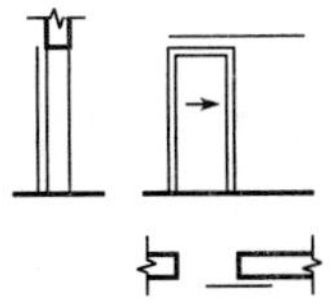	1. 门的名称代号用M表示 2. 平面图中，下为外，上为内 3. 剖面图中，左为外，右为内 4. 立面形式应按实际情况绘制
	墙洞外双扇推拉门	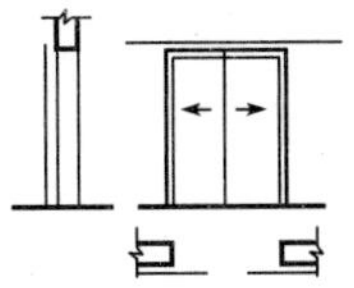	
	墙中单扇推拉门	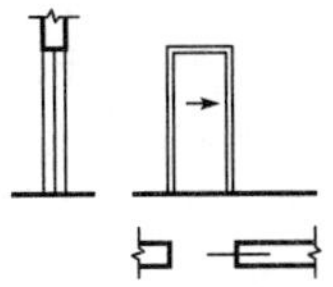	1. 门的名称代号用M表示 2. 立面形式应按实际情况绘制
	墙中双扇推拉门	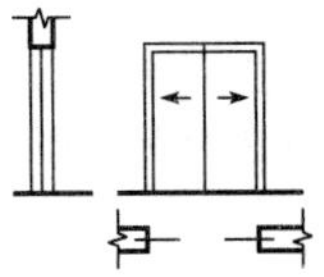	
28	推杠门	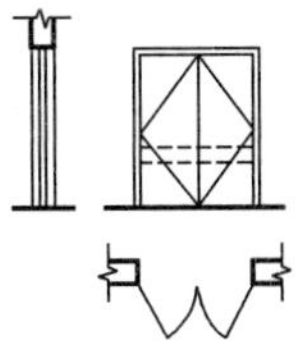	1. 门的名称代号用M表示 2. 平面图中，下为外，上为内 门开启线为90°、60° 或45° 3. 立面图中，开启线实线为外开，虚线为内开，开启线交角的一侧为安装合页一侧，开启线在建筑立面图中可不表示，在室内设计门窗立面大样图中需绘出 4. 剖面图中，左为外，右为内 5. 立面形式应按实际情况绘制
29	门连窗	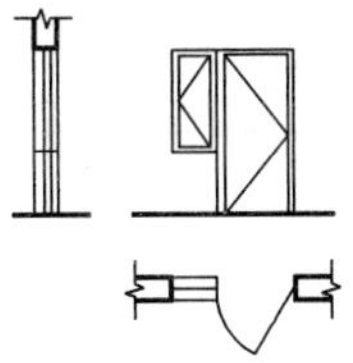	
30	旋转门	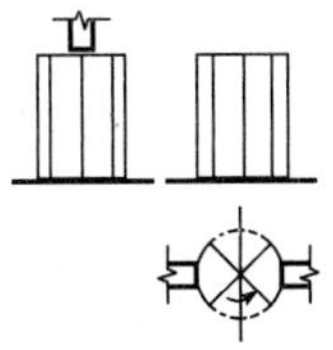	1. 门的名称代号用M表示 2. 立面形式应按实际情况绘制
	两翼智能旋转门	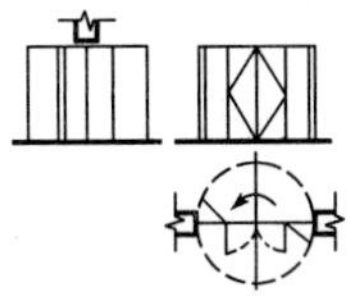	

序号	名称	图 例	备 注
31	自动门	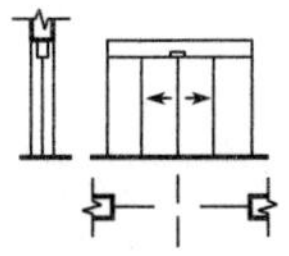	1. 门的名称代号用M表示 2. 立面形式应按实际情况绘制
32	折叠上翻门	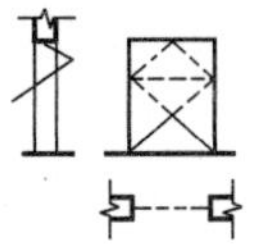	1. 门的名称代号用M表示 2. 平面图中，下为外，上为内 3. 剖面图中，左为外，右为内 4. 立面形式应按实际情况绘制
33	提升门	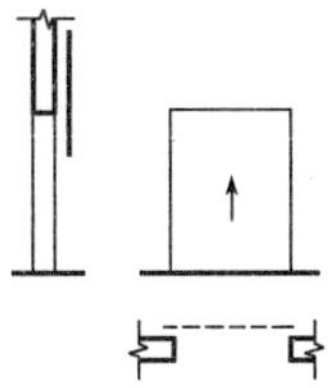	1. 门的名称代号用M表示 2. 立面形式应按实际情况绘制
34	分节提升门	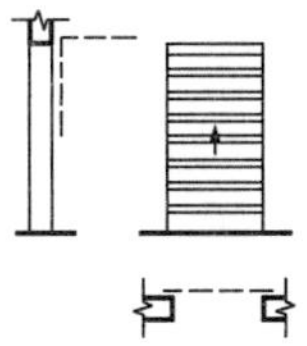	
35	人防单扇防护密闭门	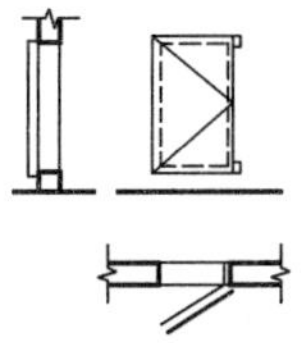	1. 门的名称代号按人防要求表示 2. 立面形式应按实际情况绘制
	人防单扇密闭门	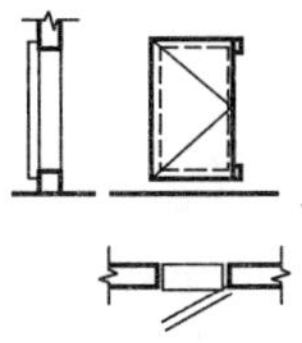	
36	人防双扇防护密闭门	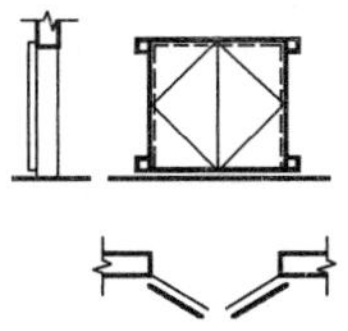	1. 门的名称代号按人防要求表示 2. 立面形式应按实际情况绘制
	人防双扇密闭门	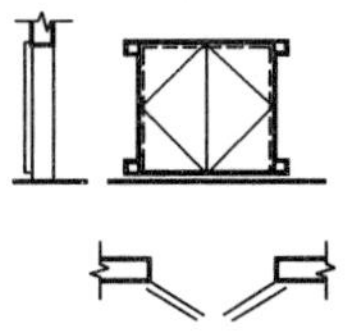	

序号	名称	图　例	备　注
37	横向卷帘门	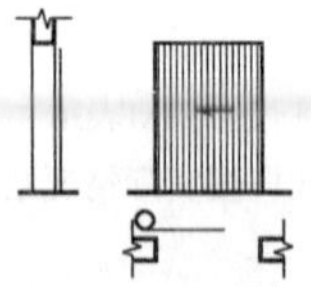	
	竖向卷帘门	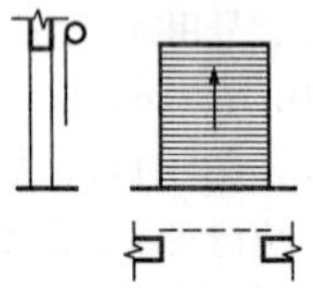	
	单侧双层卷帘门	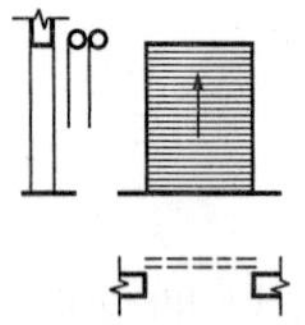	
	双侧单层卷帘门	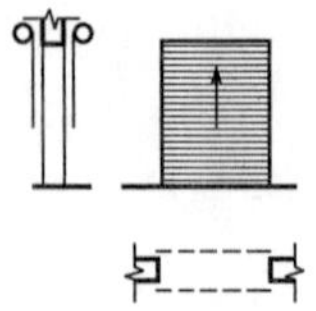	
38	固定窗		
39	上悬窗 中悬窗		1. 窗的名称代号用C表示 2. 平面图中，下为外，上为内 3. 立面图中，开启线实线为外开，虚线为内开，开启线交角的一侧为安装合页一侧，开启线在建筑立面图中可不表示，在门窗立面大样图中需绘出 4. 剖面图中，左为外，右为内，虚线仅表示开启方向，项目设计不表示 5. 附加纱窗应以文字说明，在平、立、剖面图中均不表示 6. 立面形式应按实际情况绘制
40	下悬窗	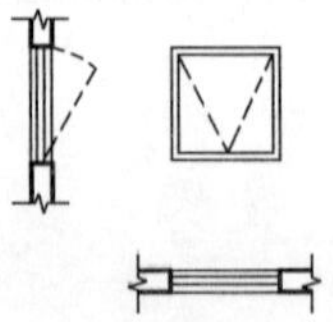	

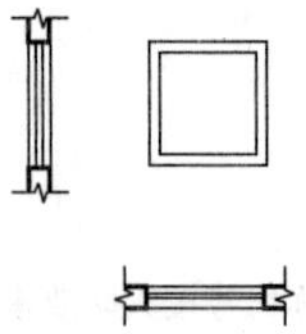

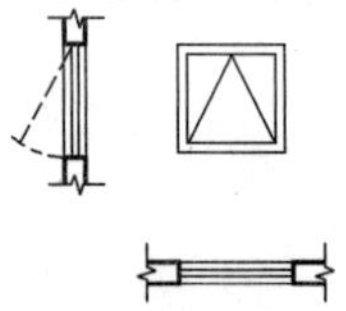

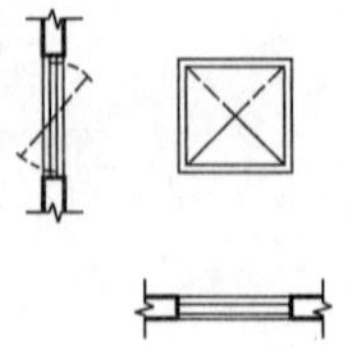

序号	名称	图　例	备　注
41	立转窗		
42	内开平开内倾窗		1. 窗的名称代号用C表示 2. 平面图中，下为外，上为内 3. 立面图中，开启线实线为外开，虚线为内开。开启线交角的一侧为安装合页一侧。开启线在建筑立面图中可不表示，在门窗立面大样图中需绘出 4. 剖面图中，左为外，右为内，虚线仅表示开启方向，项目设计不表示 5. 附加纱窗应以文字说明，在平、立、剖面图中均不表示 6. 立面形式应按实际情况绘制
43	单层外开平开窗 单层内开平开窗 双层内外开平开窗		
44	单层推拉窗 双层推拉窗	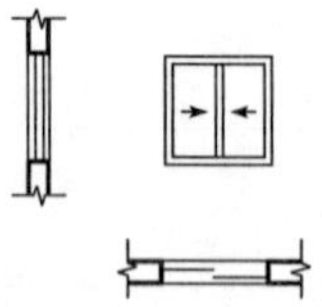	1. 窗的名称代号用C表示 2. 立面形式应按实际情况绘制

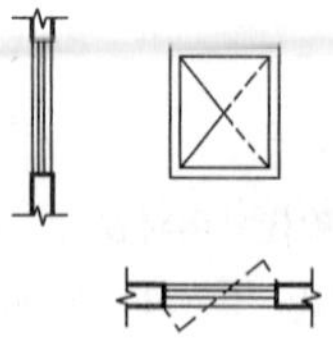

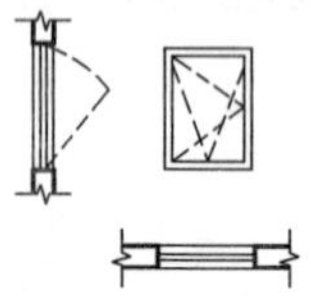

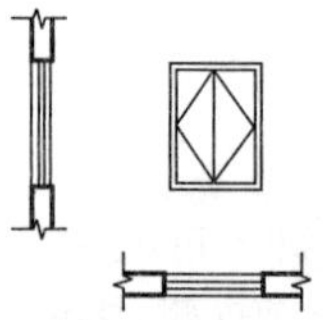

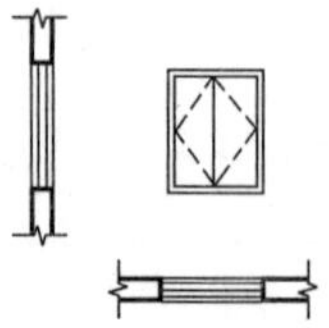

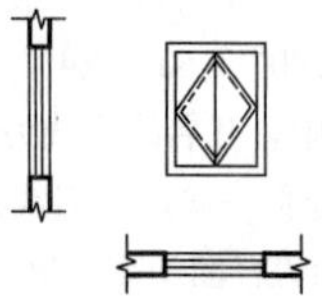

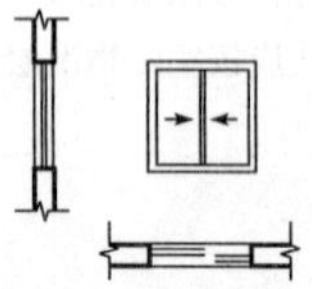

序号	名称	图例	备注
45	上推窗	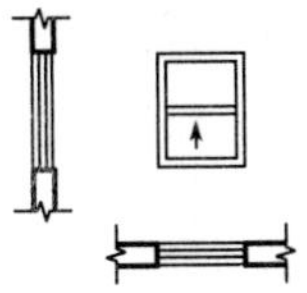	1. 窗的名称代号用C表示 2. 立面形式应按实际情况绘制
46	百叶窗	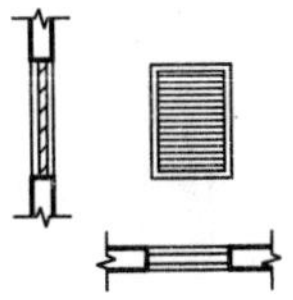	1. 窗的名称代号用C表示 2. 立面形式应按实际情况绘制
47	高窗	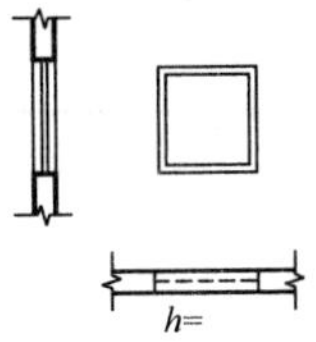	1. 窗的名称代号用C表示 2. 立面图中，开启线实线为外开，虚线为内开，开启线交角的一侧为安装合页一侧，开启线在建筑立面图中可不表示，在门窗立面大样图中需绘出 3. 剖面图中，左为外，右为内 4. 立面形式应按实际情况绘制 5. h表示高窗底距本层地面高度 6. 高窗开启方式参考其他窗型
48	平推窗	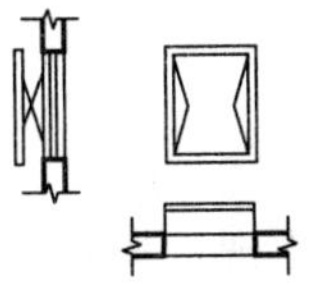	1. 窗的名称代号用C表示 2. 立面形式应按实际情况绘制

（2）水平及垂直运输装置图例应符合表5-4的规定。

表5-4　水平及垂直运输装置图例

序号	名称	图例	备注
1	铁路	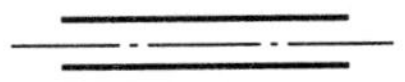	适用于标准轨及窄轨铁路，使用时应注明轨距
2	起重机轨道		—

序号	名称	图例	备注
3	手、电动葫芦	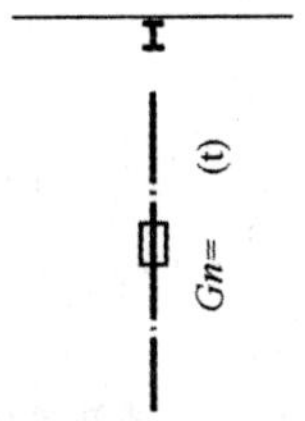	
4	梁式悬挂起重机	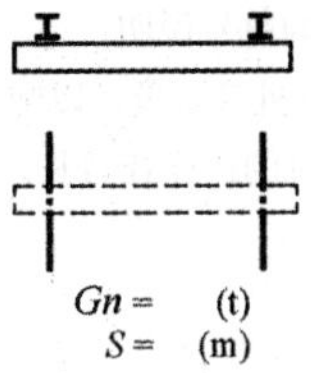	1. 上图表示立面（或剖切面），下图表示平面 2. 手动或电动由设计注明 3. 需要时，可注明起重机的名称、行驶的范围及工作级别 4. 有无操纵室，应按实际情况绘制 5. 本图例的符号说明： Gn——起重机起重量，以吨（t）计算 S——起重机的跨度或臂长，以米（m）计算
5	多支点悬挂起重机	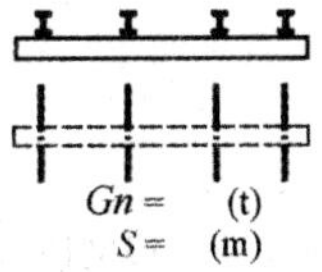	
6	梁式起重机	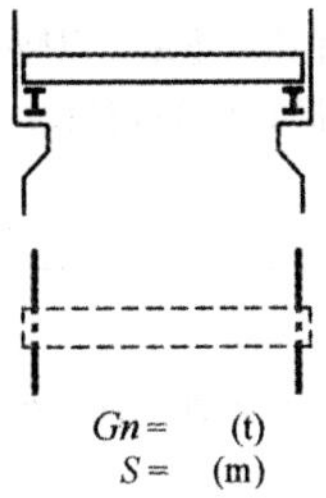	
7	桥式起重机	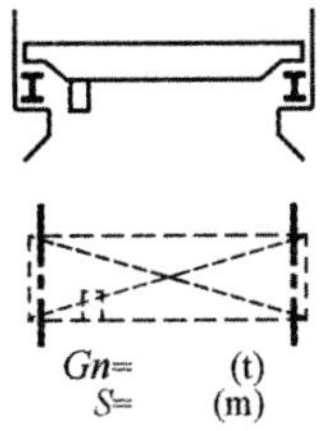	1. 上图表示立面（或剖切面），下图表示平面 2. 有无操纵室，应按实际情况绘制 3. 需要时，可注明起重机的名称、行驶的范围及工作级别 4. 本图例的符号说明： Gn——起重机起重量，以吨（t）计算 S——起重机的跨度或臂长，以米（m）计算
8	龙门式起重机	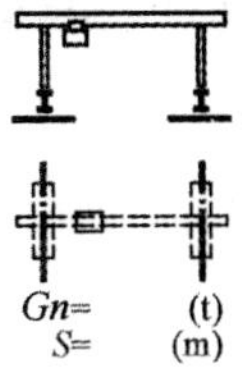	

序号	名称	图 例	备 注
9	壁柱式起重机	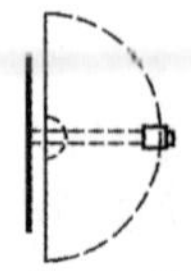 $Gn=$ (t) $S=$ (m)	1. 上图表示立面（或剖切面），下图表示平面 2. 需要时，可注明起重机的名称、行驶的范围及工作级别 3. 本图例的符号说明： Gn——起重机起重量，以吨（t）计算 S——起重机的跨度或臂长，以米（m）计算
10	壁行起重机	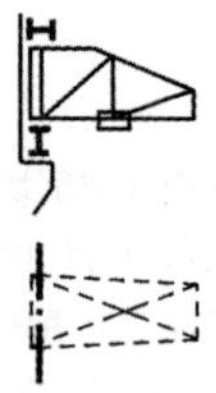 $Gn=$ (t) $S=$ (m)	
11	定柱式起重机	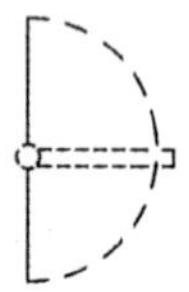 $Gn=$ (t) $S=$ (m)	1. 上图表示立面（或剖切面），下图表示平面 2. 需要时，可注明起重机的名称、行驶的范围及工作级别 3. 本图例的符号说明： Gn——起重机起重量，以吨（t）计算 S——起重机的跨度或臂长，以米（m）计算
12	传送带	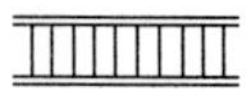	传送带的形式多种多样，项目设计图均按实际情况绘制，本图例仅为代表
13	电梯	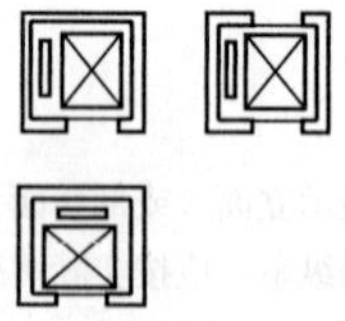	1. 电梯应注明类型，并按实际绘出门和平衡锤或异轨的位置 2. 其他类型电梯应参照本图例按实际情况绘制
14	杂物梯、食梯	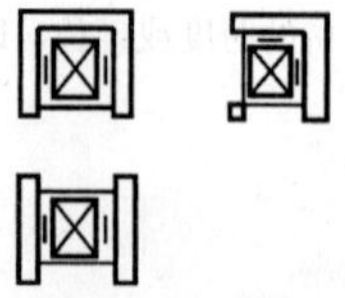	

序号	名称	图 例	备 注
15	自动扶梯	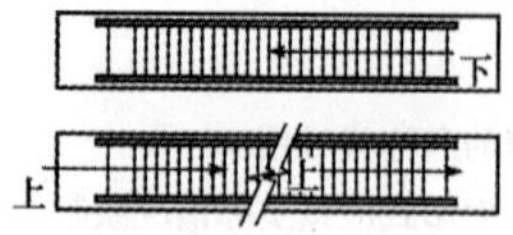	箭头方向为设计运行方向
16	自动人行道	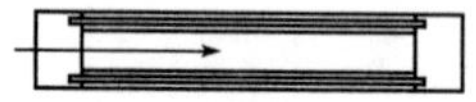	
17	自动人行坡道	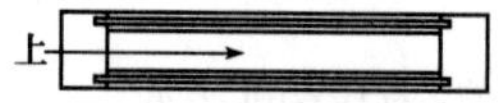	箭头方向为设计运行方向

图样画法

1. 平面图

（1）平面图的方向宜与总图方向一致。平面图的长边宜与横式幅面图纸的长边一致。

（2）在同一张图纸上绘制多于一层的平面图时，各层平面图宜按层数由低向高的顺序从左至右或从下至上布置。

（3）除顶棚平面图外，各种平面图应按正投影法绘制。

（4）建筑物平面图应在建筑物的门窗洞口处水平剖切俯视，屋顶平面图应在屋面以上俯视，图内应包括剖切面及投影方向可见的建筑构造以及必要的尺寸、标高等，表示高窗、洞口、通气孔、槽、地沟及起重机等不可见部分时，应采用虚线绘制。

（5）建筑物平面图应注写房间的名称或编号。编号应注写在直径为6 mm细实线绘制的圆圈内，并应在同张图纸上列出房间名称表。

（6）平面较大的建筑物，可分区绘制平面图，但每张平面图均应绘制组合示意图。各区应分别用大写拉丁字母编号。在组合示意图中需提示的分区，应采用阴影线或填充的方式表示。

（7）顶棚平面图宜采用镜像投影法绘制。

（8）室内立面图的内视符号（图5-1）应注明在平面图上的视点位置、方向及立面编号（图5-2、图5-3）。符号中的圆圈应用细实线绘制，根据图面比例圆圈直径可选择8～12 mm。立面编号宜用拉丁字母或阿拉伯数字。

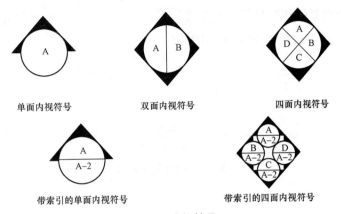

单面内视符号　　　双面内视符号　　　四面内视符号

带索引的单面内视符号　　　带索引的四面内视符号

图5-1　内视符号

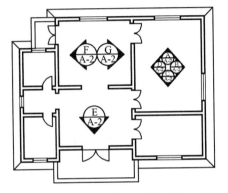

图5-2　平面图上内视符号（带索引）应用示例

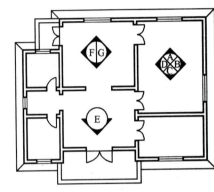

图5-3　平面图上内视符号应用示例

2. 立面图

（1）各种立面图应按正投影法绘制。

（2）建筑立面图应包括投影方向可见的建筑外轮廓线和墙面线脚、构配件、墙面做法及必要的尺寸和标高等。

（3）室内立面图应包括投影方向可见的室内轮廓线和装修构造、门窗、构配件、墙面做法、固定家具、灯具、必要的尺寸和标高及需要表达的非固定家具、灯具、装饰物件等。室内立面图的顶棚轮廓线，可根据具体情况只表达吊平顶或同时表达吊平顶及结构顶棚。

（4）平面形状曲折的建筑物，可绘制展开立面图、展开室内立面图。圆形或多边形平面的建筑物，可分段展开绘制立面图、室内立面图，但均应在图名后加注"展开"二字。

（5）较简单的对称式建筑物或对称的构配件等，在不影响构造处理和施工的情况下，立面图可绘制一半，并应在对称轴线处画对称符号。

（6）在建筑物立面图上，相同的门窗、阳台、外檐装修、构造做法等可在局部重点表示，绘出其完整图形，其余部分可只画轮廓线。

（7）在建筑物立面图上，外墙表面分格线应表示清楚，应用文字说明各部位所用面材及色彩。

（8）有定位轴线的建筑物，宜根据两端定位轴线编号编注立面图名称。无定位轴线的建筑物可按平面图各面的朝向确定名称。

（9）建筑物室内立面图的名称，应根据平面图中内视符号的编号或字母确定。

3. 剖面图

（1）剖面图的剖切部位，应根据图纸的用途或设计深度，在平面图上选择能反映全貌、构造特征以及有代表性的部位剖切。

（2）各种剖面图应按正投影法绘制。

（3）建筑剖面图内应包括剖切面和投影方向可见的建筑构造、构配件以及必要的尺寸、标高等。

（4）剖切符号可用阿拉伯数字、罗马数字或拉丁字母编号（图5-4）。

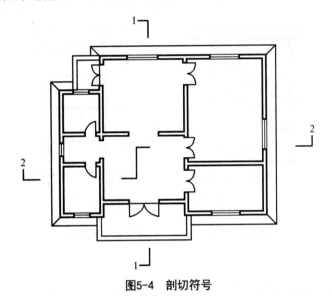

图5-4　剖切符号

（5）画室内立面时，相应部位的墙体、楼地面的剖切面宜绘出。必要时，占空间较大的设备管线、灯具等的剖切面，亦应在图纸上绘出。

4. 其他规定

（1）指北针应绘制在建筑物±0.000标高的平面图上，并放在明显位置，所指的方向应与总图一致。

（2）零配件详图与构造详图，宜按直接正投影法绘制。

（3）零配件外形或局部构造的立体图，宜按《房屋建筑制图统一标准》（GB/T 50001—2010）的有关规定绘制。

（4）不同比例的平面图、剖面图，其抹灰层、楼地面、材料图例的省略画法，应符合下列规定：

1）比例大于1：50的平面图、剖面图，应画出抹灰层、保温隔热层等与楼地面、屋面的面层线，并宜画出材料图例；

2）比例等于1：50的平面图、剖面图，剖面图宜画出楼地面、屋面的面层线，宜绘出保温隔热层，抹灰层的面层线应根据需要而定；

3）比例小于1：50的平面图、剖面图，可不画出抹灰层，但剖面图宜画出楼地面、屋面的面层线；

4）比例为1：100～1：200的平面图、剖面图，可画简化的材料图例，但剖面图宜画出楼地面、屋面的面层线；

5）比例小于1：200的平面图、剖面图，可不画材料图例，剖面图的楼地面、屋面的面层线可不画出。

（5）相邻的立面图或剖面图，宜绘制在同一水平线上，图内相互有关的尺寸及标高，宜标注在同一竖线上（图5-5）。

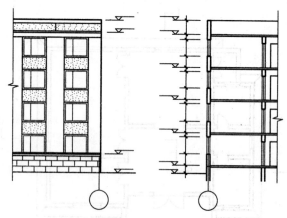

图5-5　相邻立面图、剖面图的位置关系

5. 尺寸标注

（1）尺寸可分为总尺寸、定位尺寸、细部尺寸。绘图时，应根据设计深度和图纸用途确定所需注写的尺寸。

（2）建筑物平面图、立面图、剖面图，宜标注室内外地坪、楼地面、地下层地面、阳台、平台、檐口、屋脊、女儿墙、雨篷、门、窗、台阶等处的标高。平屋面等不易标明建筑标高的部位可标注结构标高，并予以说明。结构找坡的平屋面，屋面标高可标注在结构板面最低点，并注明找坡坡度。有屋架的屋面，应标注屋架下弦搁置点或柱顶标高。有起重机的厂房剖面图应标注轨顶标高、屋架下弦杆件下边缘或屋面梁底、板底标高。梁式悬挂起重机宜标出轨距尺寸，并应以米（m）计。

（3）楼地面、地下层地面、阳台、平台、檐口、屋脊、女儿墙、台阶等处的高度尺寸及标高，宜按下列规定注写：

1）平面图及其详图注写完成面标高。

2）立面图、剖面图及其详图注写完成标高及高度方向的尺寸。

3）其余部分注写毛面尺寸及标高。

4）标注建筑平面图各部位的定位尺寸时，应注写与其最邻近的轴线间的尺寸，标注建筑剖面各部位的定位尺寸时，应注写其所在层次内的尺寸。

5）设计图中连续重复的构配件等，当不易标明定位尺寸时，可在总尺寸的控制下，定位尺寸不用数值而用"均分"或"EQ"字样表示（图5-6）。

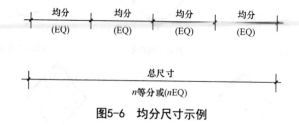

图5-6　均分尺寸示例

附录2　客户咨询登记表

客户咨询登记表

年　月　日

客户姓名：_____　　　　联系电话：_____

新居房型：_____　　　　新居地址：_____

设 计 师：_____　　　　联系电话：_____

欢迎您来我公司咨询，请您用几分钟时间对横线以上部分作出选择，以方便设计师更迅速、准确地与您沟通，为您设计出最适合您的新居！

☆您是为哪种房型咨询装修方案？

□家用新房　　　　□家用旧房　　　　□办公商业用房

☆您新居的面积是以下哪一种？

□100 m² 以下　　□100～180 m²　　□180 m² 以上

☆装修期望花多少钱？

□30 000元以下　　□50 000元以下　　□50 000元以上

☆您有几位家庭成员？

□两口之家　　　　□三口之家　　　　□四口之家　　　　□五口之家

□其他

☆您希望新居的风格是哪一种？

□中式/古典风格　　□欧式风格　　　　□简约风格　　　　□和式风格

□新中式风格　　　□现代风格　　　　□地中海风格　　　□其他

☆您希望新居的主色调是哪一种？

□时尚的蓝色　　　□温情的粉色　　　□纯洁的白色　　　□清新的绿色

□温暖的黄色　　　□浪漫的紫色　　　□沉稳的灰色　　　□其他

☆您和设计师咨询时最想了解哪方面内容？

□家装常识　　　　□设计风格和水平　□工程质量　　　　□公司的管理/施工程序

□价格　　　　　　□公司近期优惠活动

☆以下哪个行业是您正在从事的？

□IT　　　　　　　□商贸　　　　　　□建筑　　　　　　□新闻媒体

□科研教育　　　　□政府机关　　　　□加工制造　　　　□医疗/保险

□离退休　　　　　□其他

您对设计师的建议有何特殊说明：

_____

_____

_____

_____

_____

_____

非常感谢您的支持与信任！

☆您选择家装公司时，最关心的是：

□工程质量　　　　□设计　　　　　　□服务　　　　　　□环保

□价格

☆通过初步咨询后，您认为我公司的服务：

□很好　　　　　　□好　　　　　　　□一般

附录3 建筑装饰设计院CAD图纸制图标准

黑龙江××建筑装饰设计院CAD图纸制图标准

1. 总则

为了做到建筑装饰装修工程制图基本统一、清晰简明，保证图面质量，提高制图效率，符合设计、施工、存档等的要求，以适应工程建设与装修的需要，特制定本标准。

2. 图纸编排顺序

（1）建筑装饰装修工程图纸的编排，一般应为封面、图纸目录、施工图编制说明、防火专篇、材料编号说明、材料一览表、建筑装饰设计图。如涉及结构核算、给水排水、采暖空调、电气等专业内容，还应附有相应专业图纸，编排顺序为结构核算图、给水排水图、采暖空调图、电气图等。

（2）建筑装饰装修工程图纸，除总平面图、总天花平面图外，应按照建筑物楼层顺序进行分区，如建筑物单层面积过大、设计内容过多，或无法按楼层进行分区时，应按不同使用功能进行分区。每一分区内，应按该区域内的平面图、天花图、立面图、详图的顺序编排序号。其中平面图宜包括平面布置图、墙体尺寸图、地面铺装图。

3. 图纸尺寸

（1）除总图可使用A0、A1、A2图纸外，其他各分项平面、天花、详图一般为A2图纸。若图纸幅面需要加长，一般图纸的短边不应加长，长边可加长，但应符合表5-5的规定。

表5-5 图纸长边加长尺寸　　　　　　　　　　　　　　　mm

幅面尺寸	长边尺寸	长边加长后尺寸
A0	1 189	1 486、1 635、1 783、1 932、2 080、2 230、2 378
A1	841	1 051、1 261、1 471、1 682、1 892、2 102
A2	594	743、891、1 041、1 189、1 338、1 486、1 635、1 783、1 932、2 080
A3	420	630、841、1 051、1 261、1 471、1 682、1 892

注：有特殊需要的图纸，可采用短边×长边为841 mm×891 mm与1 189 mm×1 261 mm的幅面。

（2）图纸以短边作为垂直边称为横式，以短边作为水平边称为立式。A0～A3图纸宜横式使用；必要时，也可立式使用。

（3）一个工程设计中，每个专业所使用的图纸，一般不宜多于两种幅面。

4. 图纸比例

制图选用的比例，应符合表5-6的规定。

表5-6 图纸比例

图　　名	比　　例
总平面图、总天花图	1：300、1：200、1：150、1：100、1：50
立面图	1：100、1：60、1：50、1：30、1：20
详图（包括局部放大的平面图、天花图、立面图）	1：50、1：30、1：20、1：10
节点图、大样图	1：10、1：5、1：4、1：3、1：2、1：1

5. 图层

制图所用的图层，应符合表5-7的规定（图示线宽仅针对A2、A3图纸幅面）。

表5-7 图层

层名	名称	颜色	线宽	用途
墙	1号线	红 red	0.35	平面图、天花图、立面图、详图中被剖切的主要构造（包括构配件）的轮廓线
固定家具	2号线	黄 yellow	0.2	平面图、天花图、立面图、详图中家具、造型线
窗	3号线	黄 yellow	0.2	平面图、天花图、立面图、详图中窗
灯	2号线	黄 yellow	0.2	天花图中各种灯具，包括暗藏灯带
填充	3号线	绿 green	0.1	1. 平面图、天花图、立面图、详图中细部润饰线 2. 平面图、天花图、立面图、详图中材料填充线
文字	3号线	绿 green	0.1	平面图、天花图、立面图、详图中标出的文字、标高符号、轴号、材料标注引出线
标注	3号线	绿 green	0.1	平面图、天花图、立面图、详图中标出的尺寸
点画线	3号线	绿 green	0.1	中心线、对称线、定位轴线、不需画全的断开界线
龙骨	2号线	黄 yellow	0.2	详图中看线龙骨
柱	1号线	红 red	0.35	平面图、天花图中结构柱
图框	2号线	黄 yellow	0.2	图框线，包括其中的文字
虚线	2号线	黄 yellow	0.2	1. 平面图、天花图、立面图、详图中不可见线的轮廓线 2. 门扇的开启方向线
天花填充	5号线	蓝	0.1	天花图中细部润饰线、填充线
天花造型	6号线	洋红	0.2	天花图造型线
地铺	8号线	灰	0.1	地面铺装图中细部润饰线、材料填充线
墙面造型	4号线	青	0.35	平面图、天花图中被剖切的主要装饰构造的轮廓线
视口线	Defpoints	253	0.1	图纸空间开视口的窗口线（图纸打印时打印不出来）
门	3号线	黄	0.2	平面图、立面图、详图中门、楼梯、电梯

6. 线形

制图所用的线形，应符合表5-8的规定。

表5-8 线形

名称	线形	用途
点画线	CENTER	对称线、定位轴线
虚线	HIDDEN	1. 平面图、天花图、立面图、详图中不可见线的轮廓线 2. 门扇的开启方向线 3. 暗藏灯带线 4. 共享空间上一层回廊的投影线

7. 符号

（1）平面及立面索引符号。在平面图中，进行平面及立面索引符号标注，应在标注上表示出代表立面投影的A、B、C、D四个方向，其索引点的位置应为立面图的视点位置；A、B、C、D四个方向应按顺时针方向间隔90°排列，当出现同方向、不同视点的立面索引时，应以A1、B1、C1、D1表示以示区别，以此类推；当同一空间中出现A、B、C、D四个方向以外的立面索引时，应采用A、B、C、D以外的大写英文字母表示（除字母O、I）；图示符号中所使用圆的直径为11 mm（比例1：1）。

（2）剖切索引符号、立面放样图引符号。符号应采用阿拉伯数字编号，图示符号中所使用圆的直径为11 mm（比例1：1）。

（3）节点详图索引符号。符号应采用小写英文字母编号，图示符号中所使用圆的直径为11 mm（比例1：1）。

（4）定位轴线索引符号。在局部放大的平面图、天花图中，应标明其相应在总平面图、总天花图的定位轴线及索引符号，若立面图较大或较复杂时，也应标明其相应定位轴线及索引符号，图示符号中所使用圆的直径为11 mm（比例1：1）。

8. 文字样式

样式名称使用standard，字体为宋体，字体宽度比例为1。

字体尺寸的大小和用途，应符合表5-9的规定。

表5-9 文字样式

字高（比例1：1）	用途
3 mm	尺寸数、坐标、标高、房间名、材质说明
4 mm	表示比例的文字、图框中工程项目名称、图名、比例、图号
5 mm	轴线号文字、剖切符号文字、详图索引文字、图下方的图名

9. 尺寸标注

尺寸线风格命名为DIM100、DIM200等，其中100、200为图纸比例。

每个风格尺寸标注的设定见表5-10。

表5-10 尺寸标注

风格名称	尺寸	其他
超出标记	1	—
基线间距	1	—
超出尺寸线	1	—
起点偏移量	1	—
箭头大小	1.2	箭头：建筑标记（尺寸标注）
引线箭头大小	0.8	引线：点（文字标注）
文字高度	3	—
调整选项	—	文字始终保持在尺寸界限之间
文字位置	—	尺寸线上方，不带引线
标注特征比例	20、100、200、……	—
优化	—	在尺寸界限之间绘制尺寸线

10. CAD图纸中的块

图纸中的图块（BLOCK），必须在0层上建立，再按其属性插入相应的层上。不用的图块，必须在图纸完成前删去（使用"PURGE"命令删去所有不用的图块）。

11. 图例

见CAD范图。

12. 制图注意事项

（1）总平面图、天花图、地面铺装图。

1）总平面图、天花图、地面铺装图均表示轴线，且轴线及标注尺寸位置应在图的左侧、下侧、左下侧标出，其他位置不宜出现。

2）总平面图、天花图、地面铺装图中应以图例的形式对使用的材质进行说明，不宜使用文字引线的形式出现。

3）工程中涉及的装饰门扇，应在总平面图中采用编号的形式在相应位置标出，其尺寸均为装饰成活尺寸，并附图说明。

4）如工程需要墙体砌筑图时，其标注尺寸也应为装饰成活尺寸。

5）在总平面图、天花图、地面铺装图中，对工程未设计的区域使用斜线（ANSI31）填充，并备注说明。

6）在各层总平面图中，应在其右上角标出指北针图标，图标直径为轴号的两倍。

（2）局部平面图、天花图。

1）平面图、天花图均表示轴线，且轴线及标注尺寸位置应在图的左侧、下侧、左下侧标出，其他位置不宜出现。

2）平面图中的尺寸标注仅标注轴线尺寸及现场制作固定家具尺寸，天花图中装饰造型、灯具定位的尺寸标注均在图内表示。

3）若使用石材、木作等材料，且构造较厚、较复杂的墙面造型，应在平面图、天花图中用粗实线画出其结构轮廓，并填充（ANSI31）表示。

4）设计中如使用壁灯，应在天花图中用壁灯符号在其相应位置标出，地脚灯、台灯、落地灯在平面图标出。

（3）立面图。

1）立面图内的活动家具、挂画统一用虚线表示。

2）立面图中，应表示出天花造型的轮廓线和带窗一侧墙的剖立面。

3）立面图中，不用表示出强、弱电的开关插座位置。

4）对于图中交圈的天花角线、踢脚线和其他装饰线角，应在立面图中的相应位置表示其轮廓线，在看面的转角处也应表示。

5）立面图中的遮光帘用中实线表示，其后面的墙面及造型省略，为不可见的。纱帘用虚线（ANSI33）填充，且表示其后面的墙面及造型为可见的。

（4）节点图、详图。

1）在不需画全的剖面图及大样图中，不用出现单根折断线（见CAD范图）。

2）比例大于1：10的节点，造型剖面不使用填充图例表示。

3）节点图、详图的放样大小，应注意其比例，以大小适中、尺寸清晰为宜。

4）节点图、详图中，如有需要定型加工的角线及构件，应提出大样，标明尺寸。

13. 筒灯

天花图中，筒灯图例见表5-11。

表5-11　筒灯图例

图　例	名　称
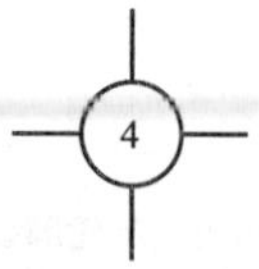 ④	4寸筒灯
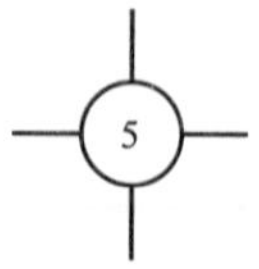 ⑤	5寸筒灯
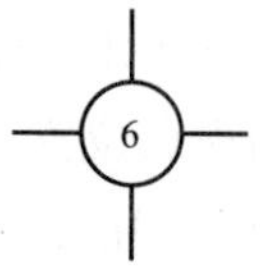 ⑥	6寸筒灯

14. 灯带

天花图中，灯带图例见表5-12。

表5-12　灯带图例

图　例	CAD线形	名　称
—————————————	HIDDEN	日光灯带
---------------------------	HIDDEN（5X）	软管灯带

附录4　室内空间、家具、陈设常用尺寸

在装饰工程设计时，必然要考虑室内空间、家具、陈设等与人体尺度的关系问题，为了方便装饰室内设计，这里介绍一些常用的尺寸数据。

1．墙面尺寸

（1）踢脚板高：80～200 mm。

（2）墙裙高：800～1 500 mm。

（3）挂镜线高：1 600～1 800 mm（画中心距地面高度）。

2．餐厅

（1）餐桌高：750～790 mm。

（2）餐椅高：450～500 mm。

（3）圆桌直径：二人500 mm，二人800 mm，四人900 mm，五人1 100 mm，六人1 100～1 250 mm，八人1 300 mm，十人1 500 mm，十二人1 800 mm。

（4）方餐桌尺寸：二人700 mm×850 mm，四人1 350 mm×850 mm，八人2 250 mm×850 mm。

（5）餐桌转盘直径：700～800 mm。

（6）餐桌间距：应大于500 mm（其中座椅占500 mm）。

（7）主通道宽：1 200～1 300 mm。

（8）内部工作道宽：600～900 mm。

（9）酒吧台：高900～1 050 mm，宽500 mm。

（10）酒吧凳：高600～750 mm。

3．商场营业厅

（1）单边双人走道宽：1 600 mm。

（2）双边双人走道宽：2 000 mm。

（3）双边三人走道宽：2 300 mm。

（4）双边四人走道宽：3 000 mm。

（5）营业员柜台走道宽：800 mm。

（6）营业员货柜台：厚600 mm，高800～1 000 mm。

（7）单背立货架：厚300～500 mm，高1 800～2 300 mm。

（8）双背立货架：厚600～800 mm，高1 800～2 300 mm

（9）小商品橱窗：厚500～800 mm，高400～1 200 mm。

（10）陈列地台高：400～800 mm。

（11）敞开式货架：400～600 mm。

（12）放射式售货架：直径2 000 mm。

（13）收款台：长1 600 mm，宽600 mm。

4．饭店客房

（1）标准面积：大25 m²，中16～18 m²，小16 m²。

（2）床：高400～450 mm。

（3）床头柜：高500～700 mm，宽500～800 mm。

（4）写字台：长1 100～1 500 mm，宽450～600 mm，高700～750 mm。

（5）行李台：长910～1 070 mm，宽500 mm，高400 mm。

（6）衣柜：宽800～1 200 mm，高1 600～2 000 mm，深500 mm。

（7）沙发：宽600～800 mm，高350～400 mm，背高1 000 mm。

（8）衣架高：1 700～1 900 mm。

5．卫生间

（1）卫生间面积：3～5 m²。

（2）浴缸：长度一般有三种1 220、1 520、1 680（mm），宽720 mm，高450 mm。

（3）坐便：750 mm×350 mm。

（4）冲洗器：690 mm×350 mm。

（5）盥洗盆：550 mm×410 mm。

（6）淋浴器高：2 100 mm。

（7）化妆台：长1 350 mm，宽450 mm。

6．会议室

（1）中心会议室客容量：会议桌边长600 mm。

（2）环式高级会议室客容量：环形内线长700～1 000 mm。

（3）环式会议室服务通道宽：600～800 mm。

7．交通空间

（1）楼梯间休息平台净空：等于或大于2 100 mm。

（2）楼梯跑道净空：等于或大于2 300 mm。

（3）客房走廊高：等于或大于2 400 mm。

（4）两侧设座的综合式走廊宽度：等于或大于2 500 mm。

（5）楼梯扶手高：850～1 100 mm。

（6）门的常用尺寸：宽850～1 000 mm。

（7）窗的常用尺寸：宽400～1 800 mm（不包括组合式窗户）。

（8）窗台高：800～1 200 mm。

8. 灯具

（1）大吊灯最小高度：2 400 mm。

（2）壁灯高：1 500～1 800 mm。

（3）反光灯槽最小直径：等于或大于灯管直径的两倍。

（4）壁式床头灯高：1 200～1 400 mm。

（5）照明开关高：1 000 mm。

9. 办公家具

（1）办公桌：长1 200～1 600 mm，宽500～650 mm，高700～800 mm。

（2）办公椅：高400～450 mm，长×宽450 mm×450 mm。

（3）沙发：宽600～800 mm，高350～400 mm，背面1 000 mm。

（4）茶几：前置型900 mm×400 mm×400 mm（高）；中心型900 mm×900 mm×400 mm、700 mm×700 mm×400 mm；左右型600 mm×400 mm×400 mm。

（5）书柜：高1 800 mm，宽1 200～1 500 mm，深450～500 mm。

（6）书架：高1 800 mm，宽1 000～1 300 mm，深350～450 mm。

附录5　AutoCAD快捷键

AutoCAD快捷键

1. 对象特性

ADC，*ADCENTER（设计中心"Ctrl+2"）

CH，MO*PROPERTIES（修改特性"Ctrl+1"）

MA，*MATCHPROP（属性匹配）

ST，*STYLE（文字样式）

COL，*COLOR（设置颜色）

LA，*LAYER（图层操作）

LT，*LINETYPE（线形）

LTS，*LTSCALE（线形比例）

LW，*LWEIGHT（线宽）

UN，*UNITS（图形单位）

ATT，*ATTDEF（属性定义）

ATE，*ATTEDIT（编辑属性）

BO，*BOUNDARY（边界创建，包括创建闭合多段线和面域）

AL，*ALIGN（对齐）

EXIT，*QUIT（退出）

EXP，*EXPORT（输出其他格式文件）

IMP，*IMPORT（输入文件）

OP，PR*OPTIONS（自定义CAD设置）

PRINT，*PLOT（打印）

PU，*PURGE（清除垃圾）

R，*REDRAW（重新生成）

REN，*RENAME（重命名）

SN，*SNAP（捕捉栅格）

DS，*DSETTINGS（设置极轴追踪）

OS，*OSNAP（设置捕捉模式）

PRE，*PREVIEW（打印预览）

TO，*TOOLBAR（工具栏）

V，*VIEW（命名视图）

AA，*AREA（面积）

DI，*DIST（距离）

LI，*LIST（显示图形数据信息）

2. 绘图命令

PO，*POINT（点）

L，*LINE（直线）

XL，*XLINE（射线）

PL，*PLINE（多段线）

ML，*MLINE（多线）

SPL，*SPLINE（样条曲线）

POL，*POLYGON（正多边形）

REC，*RECTANGLE（矩形）

C，*CIRCLE（圆）

A，*ARC（圆弧）

DO，*DONUT（圆环）

EL，*ELLIPSE（椭圆）

REG，*REGION（面域）

MT，*MTEXT（多行文本）

T，*MTEXT（多行文本）

B，*BLOCK（块定义）

I，*INSERT（插入块）

W，*WBLOCK（定义块文件）

DIV，*DIVIDE（等分）

H，*BHATCH（填充）

3. 视窗缩放

P，*PAN（平移）

Z+空格+空格，*实时缩放

Z，*局部放大

Z+P，*返回上一视图

Z+E，*显示全图

4. 尺寸标注

DLI，*DIMLINEAR（直线标注）

DAL，*DIMALIGNED（对齐标注）

DRA，*DIMRADIUS（半径标注）

DDI，*DIMDIAMETER（直径标注）

DAN，*DIMANGULAR（角度标注）

DCE，*DIMCENTER（中心标注）

DOR，*DIMORDINATE（点标注）

TOL，*TOLERANCE（标注形位公差）

5. 修改命令

CO，*COPY（复制）

MI，*MIRROR（镜像）

AR，*ARRAY（阵列）

O，*OFFSET（偏移）

RO，*ROTATE（旋转）

M，*MOVE（移动）

E，DEL键*ERASE（删除）

X，*EXPLODE（分解）

TR，*TRIM（修剪）

EX，*EXTEND（延伸）

S，*STRETCH（拉伸）

LEN，*LENGTHEN（直线拉长）

SC，*SCALE（比例缩放）

BR，*BREAK（打断）

CHA，*CHAMFER（倒角）

F，*FILLET（倒圆角）

PE，*PEDIT（多段线编辑）

ED，*DDEDIT（修改文本）

LE，*QLEADER（快速引出标注）

DBA，*DIMBASELINE（基线标注）

DCO，*DIMCONTINUE（连续标注）

D，*DIMSTYLE（标注样式）

DED，*DIMEDIT（编辑标注）

6. 常用功能键

F1：*HELP获取帮助

F2：实现作图窗和文本窗口的切换

F3：*OSNAP控制是否实现对象自动捕捉

F4：数字化仪控制

F5：等轴测平面切换

F6：控制状态行上坐标的显示方式

F7：*GRIP栅格显示模式控制

F8：*ORTHO正交模式控制

F9：栅格捕捉模式控制

F10：极轴模式控制

F11：对象追踪式控制

Ctrl+B：栅格捕捉模式控制（F9）

Ctrl+C：将选择的对象复制到剪切板上

Ctrl+F：控制是否实现对象自动捕捉（F3）

Ctrl+G：栅格显示模式控制（F7）

Ctrl+J：重复执行上一步命令

Ctrl+K：超级链接

Ctrl+N：新建图形文件

Ctrl+M：打开选项对话框

Ctrl+1：打开特性对话框

Ctrl+2：打开图像资源管理器

Ctrl+6：打开图像数据原子

Ctrl+P：打开打印对话框

Ctrl+S：保存文件

Ctrl+U：极轴模式控制（F10）

Ctrl+V：粘贴剪贴板上的内容

Ctrl+W：对象追踪式控制（F11）

Ctrl+X：剪切所选择的内容

Ctrl+Y：重做

参 考 文 献

［1］来增祥，陆震纬.室内设计原理（上、下）［M］.北京：中国建筑工业出版社，2007.

［2］汤重熹，卢小根，吴宗敏.室内设计［M］.3版.北京：高等教育出版社，2014.

［3］安素琴，魏鸿汉.建筑装饰材料［M］.2版.北京：中国建筑工业出版社，2005.

［4］何平.装饰材料［M］.南京：东南大学出版社，2002.

［5］何平，卜龙素.装饰施工［M］.南京：东南大学出版社，2002.

［6］高祥生.装饰设计制图与识图［M］.2版.北京：中国建筑工业出版社，2015.

［7］刘文晖.室内设计制图基础［M］.北京：中国建筑工业出版社，2004.

［8］《中国自助游》编辑部.中国自助游［M］.陕西：陕西师范大学出版社，2014.

［9］罗小未.外国近现代建筑史［M］.2版.北京：中国建筑工业出版社，2004.

［10］曹瑞忻，汤重熹.景观设计［M］.北京：高等教育出版社，2008.

［11］全国二级建造师执业资格考试用书编写委员会.装饰装修工程管理与实务［M］.北京：中国建筑工业出版社，2004.